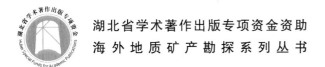

湖北省学术著作出版专项资金资助

海外地质矿产勘探系列丛书

中国与哈萨克斯坦接壤地区成矿规律与找矿远景研究

祁世军　高　鹏　黄启锋

黄　诚　成守德　刘　通　编著

实施单位：中国地质调查局发展研究中心

承担单位：新疆维吾尔自治区地质矿产研究所

参加单位：中国地质调查局发展研究中心

中国地质大学出版社

ZHONGGUO DIZHI DAXUE CHUBANSHE

图书在版编目(CIP)数据

中国与哈萨克斯坦接壤地区成矿规律与找矿远景研究/祁世军等编著. —武汉:中国地质大学出版社,
2019.11

(海外地质矿产勘探系列丛书)
ISBN 978-7-5625-4650-4

Ⅰ.①中…

Ⅱ.①祁…

Ⅲ.①成矿规律-研究-中国、哈萨克 ②找矿-研究-中国、哈萨克

Ⅳ.①P612 ②P624

中国版本图书馆 CIP 数据核字(2019)第 267961 号

中国与哈萨克斯坦接壤地区成矿规律与找矿远景研究	祁世军　高　鹏　黄启锋 黄　诚　成守德　刘　通	编著

责任编辑:彭钰会	选题策划:毕克成　张晓红　王凤林	责任校对:张咏梅

出版发行:中国地质大学出版社(武汉市洪山区鲁磨路 388 号)　　　　　　　　　邮政编码:430074

电　　话:(027)67883511　　　　传　真:(027)67883580　　　E-mail:cbb @ cug. edu. cn

经　　销:全国新华书店　　　　　　　　　　　　　　　　　　　　http://cugp. cug. edu. cn

开本:880 毫米×1 230 毫米 1/16　　　　　　　　　　　　　字数:333 千字　　印张:10.5

版次:2019 年 11 月第 1 版　　　　　　　　　　　　　　　　印次:2019 年 11 月第 1 次印刷

印刷:武汉市籍缘印刷厂

ISBN 978-7-5625-4650-4　　　　　　　　　　　　　　　　　　　　　　定价:128.00 元

如有印装质量问题请与印刷厂联系调换

前 言

2002 年我国国土资源部与哈萨克斯坦签署了《关于哈萨克斯坦的东部地区进行地质勘查工作》草案,通过两国合作在接壤地区相继开展了合作编图等综合研究项目;我国新疆北部与哈萨克斯坦中西部同处于哈萨克斯坦-准噶尔成矿区(带)中,具有相同的构造演化历史、相似的成矿地质背景,对中哈两国重要成矿带的成矿地质背景和成矿地质条件特征进行总结,通过对比分析研究,总结成矿规律,提出找矿靶区,为有效实施资源"走出去"战略及促进我国资源评价、找矿突破提供支撑。

一、项目概况

"中国与哈萨克斯坦接壤地区成矿规律与找矿远景研究(编号:1212011220913)"属"中国大陆周边地区主要成矿带成矿规律对比及潜力评价"计划项目组成部分,研究区范围:东经 72°～96°,北纬:42°～52°,面积约 $87×10^4 km^2$(图 1),为 2012 年新开项目。

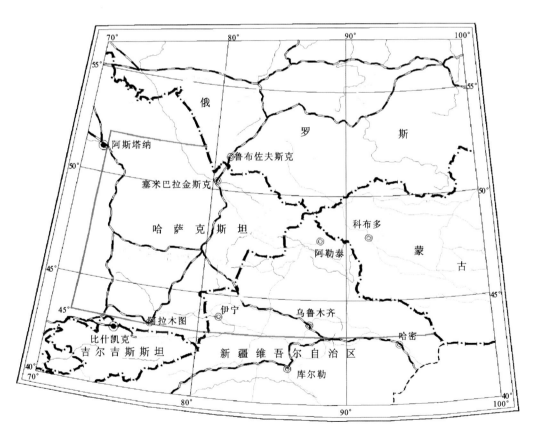

图 1 工作区范围示意图

本专著以中哈毗邻地区巴尔喀什—准噶尔、巴尔喀什—阿尔泰两个跨境成矿带为研究范围,重点针对前期编图中遗留的跨境地层对比及对接问题,利用双方合作平台,通过资料收集、遥感解译、野外地质路线考察、典型矿床解剖和GIS数据库建设等技术,构建中国与哈萨克斯坦接壤地区重要成矿带建造-构造-岩浆-成矿作用时空序列;选择2～3个重要成矿带开展境内外重要金属矿产成矿地质背景和成矿地质条件综合对比研究,总结区域成矿规律,并圈定成矿远景区,指导境内外矿产勘查。

(一)各年度工作任务

1. 2012 年工作任务

(1)系统收集哈萨克斯坦重要成矿带地质、物探、化探、遥感、矿产及科研等成果资料,编制中哈接壤地区重要成矿带1:100万地质矿产图。

(2)选择接壤地区1～2条重要成矿带中典型岩体、典型矿床开展野外调研,开展成矿规律综合对比研究。

(3)开展哈萨克斯坦与我国阿尔泰接壤地区地质体的对接问题的研究。

(4)中国地质调查局发展研究中心工作任务:①中哈接壤地区重要成矿带对比及1:100万编图技术要求;②中哈接壤地区重要成矿带重要矿产资源矿产地数据库建设。

2. 2013 年工作任务

(1)补充收集中国与哈萨克斯坦接壤地区重要成矿带地质、物探、化探、遥感、矿产及科研等资料。

(2)继续开展中哈接壤地区重要成矿带1:100万地质矿产图编制工作,并编制研究区大地构造相草图。

(3)选择接壤地区北天山西段、捷克利-赛里木等重要成矿带中的典型地质体,对主要矿产典型矿床开展实地考察,解剖典型矿床,开展综合对比研究。

(4)核心期刊发表论文1～2篇。

(5)中国地质调查局发展研究中心工作任务:补充中哈接壤地区重要成矿带重要矿产地数据库数据。

3. 2014 年工作任务

(1)补充收集与整理中国与哈萨克斯坦接壤地区重要成矿带地质、物探、化探、遥感、矿产及科研等资料。

(2)继续开展中哈接壤地区重要成矿带1:100万地质矿产图编制工作,并编制研究区大地构造相图。

(3)编制1:50万捷克利-赛里木大地构造相草图、成矿规律草图。

(4)选择接壤地区扎尔马-萨吾尔和成吉斯-塔尔巴哈台重要成矿带中的典型地质体、主要矿产典型矿床开展实地考察,解剖典型矿床,开展综合对比研究。

(5)完成前期研究成果的出版工作。

(6)中国地质调查局发展研究中心工作任务:补充完善中哈接壤地区重要成矿带重要矿产地数据库数据。

(二)实物工作量完成情况

在对研究区所涉及中哈接壤地区的区域地质矿产、学术专著、科研论文等资料收集和分析整理的基础上,主要完成了以下实物工作量(表1)。

表 1　实物工作量完成情况

工作年度	工作内容	单位	年度工作量完成情况		
			设计工作量	完成工作量	完成率(%)
2012	路线地质调查	km	100	100	100
	典型矿床调研	个	2～3	13	433
	样品采集	件	193	176	91.2
	翻译外文资料	万字		25	
2013	翻译外文资料	万字	20	20.5	102.5
	数字化不同比例尺图件	幅	15	15	100
	路线地质调查	km	150	150	100
	实测地质剖面	km	0	1.5	
	信手地质剖面	km	0	2.0	
	典型矿床调研	个	2～3	11	366
	样品采集	件	154	142	92.2
	论文编写	篇	1～2	2	100
2014	翻译外文资料	万字	10	10	100
	路线地质调查	km	100	107	107
	典型矿床调研	个	2～3	2	100
	样品采集	件	145	142	97.9
	编图工作量	幅	4	4	100
	专著出版	本	2	2	100
	图件出版	幅	2	2	100
	论文编写	篇	1～2	2	100

本项目收集中国新疆及西部邻区图件和资料 40 余份,翻译外文资料约 55 万字,数字化不同比例尺图件 15 幅,出版专著 2 本、图件 2 幅,发表论文 4 篇。

考察中国新疆境内典型矿床 26 处,主要有阿舍勒铜矿床、萨热朔克金(铜、铅、锌)矿床、沃多克金矿、托库孜巴依金矿床、布伦托海北岸铜金矿、乔夏哈拉铁铜金矿床、玉勒肯哈腊苏铜矿床、老山口铁铜金矿床、可可塔勒铅锌矿床、蒙库铁矿床、阿克西克金矿、阿巴宫铁矿床、大东沟铅锌矿床、乌拉斯沟铅锌矿床、萨热阔布金矿床、铁米尔特铅锌矿、克希阿克巴依塔勒铅锌矿、喇嘛苏铜矿、哈尔达板铅锌矿床、托克赛铅锌矿、四台海泉铅锌矿、精河县艾姆劲钼金矿、新源县卡特巴阿苏金矿、哈巴河县多拉纳萨依金矿床、哈巴河县哲兰德金矿、青河县加玛特金铜矿床等。由于哈萨克斯坦国出国签证难办,对哈萨克斯坦国的典型矿床实地调查未能完成。

完成路线地质调查 357 km。在典型矿床考察的同时进行了样品的采集,采集同位素年龄样品 11件;采集岩石化学全分析、稀土元素分析、微量元素分析样品各 40 件;采集光薄片样品 165 件、硫稳定同位素样品 26 件、电子探针样品 47 件、光谱分析样品 16 件、流体包裹体样品 19 件、孢粉样品 2 件、试金样品 1 件、手标本 53 件。

编图方面的工作量完成情况:中国-哈萨克斯坦接壤地区地质图、大地构造相图、金属矿产成矿图,比例尺 1∶100 万;中国-哈萨克斯坦捷克利-赛里木湖一带金属矿产成矿图,比例尺 1∶50 万。

原计划 2015 年开展接壤地区扎尔马-萨吾尔和成吉斯-塔尔巴哈台重要成矿带的研究,但由于项目提前一年结题,故未对该成矿带开展综合对比研究。

二、地质矿产研究程度

(一)区域地质调查工作

1. 中国新疆地质研究程度

(1)1:20 万区域地质调查。研究区涉及了 112 个 1:20 万区域地质调查图幅,约 $54.38 \times 10^4 \, km^2$。除准噶尔盆地腹地未做工作外,其他地区皆完成 1:20 万区域地质调查工作。这些区调图幅多数完成于 20 世纪 50 年代初至 60 年代末,少部分完成于 20 世纪 70 年代初至 80 年代(图 2)。

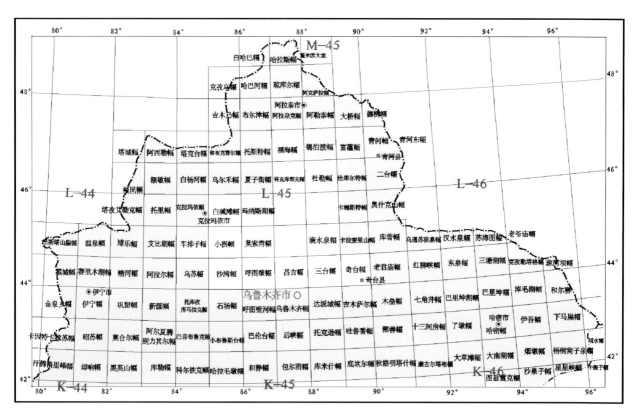

图 2　新疆北部 1:20 万区域地质调查研究程度示意图

1952—1969 年,完成了 77 个图幅,后在 20 世纪 60 年代中期进行了修测。这部分资料总体地层系统及构造格架基本可以利用,但原始资料系统性差,地质观点及认识比较陈旧。

1970—1984 年,完成了 26 个图幅,这部分资料比较系统,可利用程度较高。

(2)1:25 万区域地质调查。1996—2004 年,大调查依据地质矿产部科技发展"九五"计划和 2010年长远规划的地质矿产部第二代地质填图计划,在北纬 42°以北地区部署了 5 个图幅 1:25 万区域地质调查,以现代地质理论为指导,从历史分析入手,对造山带非史密斯地层的时态、相态、位态及序态、海相火山岩的火山-沉积体系及岩浆岩的同源与异源演化关系、典型构造的动力学和运动学的分析以及造山作用、造山类型和大地构造相等方面进行全方位的调查研究,初步建立构造格架和造山带的演化模式,资料可利用程度较高。

(3)1∶5 万区域地质矿产调查。研究区已完成 1∶5 万区调约 $5.14×10^4 km^2$,合计 156 个图幅(图3),占整个研究区面积的 9.47%,工作大致可分为 2 个阶段。

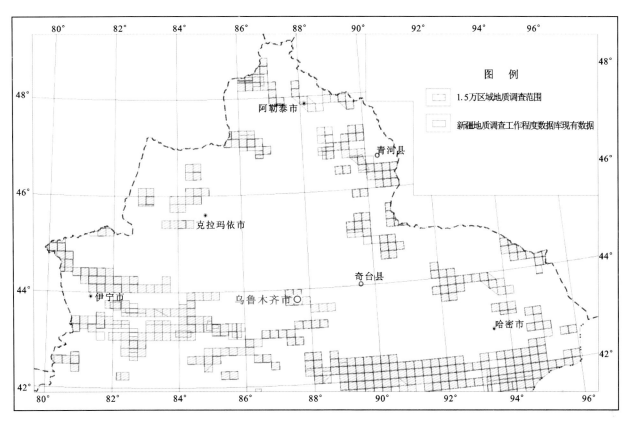

图 3　新疆北部 1∶5 万区域地质调查研究程度示意图

2003 年以前,1∶5 万区调主要在重要成矿带、成矿远景区,围绕国家急需的铬铁矿、铁、金、铜等矿种部署工作。这一时期完成的 1∶5 万区调的面积为 $3.6×10^4 km^2$,约 109 个图幅。其中 20 世纪 60—70 年代完成的约 55 个图幅,由于主要是以找矿为主的区调工作,部分图幅为简测,可利用程度相对较低。

2003 年以后,新疆 1∶5 万区调工作得到前所未有的重视,自治区投入专项资金开展此项工作,同时国家资源补偿费、自治区资源补偿费、自治区地质勘查中央专项资金等也投入了大量的 1∶5 万工作,2003—2008 年完成 1∶5 万矿调面积约 $1.55×10^4 km^2$,共 47 幅,采用了最新的地质理论和工作方法,资料可利用程度相对较高。

2. 哈萨克斯坦地质测量研究程度

1∶20 万比例尺完成 98.7%。1∶5 万比例尺调查程度为 40.6%,东哈萨克斯坦研究程度最高(63.4%),中部 46.9%,西部 39.1%,南部 31.4%,北哈萨克斯坦研究程度较低(31.1%)(图4)。

西哈萨克斯坦总面积 $72.85×10^4 km^2$,分布于 161 幅 1∶20 万图幅中(全部或部分)。1∶20 万地质测量已包括 $715 722 km^2$,面积大约相当 127 个图幅。

1960 年前,完成图幅面积 $201 470 km^2$(35 幅),出版图幅面积 $195 495 km^2$(34 幅);1961—1970 年,完成 $379 947 km^2$(68 幅),出版图幅面积 $341 822 km^2$(61 幅);1971—1980 年,完成和出版 1∶20 万地质图 $97 291 km^2$(12 幅);1981—1990 年,完成 $26 381 km^2$(5 幅),出版地质图 $5 425 km^2$(1 幅);2002 年,

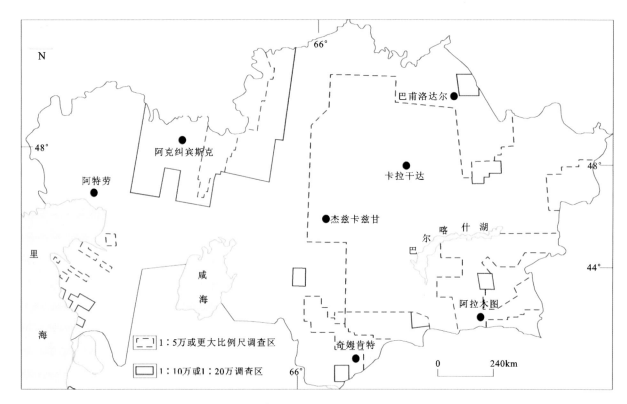

图 4　哈萨克斯坦地质研究程度示意图

完成图幅 M-41-XIII、XIX,面积达 10 633km²;2004—2010 年期间,完成 M-40-XXIII、XXIX、M-40-XXIV、XXX、V-40-XXXIV、XXXV 等图幅。

北哈萨克斯坦 1:20 万地质测量已覆盖全区,1:5 万地质测量覆盖率为 32%,剩下的为第四系覆盖区。

北哈萨克斯坦 1:20 万地质测量主要是在 20 世纪 60 年代实施的,到 70 年代完成少量,80 年代实施综合测量(含水文地质测量)。目前,已经完成北哈萨克斯坦日基卡林、阿卡雷克斯基、阿拉鲁丽斯基地区 1:20 万地质修测,已覆盖北哈萨克斯坦 15%。

中哈萨克斯坦 1:20 万地质测量已覆盖其面积的 99.4%,同比例尺地质修测覆盖 38.2%。大部分 1:20 万地质图编制于 20 世纪 50—60 年代。1:5 万地质测量已覆盖中哈萨克斯坦面积 57.7%,主要分布于采矿区;同比例尺地质修测覆盖 16.74%。

(二)区域矿产工作

1. 中国新疆

20 世纪 50 年代,地质矿产勘查首要任务是为恢复和发展国民经济提供急需的石油、煤炭、石灰岩、铁及有色金属矿产资源。先后发现了乌尔禾、依其克里克等油田;发现雅满苏铁矿、加曼台锰矿、箐布拉克铜镍矿、卡兰古-托克拉克铅锌矿、哈勒哈特菱镁矿、乌什北山铝土矿、卡拉先格尔铜矿等;完成了可可托海 3 号脉储量报告,同时在和田发现了大红柳滩稀有金属矿。

1964—1967 年在东西准噶尔进行铬矿会战,基本查明了西准噶尔萨尔托海地区的铬矿资源。1976—1978 年,又组织了东疆铁矿会战,对哈密、鄯善、吐鲁番区内的 200 余处矿点和 780 处航磁异常进行了较为系统的工作。

20世纪80—90年代,新疆地质矿产勘查逐步进入了总结规律、运用成矿理论指导找矿的阶段,先后进行两轮不同比例尺的成矿预测工作,有力地指导了地质矿产的勘查。先后发现和评价了喀拉通克、阿舍勒等铜(镍)矿,阿希、多拉那萨依等金矿。

进入21世纪以来,先后发现和评价了土屋铜矿、罗布泊钾盐矿、彩霞山铅锌矿、维权银矿、黄羊岭锑矿等一大批矿床和矿产地,并在老矿区蒙库铁矿、喀拉通克Ⅱ号铜镍矿深部找矿取得重大突破。

2. 哈萨克斯坦

通过1:20万地质测量和地质修测工作,发现了许多金、多金属、铜、稀土等成矿远景区。首次出版了哈萨克斯坦1:100万地质图及说明书、哈萨克斯坦矿产图及说明书,并以附件编制了含156个矿床(点)的图册;完成了南哈萨克斯坦1:50万地球动力和成矿图,重新进行了矿产资源预测,划出了吸引外资的远景区。为了更好地安排区域地质调查计划,准备了哈萨克斯坦地质方面的诸多图件:1:150万地球化学图、深部构造图、大地构造图、成矿图、油气图。准备和已经出版22册关于国家原料基地的专门参考书,大大促进了国外对哈萨克斯坦原料基地综合工程的投资。为系统化已有地质调查成果、建立地球内部资料、筹备建立各种数据库,准备建立碳氢化合物原料储量平衡表计算机系统,以及地质信息电子防护和准许进入的电子系统。在建立统一计算机系统方面已完成第一阶段工作:建成准备电子图件与综合处理地质地球物理资料、各种矿床图册、矿藏和矿藏利用专著的工艺规程;建成了哈萨克斯坦国家矿产信息数据库。首次与中亚国家俄罗斯合作,编制了岩相古地理、构造和地质生态图集,得到哈萨克斯坦总统的赞许。整套图仔细分析各沉积盆地和构造带及其相互关系、演化过程,并在此基础上重新预测哈萨克斯坦矿产资源潜力。

(三)物化遥工作

1. 中国新疆

(1)新疆航磁工作始于1950年。区域航磁工作比例尺为1:100万、1:50万、1:20万和1:10万,覆盖面积约$59 \times 10^4 km^2$;中大比例尺航磁工作主要包括1:5万航磁测量和1:10万、1:5万、1:2.5万航空综合站测量,工作时间主要在20世纪60年代至今,完成约376.3km^2,主要分布在东天山、西天山、阿尔泰、西准噶尔等重要成矿带。1970—2000年,1:100万航空磁测基本覆盖了大致北纬44°30′以南地区,面积约37 766.3km^2。1:50万航磁研究区基本没有涉及。1:20万测区5个,面积约2646.3km^2(图5)。1:10万航磁工作主要分布在准噶尔西北缘、东北缘-阿尔泰山、阿吾拉勒山、库鲁克塔格及东天山铁矿带,总面积约1 186.3km^2(图6)。

研究区航磁研究程度甚高,实现了区域总体覆盖。其中区域航磁(≤1:10万)主要有1983年完成的新疆罗布泊阿拉善1:100万航磁、1978年新疆吐鲁番地区1:10万航空磁测、1984年天山地区1:100万航磁。航空物探遥感中心根据上述资料进行了区域调平并制成了$2km \times 2km$网格数据,作为研究的基础数据。

完成1:2.5万~1:5万航空综合站测量786.3km^2,其中东天山1:2.5万~1:5万航磁、航空综合站基本覆盖研究区。此外在主要铁矿区(如雅满苏铁矿)开展了1:5 000~1:2.5万的地面磁测,为典型矿床研究奠定了良好的基础。

(2)新疆1:20万~1:100万基础重力测量共完成约35 996.3km^2(图7)。

1:5万~1:2.5万重力勘查主要为矿集区重力普查,分布在重要的矿集区,如土屋-延东铜矿、黄山铜镍矿,此外还开展了1:1万~1:2万零星重力测量(图8)。

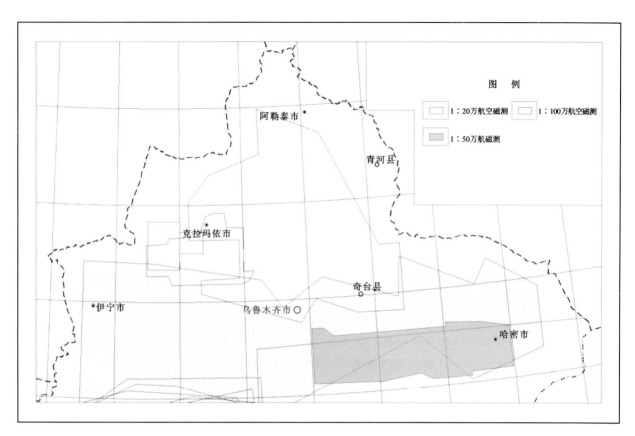

图 5　新疆北部 1：20 万、1：50 万、1：100 万航磁工作程度示意图

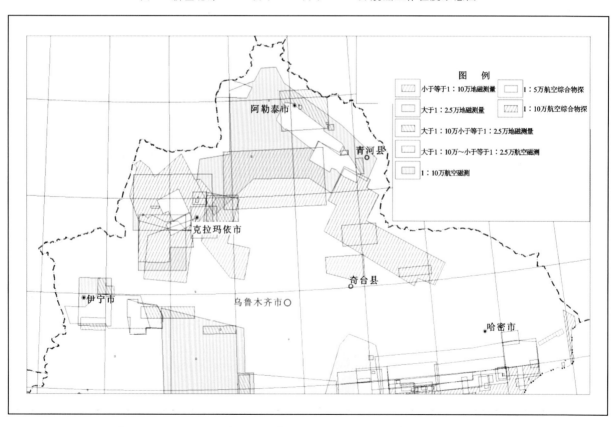

图 6　新疆北部 1：2.5 万～1：10 万航磁、地磁、综合物探工作程度示意图

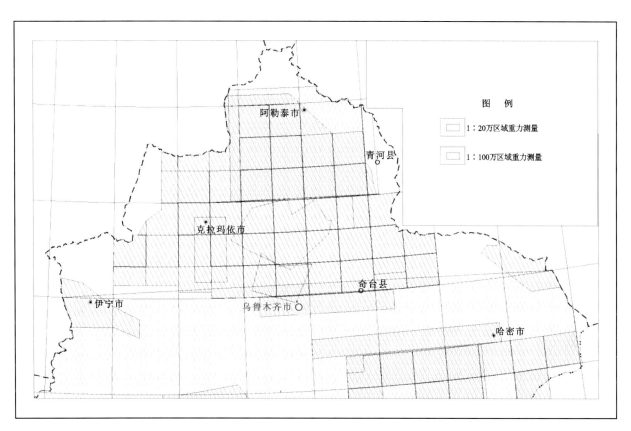

图 7   新疆北部 1∶20 万～1∶100 万区域重力测量工作程度示意图

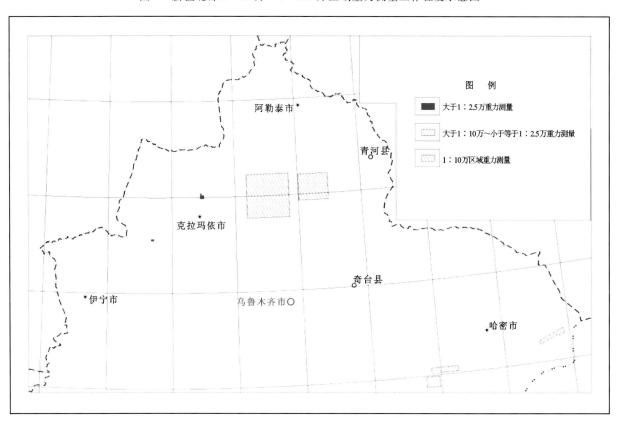

图 8   新疆北部 1∶2.5 万～1∶10 万及大比例尺重力测量工作程度示意图

(3)1985—2007年,新疆采用1∶50万、1∶20万、1∶10万、1∶5万和大于1∶5万等不同工作比例尺开展区域地球化学测量,完成了约744 653.9km²,基本实现了新疆北部基岩区的覆盖(图9)。其中1∶50万化探面积约107 437km²、1∶20万化探面积约450 450km²、1∶10万化探面积约61 593.75km²;1∶5万化探面积约123 018.75km²;大于1∶5万化探面积约2 154.4km²。

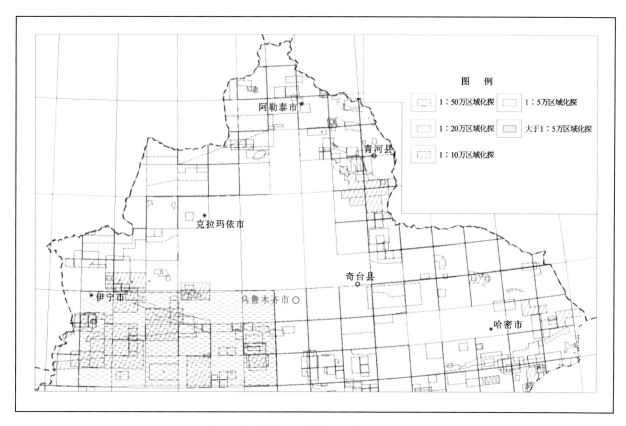

图9　新疆北部区域化探工作程度示意图

1∶20万区域化探,采样介质为岩屑,部分为水系沉积物,采样粒径一般为−5～+20目,分析了39种元素;研究区北部完成了1∶5万化探4.5×10⁴km²,分析了Au、Ag、Cu、Pb、Zn、Cr、Ni、Co、As、Sb、Bi、W、Sn、Mo共14种元素。

(4)20世纪50—80年代,新疆开展了1∶20万区域地质遥感解译,基本都是先制作1∶6万黑白航片的拼接图,然后进行室内地质解译。20世纪90年代到现在开展的1∶5万区域地质调查基本都是先制作1∶5万TM卫星影像然后进行室内地质解译,解译程度较高,在新疆的东疆、昆仑山等植被覆盖稀少的地区,一般室内地质界线的解译正确率都在80%以上。进入21世纪后又增加了spot、尖兵-3等卫星作为地质解译的数据源,提高了解译精度(图10)。

2003年以来新疆开始了较大规模的遥感异常提取,主要使用的方法有主成分分析方法、比值法、光谱角法,其中主成分分析方法使用广泛。到目前为止开展遥感异常提取工作的1∶5万图幅超过100个,取得了明显的效果。这些异常的查证工作都是在1∶5万区域地质调查工作中完成的,其成果也都融入了1∶5万区域地质工作中。

2.哈萨克斯坦

(1)地球化学测量。1∶5万地球化学调查程度占哈萨克斯坦国土面积的28.3%,其中地面岩石地球化学调查程度为25%,深部地球化学调查程度为3.3%。此外,1∶1万深部地球化学普查覆盖国土

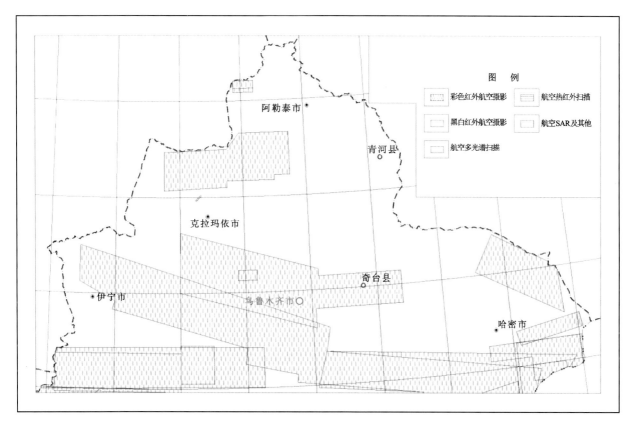

图 10　新疆北部遥感地质工作程度示意图

面积的 0.8％,1：1 万金波谱测量覆盖国土面积的 0.6％。总体上裸露区地球化学调查程度可算中等,覆盖区为低等。

(2)地球物理测量。1：20 万航空磁测和重力测量覆盖哈萨克斯坦全境。1：5 万及更大比例尺航磁测量覆盖总面积的 50％～55％,其中高精度磁测覆盖领土面积的 40％。裸露和半裸露地区已调查了75％～80％,覆盖区研究程度较低。此外,对 18％的面积进行了 1：5 万地面磁测,各种电法勘探占领土面积的 20％。哈萨克斯坦大比例尺地球物理调查程度总体上还不能算达到中等。

(四)综合研究工作

1. 中国新疆

(1)成矿规律研究。系统科研工作主要始于"七五"时期,主要有新疆区域成矿地质背景条件及其矿产地质研究、西天山成矿区成矿地质条件与矿产资源综合评价研究、东天山成矿区成矿地质条件与矿产资源综合评价研究、北疆地区主要金矿床成矿特征及控矿因素研究、中国新疆矿床成矿系列以及新疆区域地质志、区域矿产总结等。这些课题的研究内容包括区域成矿地质背景、区域成矿规律、重要成矿区带的靶区优选等,并圈定出了一批不同尺度的远景区或找矿靶区。这些资料对本区部署不同层次的金、有色金属等矿产资源调查评价工作以及采用的勘查技术方法起到了重要的指导作用。

1961 年,新疆维吾尔自治区地质矿产局(以下简称新疆地质矿产局)完成了哈密幅 1：100 万内生金属矿床成矿规律和矿产预测图。到 1985 年,涉及本区并与本次预测矿种有关的区划主要有新疆金成矿远景区划,天山东部及北山铁多金属成矿带成矿远景区划及新疆基性、超基性岩有关的铬镍钴铂钒钛等矿成矿远景区划等,初步划分了成矿带和成矿预测区。

1984—1986年,新疆地质矿产局地质研究所编制完成了新疆1:200万内生矿产成矿规律及预测图说明书。该成果系统总结了新疆地质矿产的时空分布、成矿地质条件、控矿因素、矿床类型等,并对金、铜等主要矿种的资源潜力进行了评价。

1986—1994年,新疆境内分地区开展了以金和有色金属为主的1:50万成矿预测工作,此项工作主要以1:20万区调和1:20~1:50万化探为基础,结合已知矿产资料,划分了Ⅱ、Ⅲ、Ⅳ及Ⅴ级成矿区带,按矿种圈出了成矿预测区,并预测了G级资源量。

1991年,新疆地质矿产局在吐哈盆地南缘进行了1:20万成矿预测,面积7.4×10⁴km²,对区内成矿规律进行了深入研究,建立了铜镍矿区域成矿模式及找矿模型,圈出了36个预测区。

1993—1994年,新疆地质矿产局进行了新疆第二轮成矿远景区划研究汇总工作,采用板块构造和成矿系列理论对新疆的区域成矿条件、区域找矿模型等进行了深入分析研究,重点对金、铜、镍、铅、锌、锡、锑7个矿种作了预测评价,在本区共圈出各类远景区79个。该成果对近10年来新疆天山地区地质找矿工作的部署起到了重要的作用。

1999—2002年,新疆地质调查院完成了《东天山地区综合研究与区域资源潜力预测评价》,运用综合信息成矿预测理论与方法体系进行综合信息成矿预测,对土屋斑岩铜矿进行了深入剖析,划分铜预测靶区47个,指出东天山地区具有良好的斑岩铜矿找矿潜力。

2001—2003年,新疆地质调查院完成了《新疆天山-北山成矿带成矿规律和找矿方向综合研究》,重新厘定了成矿带,深入研究了斑岩型铜矿的成矿规律、控矿因素,划分了找矿靶区。

2005年,新疆维吾尔自治区地质矿产勘查开发局完成了《新疆北部斑岩型铜(钼、金)矿成矿规律与找矿靶区优选研究》,分析新疆北部地区斑岩型矿床产出的地质构造环境和成矿地质条件,研究斑岩体的区(带)分布和空间变化规律以及与铜(钼、金)矿化之间的关系,划分浅成—超浅成斑岩体分布区(带)和斑岩型铜(钼、金)矿成矿带,圈定斑岩型铜(钼、金)矿的找矿有利靶区。

(2)专题性研究成果。20世纪80年代以来,新疆开展了大量专题研究工作。《天山多旋回构造演化及成矿》(王作勋等,1990)用多旋回构造理论对天山地质进行了讨论。《中国新疆古生代地壳演化及成矿》(何国琦等,1994)用地壳演化五阶段理论对新疆古生代地质演化规律进行了探讨,以活动论和突变论为指导,对包括新疆在内的中亚地区大型—超大型金属矿床及成矿环境进行了较全面的总结。《新疆开合构造与成矿》(陈哲夫等,1997)从建造分析入手,总结了新疆陆块与造山带开合构造体系。《新疆毗邻地区地质矿产研究新进展》(何国琦,2004)为国家重点基础研究发展规划项目——"中亚型造山与成矿"项目,对新疆毗邻地区的地质矿产调查及研究工作所取得的新资料和新认识,进行了全面的收集和系统的综合研究。《新疆铜镍金立项对策研究报告》(新疆维吾尔自治区地质调查院,2005)在重点跟踪收集和研究1999年以后新疆不同资金渠道、不同地勘单位和科研院所地质生产、科研成果和动态的基础上,以成矿环境类比为基础,充分利用已建立的各类地质、物探、化探、矿产等数据库,对地质勘查立项提出及时指导意见和具体工作建议等。所有这些研究成果对于加深对天山成矿带的认识有着积极的意义。

2. 哈萨克斯坦

在铜矿的研究中,自Kounrad斑岩铜矿发现以来,优先对斑岩铜矿进行了研究。对环巴尔喀什斑岩铜矿系统的普查、勘探及研究始于"二战"后,出版了许多专著,对单个矿床的地质、地球化学、矿物学、交代蚀变、矿化分带及蚀变分带进行了详细描述(Miroshnichenko,1971)。Kayupov(1974)、Kolesnikov(1991)、Zhukov(1975)研究了火山-侵入岩带、岩体的环形构造、长期活动的区域断裂及中酸性花岗岩浅成侵入相与斑岩铜钼矿床的关系。Zhukov和Philimonoba(1982)建立了蚀变与矿化之间紧密的空间、成因、构造及其地球化学联系。Liyapichev(1975)总结了斑岩铜矿的大地构造及岩石化学特征,而Abdulin(1975)总结了哈萨克斯坦铜矿带的特征。Kudryavtsev(1996)对哈萨克斯坦中部的斑岩铜矿特征进行了总结。在 Popov(1977)、Pavlova(1983)、Krivchov(1977)的著述中总结了斑岩铜矿的时空分布规律、形成的物理化学条件。在环巴尔喀什斑岩铜矿研究中积累的大量实际资料推动了对该类矿床的成因理论总结,获得了各种斑岩铜矿形成的地质成因模式(Kolesnikov,1991;Krivchov,1986;Zhukov,1983;Pavlova,1983;Sotnikov,1983;Golovanov,1978),根据矿物类型、构造位置、与岩浆作用的关系、形成深度、构造体制建立了斑岩铜矿成矿体系(Kolesnikov,1991;Zhukov,1983;Kfivchov,1983;Popov,1996;Rekharsky,1983;Sotnikov,1983)。

已有工作无疑为中国与哈萨克斯坦接壤地区成矿规律与找矿远景研究奠定了重要工作基础,但是已有资料也存在分析精度不同、研究范围大小不一、工作执行标准不一等问题,需要耗费大量人力、时间进行甄别,按照统一格式、要求进行整理。

三、人员组织及分工

根据任务书要求,项目由新疆维吾尔自治区地质矿产研究所承担,中国地质调查局发展研究中心参加,按照分工协作、各负其责的管理方式共同完成该项工作的专著出版。

参加项目的主要工作人员有祁世军、高鹏、黄启锋、黄诚、成守德、王德林、王广耀、刘通、屠罕平、方庆新等。编写本专著的有:祁世军编写第一章、第六章,刘通编写第一章第三节,成守德、黄诚编写第二章,高鹏编写第三章,黄启锋编写第四章,高鹏、黄启锋编写第五章。图件编制主要由成守德、王德林完成,数字化及属性库建设工作由黄诚、刘通完成。中国地质调查局发展研究中心研究员邱瑞照负责矿产地数据库建设。在项目实施过程中还得到了中国地质调查局、中国地质调查局发展研究中心、新疆国土资源厅、新疆地质矿产勘查开发局、新疆地质调查院等单位有关领导和专家的指导和帮助,在此对他们所付出的辛勤工作一并表示诚挚的感谢。

由于水平有限,在本专著的编写过程中难免存在疏漏之处,请各位专家、学者批评指正。

目 录

第一章 区域地质背景

第一节 区域地质

一、地层

研究区地层出露齐全,前寒武系主要集中分布于哈萨克斯坦马蹄形构造外缘,内缘以分布早古生代至晚古生代地层为主,岩浆活动强烈。前寒武纪变质岩在古生代造山带中多构成中间地块,成为基底杂岩残块(相)。其上常为古生代(部分为中-新元古代)地层所覆盖。

(一)太古宇

哈萨克斯坦的太古宇,分布于科克切塔夫、肯德克塔斯地块及南乌拉尔的穆戈贾尔等地。由紫苏辉石-堇青石-矽线石麻粒岩、紫苏辉石片麻岩、结晶片岩、斑花大理岩、榴辉岩等所组成,厚 800~2 000m。

(二)元古宇(古元古界、中元古界、新元古界)

1. 古元古界(Pt₁)

由流纹-英安质斑状变质岩、石英-钠长石片岩、石英岩、大理岩等组成,厚 3 600m;不整合其上的为粗面流纹质、玄武质斑状变质岩,凝灰熔岩,含铁石英岩,石墨-石英片岩,厚 10 000 余米;底部有 2 230Ma 的扎温卡尔花岗杂岩,顶部有 1 700~1 950Ma 的花岗岩化片麻岩及卡尔萨克派霞石正长岩侵入(1 675±100Ma,1 380Ma);在南乌拉尔不整合于太古宇—古元古界之上的为各种片岩与石墨化石英岩和角闪岩互层等组成,厚 800m,其上多被剥蚀。

新疆库鲁克塔格地区古元古界兴地塔格群为中深变质的碎屑岩和少量碳酸盐岩;阿尔泰地区古-中元古界克姆齐岩群(李承三等,1943)为变质较深的片岩、片麻岩等组成(同位素年龄 2 116Ma;张传林等,2003),其上为新元古代绿片岩相地层不整合覆盖(含微古植物化石),有的变质较深为斜长角闪岩、片麻岩夹绢云母片岩等;在天山西段的赛里木地块,古元古界由角闪片麻岩、眼球状片麻岩、二云母片岩、斜长角闪岩、黑云母斜长片麻岩等组成的温泉岩群,Sm-Nd 等时线年龄为 1 727±26Ma(胡霭琴,1993),其 $\varepsilon_{Nd}(T)=+5.8$,表明母岩来源于亏损地幔,其上的中、新元古界,主要由产叠层石的蓟县系库松木切克群及青白口系开尔塔斯群组成,以泥质-硅质碳酸盐岩为主,两者构成了古元古代结晶基底上的第一盖层;不整合其上的南华系—震旦系砂岩、砂质泥岩及冰碛岩,含 *Boxollia*,*Baicalia* 等叠层石化石(图 1-1)。

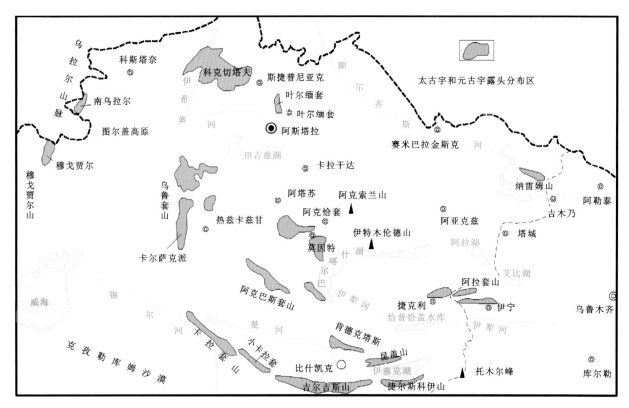

图 1-1　新疆西部邻区太古宇和元古宇露头分布示意图

2. 中一新元古界(Pt$_{2-3}$)

我国将中元古界下部称长城系,上部称蓟县系,新元古界下部称青白口系,上部称南华系和震旦系。在哈萨克斯坦以 1 650±50Ma 为底界,其上称里菲系、文德系,下-中里菲统[(1 650±50)～(1 000±50)Ma]大致与我国中元古界对比,上里菲统[(1 000±50)～(680±20)Ma]大致与我国新元古界的青白口系一南华系对比,文德系[(680±20)～(570±20)Ma]可大致与我国震旦系对比(表 1-1),其分布基本同上。

(1)下里菲统。在南哈萨克斯坦准噶尔(相当于我国赛里木地块的西延部分),下里菲统称萨雷恰贝群(可能含中里菲统),其下部科克苏依组为片麻岩、混合岩,见淡色花岗岩脉侵入,上部称科萨加斯组,由片岩-石英岩组成。该群总体为绿帘石-角闪石相,有的受接触变质作用而逐渐变为片麻岩、混合岩、花岗片麻岩。片麻岩-混合岩中锆石年龄 1 100±50Ma(耶费莫夫 N A,1977)。

(2)中里菲统。分为苏克丘别组及捷克利组,前者整覆于下里菲统石英岩之上,分 3 个亚组:下亚组为深灰色薄层大理岩化灰岩、石英云母片岩和钙质-硅质岩互层(400～500m);中亚组为深灰色块状、厚层状大理岩化灰岩含白云岩夹层和透镜体(500～600m);上亚组为深灰色层状灰岩、碳质-硅质岩、钙质-泥质岩(300～400m)。捷克利组整覆于苏克丘别组之上,与亚矿和矿层相符,最早划归捷克利群下部,现已改为兰戈群(杜波夫斯基,尼基特钦科,1974),它与下伏地层的界线在第一层碳质片岩出现的地方通过,由深灰色、灰绿色、黑色带状泥质-硅质-钙质片岩(含碳杂质),片理化粉砂岩,硅泥质千枚岩,硅质、绢云母-硅质、碳质-碳酸盐岩,以及碳质-硅质岩和碳质灰岩、白云岩互层含灰岩透镜体等所组成,是重要含矿层位。

表 1-1 中-哈前寒武系(P∈)地层对比表

国际地层表(2004)				中国				哈萨克斯坦				地质图代号
宇(宙)	界(代)	系(纪)	年代(Ma)	宇(宙)	界(代)	系(纪)	年代(Ma)	宇(宙)	界(代)	系(纪)	年代(Ma)	
元古宇 PR	新元古界 NP	埃迪卡拉系NP₃	542 630	元古宇 Pt	新元古界 Pt₃	震旦系 上 下	543 630 680	元古宇 PR	新元古界	文德系	580~600 700~800	Z V
		成冰系NP₂	850			南华系 上 下	800 900			里菲系 R	上里菲统R₃	1 000~1 100	Qb+Nh R₃
		拉伸系NP₁	1 000			青白口系 上 下	1 000				中里菲统R₂		Jx R₂
	中元古界 MP	狭带系MP₃	1 200		中元古界 Pt₂	蓟县系 上 下	1 200 1 400		中元古界		下里菲统R₁	1 400 1 650~1 750	Ch R₁
		延展系MP₂	1 400			长城系 上 下	1 600						
		盖层系MP₁	1 600									
	古元古界 PP	固结系PP₄	1 800		古元古界 Pt₁	滹沱系	1 800		古元古界				Pt₁
		造山系PP₃	2 050								2 600~2 700	
		层侵系PP₂	2 300				2 300					
		成铁系PP₁	2 500				2 500					
太古宇 AR	新太古界 NA			太古宇 Ar	新太古界 Ar₃			太古宇 AR	新太古界 AR₂	上部AR₂³		
			2 800				2 800			中部AR₂²		
	中太古界 MA				中太古界 Ar₂					下部AR₂¹	3 000	
			3 200				3 200		古太古界 AR₁			
	古太古界 PA				古太古界 Ar₁							
			3 600				3 600				3 500	
	始太古界 EA				始太古界 Ar₀				始太古界 AR₀			
	下界未定											

(3)上里菲统。分布于南哈南准噶尔复背斜东段,称布尔汗组,不整合于下伏地层兰戈群(原称捷克利群)之上,下部为砂岩、石英砂岩,向上砂岩减少,细砾岩和卵石砾岩增多,上部为(600～700m)千枚状片状岩含少量残斑变岩,总厚800～1 400m,含辉长岩、辉长辉绿岩岩床。

(4)文德统-下寒武统。在哈萨克斯坦的北准噶尔称库萨克组,未见与下伏地层的接触关系,但它属兰戈群的顶部剖面,仅见于科克苏—苏克丘别地区,底部含磷酸盐的砂岩、含角砾的石英岩和硅质碳酸盐的卵石,其上为冰碛岩(上冰碛岩)胶结物,常磷酸盐化;中部薄层状杂色硅质-泥质片岩、碳质硅质片岩、硅质岩等,含钒及磷酸盐-硅质结核和硅质-碳酸盐复理石层;上部为杏仁状辉绿玢岩和安山玢岩及其凝灰岩凝灰砂岩及不稳定的灰岩、硅质岩,部分变质程度较高出现绿片岩和角闪岩。总厚300～600m,在捷克利矿区有相似剖面厚400m。岩石钒和磷的含量增高及冰碛岩的出现是该时代确定的依据。因为,这是哈萨克斯坦卡拉套和其他地区以及天山等文德纪—寒武纪岩石的基本特征。

阿尔泰弧盆系西北端有上述类似地层,走向总体近南北,与阿尔泰造山带的北西向走向斜截,由板岩、千枚岩、变质砂岩等组成的浅变质低绿片岩相的类复理石建造,属被动陆缘相的陆坡亚相。镜下鉴定,变质砂岩片理发育,细粒变晶结构,主要成分为黑云母、绿泥石、石英,总含量高达80%,副矿物为磁铁矿、绿帘石、磷灰石、锆石等,变形强烈。绿泥石、绢云母千枚岩,片理发育,细粒变晶结构,主要成分为绢云母、石英、绿泥石、碳质物,副矿物为锆石。

该地层在中国的阿尔泰山北部,蒙古阿尔泰山和哈萨克斯坦、俄罗斯境内的阿尔泰山,都有广泛分布。主体由低绿片岩相的巨厚类复理石建造构成,厚6～7km,在我国称喀纳斯群,俄罗斯称山区阿尔泰系,在蒙古称蒙古阿尔泰系。其岩石组合和地层层序非常相似并完全可以对比。根据少数地点所发现的微古植物化石及不整合其上的中-晚奥陶世火山磨拉石建造判断其时间段可能包括了震旦纪(文德纪)—早奥陶世。据刘源等(2013)在喀纳斯湖—贾登峪一带的研究,所获最年轻的碎屑锆石年龄集中在550±18Ma,可作为喀纳斯群年龄的下限,而侵入喀纳斯群中的浅变质细粒小型花岗岩体的锆石年龄为523±19Ma,限定了它的上限。由此可以确定喀纳斯群的时代可能为晚震旦世—早寒武世。不同的是这里尚未发现冰碛岩和磷钒等的沉积。

(三)古中生界

1. 寒武系

分两种沉积类型:一为稳定型,在哈萨克斯坦主要分布在伊希姆-拜科努尔、卡拉套、叶尔缅套和科克切塔夫等一带,在捷克图尔玛斯及巴尔喀什湖的依特木伦得等也有零星出露,剖面以拜可努尔、大卡拉套等为例,由下而上:库鲁木萨克组下部为硅质岩、碳-硅质页岩,含钒矿,底部为白云岩,厚25~60m,层位为阿尔丹阶($\in_{1-2}$);上部为碳硅质页岩、碳质-硅质-泥质页岩,含磷灰石结核,厚60~250m,层位为勒拿阶—阿姆加阶($\in_{2-3}$);科克布拉克组主要岩性为灰岩、白云岩、角砾灰岩等,厚30~400m,为寒武系芙蓉统。二是在扎拉伊尔-奈曼部分见有玄武岩—辉绿岩,属活动型沉积,剖面以坎成吉斯—阿勒卡梅尔根剖面为例,由下而上:巴尔克别克组(阿尔丹阶)主要岩性为玄武岩、安山-玄武岩、凝灰岩、灰岩等,厚800~1 500m;艾德列伊组(勒拿阶)为安山-玄武岩、凝灰岩、砾岩、砂岩、粉砂岩等,厚1 000~1 200m;阿杰伊组(阿姆加阶下部)为安山岩、安山-英安岩、火山杂砂岩、砾岩、砂岩、灰岩等,厚1 000~1 500m;泽尔布克孜尔组(阿姆加阶中部)为英安岩、角斑岩、安山岩、酸性凝灰岩、砂岩、粉砂岩等,厚1 500m;成吉斯套组(阿姆加阶上部)为砂岩、泥岩、硅质粉砂岩、灰岩等,厚600~700m;不少地区缺失,在滨成吉斯见有灰岩岩块的滑塌堆积。芙蓉统下部层位在博舍库里—成吉斯一带大多缺失,在谢列特一带称阿克莫林组,为灰岩、凝灰岩、凝灰砂岩、凝灰岩、砾岩等,厚100m。芙蓉统中部及上部层位在滨成吉斯由下而上:卡拉古图组为粉砂岩、硅质粉砂岩、碧玉岩夹灰岩、砂岩、玄武岩、基性凝灰岩等,厚700m;托凯组为微细石英岩、硅质岩、泥岩等,厚1 500m;在叶尔缅套地区芙蓉统有大量滑塌堆积。

新疆博罗霍洛山的寒武系为稳定的含磷碳酸盐岩及碎屑岩建造,在阿尔泰称喀纳斯群(ZO₂K),为一套低绿片岩相的巨厚类复理石建造,在俄罗斯称山区阿尔泰系,在蒙古称蒙古阿尔泰系,未见磷酸盐岩及钒矿化。

2. 奥陶系

总体分为两种沉积类型,属稳定或较稳定沉积,主要分布在伊希姆—卡拉套一带(表1-2)。其上层位多保存不全。以大卡拉套为例,由下而上:科克布拉克组(特马道克阶—阿伦尼格阶下部)由灰岩、泥岩组成,厚100m;卡码里组(阿伦尼格阶上部—兰维恩阶)下部为泥岩,上部由碧玉岩、硅质泥岩组成,厚35~100m;苏思德克斯组(兰代洛阶—卡拉道克阶)由砂岩、粉砂岩、泥岩组成,厚60~250m;别萨雷克组(阿什极尔阶底部)由砂岩、粉砂岩、砾岩、灰岩组成,厚1500m;在不少地区下部为不整合;卡拉丘伊组(阿什极尔阶中、下部)由砾岩、砂岩组成,厚500~600m;在拜克努尔、科克切塔夫等一带上奥陶统碎屑岩中见有安山玢岩、凝灰岩,称卡拉加林组,厚400~3 500m。

除伊希姆-卡拉套带外,其他地区多属活动型沉积,其中在斯捷普尼亚克-外伊犁带,多缺失上奥陶统(阿什极尔阶),完整的剖面见于斯捷普尼亚克—萨雷苏地区,由下而上:科克多姆巴克组(特马道克阶)由石英、长石砂岩、粉砂岩、泥岩夹细砾岩,厚1 000~1 200m;库舍金组(阿伦尼格阶—兰维恩阶下部)由石英长石砂岩、泥岩、硅质岩、碧玉岩组成,厚700~1 000m;科托姆希兹组(兰维恩阶上部)由砂岩、粉砂岩组成,厚600m;萨维特组(兰代洛阶下部)由玄武岩、安山-玄武岩、凝灰岩、凝灰砂岩组成,厚1 000m;阿克巴斯组(兰代洛阶上部—卡拉道克阶下部)由砾岩、砂岩、粉砂岩夹硅质泥岩及灰岩组成,厚

400m;其上为库扬金组(卡拉道克阶下部—阿什极尔阶下部),呈不整合接触,为安山-玄武岩、凝灰岩、凝灰砂岩,厚2 600m;上奥陶统(阿什极尔阶)由下而上为卡拉巴德尔组,砾岩、砂岩、粉砂岩、砾岩、灰岩,厚600m;在斯捷普尼亚克上统中含部分层凝灰岩、玄武岩、凝灰砾岩。

表1-2 中—哈下古生界地层对比表

国际地层表(2004)						中国				哈萨克斯坦				地质图代号	
宇(宙)	界(代)	系(纪)	统(世)	阶(期)	年代(Ma)	系(纪)	统(世)	阶(期)	年代(Ma)	系(纪)	统(世)	阶(期)	年代(Ma)		
显生宇	下古生界	志留系S	普里多利统S4		416.0 / 418.7	志留系S	顶志留统S4		410.0	志留系S	上志留统S2	普里多利阶	405.0	S3-4	S3
			拉德洛统S3	卢德福德阶	421.3		上志留统S3					卢德洛阶 卢德福德亚阶			S2
				戈斯特阶	422.9							戈斯特亚阶			
			文洛克统S2	侯默阶	426.2		中志留统S2	安康阶			下志留统S1	文洛克阶 戈梅亚阶		S1-2	S1
				申伍德阶	428.2							申伍德亚阶			
			兰多弗里统S1	特列奇阶	436.0		下志留统S1	紫阳阶				兰多费里阶 特利奇亚阶			
				埃隆阶	439.0			大中坝阶				埃隆亚阶			
				鲁丹阶	443.7			龙马溪阶	438.0			鲁丹亚阶	440.0		
		奥陶系O	上奥陶统O3	赫南特阶	445.6	奥陶系O	上奥陶统O3	钱塘江阶		奥陶系O	上奥陶统O3	阿什极尔阶		O2-3	O3
				第六阶	455.8			艾家山阶							
				第五阶	460.9						中奥陶统O2	卡拉道克阶			O2
			中奥陶统O2	达瑞威尔阶	468.1		中奥陶统O2	达瑞威尔阶				兰代洛阶			
				第三阶	471.8			大湾阶				兰维恩阶			
			下奥陶统O1	第二阶	478.6		下奥陶统O1	道保湾阶			下奥陶统O1	阿伦尼格阶		O1-2	O1
				特里马道克阶	488.3			新厂阶	490.0			特马道克阶	500.0		
		寒武系∈	芙蓉统∈4	第十阶	492.0	寒武系∈	上寒武统∈3	凤山阶		寒武系Cm	上寒武统Cm3	哈萨克斯坦阶		∈3-4	∈4
				第九阶	496.0			长山阶				阿克秋依阶			
				排碧阶	501.0			崮山阶				萨克斯阶			∈3
			第三统∈3	第七阶	503.0		中寒武统∈2	张夏阶				阿尤索克坎阶			
生生字界				第六阶	506.5			徐庄阶			中寒武统Cm2	马亚阶			
				第五阶	510.0			毛庄阶	513.0			阿姆加阶		∈1-2	∈2
			第二统∈2	第四阶	517.0		下寒武统∈1	龙王庙阶			下寒武统Cm1	托伊翁阶			
				第三阶	521.0			沧浪铺阶			(勒拿超阶)	波托姆阶			∈1
			第一统∈1	第二阶	534.6			筑竹寺阶				阿特达坂阶			
				第一阶	542.0			梅树村阶	543.0			托姆莫特阶	570.0		

在叶尔缅套—楚伊犁带,下奥陶统岩性以硅质岩、碧玉岩、石英砂岩为主,下—中统底部硅质碎屑岩中夹含钒页岩、砂质磷块岩和锰矿薄层,中统中上部的兰代洛阶与卡拉道克阶间常有不整合,并见滑塌堆积层。上统(阿什极尔阶)与下伏地层多为不整合,主要为砾岩、砂岩及滑塌堆积层;在南准噶尔、莫因特地块上,为稳定型沉积的砂岩、粉砂岩及块状灰岩,大理岩化灰岩下部硅质粉砂岩中有时有玄武岩及凝灰砂岩。

博舍库里-滨成吉斯-塔尔巴哈台带,火山活动强烈,安山岩、玄武岩及其凝灰岩、火山杂砾岩发育,在博舍库里一带可见粗面玄武质熔岩、粗面安山岩。

准噶尔-巴尔喀什带,也属强火山活动带。在阿克恰套,下-中奥陶统为玄武岩、隐晶质玄武岩、凝灰岩、灰岩、砂岩、砾岩,上奥陶统为凝灰岩、粉砂岩、安山-玄武岩、流纹岩及滑塌堆积层。

斋桑带的东扎尔玛地区,仅见中奥陶统,由玄武岩、安山岩、凝灰岩、硅质泥岩、砂岩、灰岩等组成。

在我国阿尔泰称东锡勒克组(O$_{2-3}$d),为一套中酸性火山岩,含霏细岩、英安岩、安山岩、安山质熔结凝灰岩;底部为一层厚度变化不等的灰绿色凝灰质底砾岩。厚达676~928m,未见化石。白哈巴河组(O$_3$bh)与东锡勒克组(O$_{2-3}$d)呈整合或假整合接触,为一套浅变质的灰色、灰绿色钙质粉砂岩、粉砂岩、含砾砂岩、生物灰岩,含丰富的珊瑚、腕足、三叶虫、苔藓虫等化石,厚742~1 278m。

所采化石主要集中在上部,如 *Plasmoporella*,*Heliolites*,*Rhabdotetradium* 等,多属卡拉道克-阿什

极尔期分子,因此其下部的地层可能有部分中奥陶纪的地层。故东锡勒克组+白哈巴组划为 $O_{2-3}d+bh$ 较妥。

博罗霍洛山奥陶系为岛弧型火山岩及碎屑岩建造。下奥陶统出露于西段,由硅质、泥质、碳质陆源细碎屑岩及硅质岩等半深海陆坡相沉积夹薄层灰岩;在奈楞格勒达板所见的中奥陶统以中基性火山岩、火山碎屑岩为主,东段可可乃克—巴伦台一带为典型的细碧角斑岩建造,硅质岩中含放射虫,大理石中产牙形石:Battoniodus,Hindeodella 等(车自成,1994)具洋岛特征。上奥陶统为浅海相中厚层碳酸盐岩夹硬砂岩,属陆棚相沉积。中奥陶统的细碧岩、玄武岩具枕状构造并夹紫色碧玉岩,属钙碱性系列,在 Ti-Zr 图解中投点于岛弧区,其锶初始比值为 0.709 8,指示深部可能有陆壳存在。不整合于奥陶系之上的志留系,其下奥陶统为块状砂岩、钙质泥岩;中奥陶统为碳酸盐岩-陆源碎屑岩及火山碎屑岩局部夹中酸性—基性火山岩,似属主碰撞期后的前陆复理石盆地沉积;上奥陶统为火山下磨拉石建造夹橄榄玄武岩、安山玢岩及灰岩。

在中国境内的准噶尔地区早古生代构造-岩石组合,断续出露在塔尔巴哈台—洪古勒楞—阿尔曼泰—莫钦乌拉山一带。中奥陶统为中基性—基性火山岩—火山碎屑岩建造。塔尔巴哈台及沙尔布尔提山北坡,见有枕状玄武岩;其次为陆源细碎屑岩-硅质泥岩夹碳酸盐岩。上奥陶统布龙果尔组为含有大小不等灰岩块体的磨拉石建造加坍塌建造的复合建造(李跃西等,1992)。其上为志留系假整合所覆。下奥陶统为陆源细碎屑岩夹硅质泥岩,中奥陶统为陆源碎屑岩碳酸岩建造夹基性火山岩;上奥陶统以陆源碎屑岩、火山碎屑岩为主,夹少量泥质灰岩,上部发育火山磨拉石建造。总体上看具早古生代主碰撞期后前陆类复理石建造特征。

该岛弧带中的蛇绿岩组合在洪古勒楞的堆晶岩中曾获得 444Ma 年龄值(张驰等,1992),新疆工学院后来获得 626Ma 年龄值(黄建华等,1995),阿尔曼泰山一带以扎河坝蛇绿混杂岩发育最好,B.F.温德里(1989)认为这里"蛇绿岩应有的岩石组合都能见到",其变质橄榄岩 Sm-Nd 等时线年龄为 515±26Ma 和 493±9Ma(刘伟,1993)。西邻区部分地区早寒武世就出现蛇绿岩,中寒武世开始俯冲发育岛弧型建造,晚寒武世—早奥陶世出现下磨拉石及滑塌堆积并有 496Ma 的花岗闪长岩侵入。看来岛弧发育期比新疆略早。

哈萨克斯坦的伊特木伦德到新疆唐巴勒出露有奥陶纪的蛇绿混杂岩带,肖序常等(1992)曾在唐巴勒蛇绿混杂岩伴生的斜长花岗岩中获得 508～525Ma 的同位数年龄值,黄宣等(1997)获得蛇绿岩全岩 Sm-Nd 等时线年龄为 477±56Ma,张驰等(1992)曾获得 489±53Ma 的年龄值。从伊特木伦德蛇绿混杂岩带出露地层看,奥陶纪—石炭纪一直发育连续的沉积作用。残余洋盆的周围为泥盆纪陆缘火山岩带或更老的地层所环绕,所以,它是一个没有出口的"洋盆"。

3. 志留系

在哈萨克斯坦的志留系主要分布在谢列特-楚伊犁、莫因特-南准噶尔、准噶尔-巴尔喀什、希捷尔特-前成吉斯、成吉斯-塔尔巴哈台、斋桑-阿尔泰带(表1-2)。

总体上以碎屑岩为主,夹碳酸盐岩,偶见安山-玄武玢岩及其凝灰岩,在阿尔泰地区有轻微变质。与下伏地层多呈不整合接触;在成吉斯-塔尔巴哈台等一带,上部缺失拉德洛统—普里多利统。

谢列特-楚伊犁带的扎拉依尔—奈曼地区志留系剖面较完整,由下而上:扎拉依尔组(上部为兰多弗里统的下部)岩性为凝灰岩、粉砂岩、砂岩和层凝灰岩,厚 12～15m;萨拉玛特组(兰多弗里统中部)岩性为绿色粉砂岩、砂岩、砂质生物灰岩,厚 100～200m;特别凯纳尔组(兰多弗里统上部)岩性为杂色细砾岩、砂岩夹火山凝灰岩,厚 270～320m;不整合于下伏地层之上;科依欣组(文洛克统)岩性为红色砾岩、粉砂岩夹火山灰凝灰岩,厚 250m;红色砂岩段(拉德洛统—普里多利统)岩性为红色砂岩,厚 200～250m。

在莫因特-南准噶尔带与下伏地层多不整合,在莫因特地块志留系只保留了文洛克统下部以下地层,其上多被剥蚀,岩性以细碎屑岩、生物碎屑灰岩为主,含凝灰岩。在梅纳拉尔—克特敏地区,以梅纳拉尔剖面最完整,由下而上:梅纳拉尔岩系(兰多弗里统)岩性以砂岩、砾岩、粉砂岩为主,夹安山玄武质凝灰岩、熔岩及灰岩,厚800～1 000m;文洛克统下部岩性为粗砂岩、砾岩、粉砂岩段,厚50m,不整合其上的为阿克坎组,岩性为生物灰岩、砾岩、砂岩、粉砂岩,厚250～270m;拉德洛统—普里多利统,由下而上为红色砂岩系,厚100～150m;克孜勒诺尔岩系岩性为红色砾岩、砂岩、粉砂岩夹灰岩透镜体,厚1 000～1 100m。

在准噶尔—巴尔喀什带以北巴尔喀什出露较全。由下而上,兰多弗里统下部岩性为杂色砂岩、粉砂岩,底部见凝灰砂岩、层凝灰岩,厚350m;上部岩性为杂色粉砂岩、砂岩含钙质结核,厚450m。文洛克统下部岩性为深红色细碎屑岩,含钙质结核,厚60～100m;中部岩性为杂色粉砂岩、砂岩,厚200m;上部岩性为碎屑岩、细砾岩,厚500～600m。拉德洛统上部—普里多利统,为托克拉乌组,岩性为粉砂岩、砂岩、火山质砂岩、细砾岩、层凝灰岩,厚800m。

在希捷尔-前成吉斯带中,兰多弗里统以上层位多被剥蚀。兰多弗里统岩性以红色、灰绿色碎屑岩为主,夹瘤状灰岩透镜体。

在成吉斯-塔尔巴哈台带中,下部岩性以陆源碎屑岩为主,夹灰岩,上部岩性为安山-玄武玢岩、凝灰岩夹红色砂岩,厚3 000～4 000m;其下多为不整合,其上的拉德洛统—普里多利统缺失(表1-2)。

阿尔泰地区以绿片岩相变质岩为主,上部夹凝灰岩及中—酸性熔岩。

在新疆西准噶尔,下志留统恰尔孕也组(S_1q)主要由紫红色、浅灰色凝灰质粉砂岩,细砂岩(含 *Monogroptus sedgewiceii* 等笔石化石)夹砂砾岩等组成。其中分离出下伏地层中的蓝闪石矿物碎屑,同时区内缺失上奥陶统,说明该洋盆曾一度封闭,并遭受剥蚀,具有前陆复理石盆地性质。中—晚志留世玛依勒山组($S_{2-3}m$)多呈断块出露,以辉绿岩、紫红色火山细碎屑岩、玄武岩、细碧岩、紫红色碧玉岩及青灰色放射虫硅质岩及蛇绿混杂岩等组成,并在其上部的凝灰粉砂岩中曾分离出时代为文洛克期的放射虫,反映地壳曾再次拉伸并出现洋壳。总体上看,玛依勒山组代表了当时远洋深水盆地的沉积。其上为中泥盆统库鲁木迪组所不整合覆盖。其他如前所述志留系多具前陆复理石特征。

4. 泥盆系

哈萨克斯坦泥盆系广泛分布于中哈萨克斯坦及南乌拉尔和矿区阿尔泰等一带,并多产于加里东地块与准噶尔-巴尔喀什海西褶皱区的交界处,博格丹诺夫(1959,1965)曾称为哈萨克斯坦泥盆纪陆源火山岩带(表1-3)。

在南乌拉尔的泥盆系具岛弧性质,主体为爆发式的玄武岩和安山-玄武岩,称依连德克组,在哈萨克斯坦-吉尔吉斯斯坦的中天山、北天山一带,下-中泥盆统多为红色磨拉石建造;中-上泥盆统为陆源碎屑岩,上部夹石膏。在卡拉套中-上泥盆统,砂岩、砾岩不整合于上奥陶统之上,上泥盆统岩性主要为灰岩-泥灰岩,含铅、锌、钡成矿组合(卡拉套型)。在中哈萨克斯坦,泥盆纪火山岩发育,以流纹岩、流纹英安岩及其碎屑岩为主,基性岩多发育在剖面的顶部和底部。

乌斯品—阿克扎尔—阿克索兰等一带,下-中泥盆统岩性主要为杂色陆源碎屑岩、砾岩、酸性凝灰岩;上统下部岩性为玄武岩、安山玄武岩及其凝灰岩,上部岩性为层状、团粒状海相灰岩、硅-泥质岩,含Fe、Mn矿层。为阿塔苏型 Fe、Mn、Pb、Zn 多金属矿的主要含矿层位。

在矿区阿尔泰,多由巨厚的红色流纹质凝灰岩和熔结凝灰岩构成,并与含植物化石的陆相碎屑岩伴生,称塞米巴拉金斯克组,是矿区阿尔泰块状硫化物矿床的主要含矿层位。

在卡尔巴-纳雷姆带,泥盆系为陆源碎屑岩夹酸性火山岩。

我国准噶尔地区阿尔曼泰等一带的泥盆系为钙碱性火山岩出露区,在科克塞尔盖山可见侵入奥陶纪火山岩中的志留纪花岗闪长岩(为早古生代同碰撞花岗岩类)被上志留统-下泥盆统的磨拉石建造所不整合覆盖;在莫钦乌拉地区,奥陶系强烈变形,达绿片岩相,其上为未变质的泥盆系所覆,各地岩相变化较大,总的来说为一套钙碱性火山岩及其碎屑岩建造,何国琦等(2004)认为它属早古生代以后的上叠构造中的火山-沉积作用产物,但也有人认为它可能属早古生代大陆再次拉张形成次生洋盆的俯冲消减、产生在早古生代岛弧之上的晚古生代弧盆带。

表 1 - 3 　中-哈上古生界地层对比表

国际地层表(2004)						中国				哈萨克斯坦				地质代号		
宇(宙)	界(代)	系(纪)	统(世)	阶(期)	年代(Ma)	系(纪)	统(世)	阶(期)	年代(Ma)	系(纪)	统(世)	阶(期)	年代(Ma)			
显生宇	上古生界	二叠系P	乐平统P₃	长兴阶	251.0 / 253.8	二叠系P	上二叠统P₃	长兴阶	250.0	二叠系P	上二叠统P₂	鞑靼阶	230.0	P₃		
				吴家坪阶	260.4			吴家坪阶	257.0			卡赞阶			P₂₋₃	
			瓜德鲁普统P₂	卡匹敦阶	265.8		中二叠统P₂	冷坞阶				乌菲姆阶		P₂	
				沃德阶	268.0			茅口阶							
				罗德阶	270.6			祥播阶							
								栖霞阶	277.0						
			乌拉尔统P₁	空谷阶	275.6		下二叠统P₁	隆林阶			下二叠统P₁	空谷阶		P₁₋₂	
				亚丁斯克阶	284.4							亚西斯克阶			
				萨克马尔阶	294.6			紫松阶				萨克马尔阶		P₁	
				阿瑟尔阶	299.0				295.0			阿瑟尔阶	285.0		
	古生界	石炭系C	宾夕法尼亚亚系 上亚统	格舍尔阶	303.9	石炭系C	上石炭统C₂	逍遥阶		石炭系C	上石炭统C₃	格舍尔阶		C₂²	
				卡西莫夫阶	306.5			达拉阶				卡西莫夫阶		C₂	
			中亚统	莫斯科阶	311.7			滑石板阶			中石炭统C₂	莫斯科阶		C₂	
			下亚统	巴什基尔阶	318.1			罗苏阶				巴什基尔阶			
								德坞阶	320.0					C₁₋₂	
			密西西比亚系 上亚统	谢尔普霍夫阶	326.4		下石炭统C₁	大塘阶			下石炭统C₁	谢尔普霍夫阶			
			中亚统	维宪阶	345.3			岩关阶				维宪阶		C₁	
			下亚统	杜内阶	359.2				354.0			杜内阶	350.0		
		泥盆系D	上泥盆统D₃	法门阶	374.5	泥盆系D	上泥盆统D₃	邵东阶		泥盆系D	上泥盆统D₃	法门阶		D₃	
								待建						D₂₋₃	
				弗拉斯阶	385.3			锡矿山阶				费拉斯阶			
								佘田桥阶	372.0						
			中泥盆统D₂	吉维特阶	391.8		中泥盆统D₂	东岗岭阶			中泥盆统D₂	吉维特阶		D₂	
				艾费尔阶	397.5			应堂阶	386.0			艾费尔阶			
			下泥盆统D₁	埃姆斯阶	407.0		下泥盆统D₁	四排阶			下泥盆统D₁	埃姆斯阶			
				布拉格阶	411.2			郁江阶				西根阶		D₁	
				洛赫科夫阶	416.0			那高岭阶				吉丁阶			
								待建	410.0				405.0		

5. 石炭系

哈萨克斯坦的石炭系主要分布在中、南、东哈萨克斯坦地层区,以中哈萨克斯坦分布最广(表 1 - 3)。在准噶尔地区,下石炭统以陆源碎屑岩为主,夹碳质泥岩、灰岩,上部含中-酸性凝灰岩,上石炭统多缺失。在成吉斯—塔尔巴哈台一带,下石炭统上部—上石炭统多缺失,下石炭统以陆源碎屑岩、硅-泥质页岩、碳质泥岩、细砾岩为主夹安山岩、凝灰岩及其熔岩。在巴尔喀什-伊犁带,石炭系剖面较全,火山岩发育,以卡拉尔艾梅利地区为例,下石炭统以安山-玄武岩、英安岩、流纹岩及其凝灰岩、砂岩、砾岩为主,部分含碳质粉砂岩及劣质煤,称卡尔卡拉林组;上石炭统,含粗面英安岩、粗面流纹岩及火山角砾岩、似碱性玄武岩及砂岩、凝灰岩。上、下石炭统及上石炭统间常见不整合。

东哈萨克斯坦的卡尔巴-纳雷姆带下石炭统以浅海陆源碎屑岩为主,上石炭统为浅海磨拉石沉积,在西部卡尔巴带,下石炭统为陆源碎屑岩具复理石特征,并含滑塌岩块。其上为上石炭统陆相磨拉石建造及安山岩、玄武岩不整合。石炭系的黑色碳质岩系中是金矿的重要含矿层位。

在卡拉干达等上叠盆地中,石炭系以滨-浅海陆源碎屑岩为主,夹灰岩、泥灰岩及煤层。在热兹卡兹干及田吉兹盆地,石炭系的滨-浅海陆源碎屑沉积,是主要的砂岩铜矿含矿层位及风化壳型铝土矿的主要产地。

我国准噶尔地区叠加在早古生代岛弧之上的晚古生代弧盆带内,下石炭统南明水组不整合于蛇绿岩之上,反映了下石炭统多属主碰撞后的残余海盆沉积。仅在克拉麦里断裂北侧保留了部分石炭纪残余洋盆,可能属巴尔喀什石炭纪残余洋盆的东延部分。

克拉麦里断层以南的准噶尔盆地边缘,石炭纪火山活动微弱,多以浅海相稳定的陆缘碎屑沉积为主,具残余海盆沉积特征;仅早石炭世晚期至晚石炭世为含陆相偏碱性火山岩的上叠火山-沉积盆地。

西准噶尔地区石炭系分布于达拉布特断裂的南北两侧,南侧地层层序基本完整,下部为残余洋盆的枕状玄武岩,厚500m,未见底,含远洋沉积夹灰岩透镜体并见滑塌堆积。其中含晚泥盆世-早石炭世的放射虫,称太勒古拉组(C_1t),其上为包古图组($C_{1-2}b$)整合。吴浩若等(1993)研究认为属下扇的席状和舌状火山质沉积岩系,时代为维宪期至晚石炭世早期(巴什基尔早期);其上的希贝库拉斯组(C_2xb)为中-上扇火山质浊积岩,含巴什基尔中晚期牙形石。北部可称为杂岩,其组成物质除上述地层外,还有达拉布特蛇绿混杂岩的岩块。它们构成了石炭纪的残余洋盆,并可与西邻区巴尔喀什石炭纪残余洋盆相连。

托里—铁厂沟一带以北的石炭系,则属另一类型,如下石炭统姜巴斯套组(C_1j)属滨-浅海相的残余海盆沉积,上石炭统为海陆交互相含煤岩系。

准噶尔盆地南缘的北天山一带,主体由石炭系及部分泥盆系组成。中泥盆统底部有中基性—酸性熔岩;上部岩性为千枚岩化硅质板岩、中基性凝灰岩夹碧玉岩、粗砂岩,其上为局部夹酸性熔岩的火山复理石建造。在巴音沟一带,可见被肢解了的蛇绿岩,经恢复其剖面自下而上为变质橄榄岩、枕状玄武岩、块状玄武岩及穿插于玄武岩中的辉绿岩墙群和放射虫硅质岩,时代定为石炭纪(325~316Ma),上限不超过316Ma。其上被晚石炭世早期奇尔古斯套组主碰撞期后的前陆复理石建造所不整合覆盖。

6. 二叠系

在哈萨克斯坦,主要分布在田吉兹-热兹卡兹干、滨巴尔卡什-伊犁火山岩带,萨亚克—准噶尔及斋桑—伊尔德什一带(表1-3)。

田吉兹剖面较完整,下二叠统由下而上:阿尔哈林组(阿瑟尔阶—萨克马尔阶)主要岩性为红色灰岩、粉砂岩,厚250~600m;凯拉克金组(空谷阶)主要岩性为砂岩、粉砂岩夹灰岩、泥灰岩,厚400~1 000m;中二叠统下部基明组(乌菲姆阶)主要岩性为红色砂岩、粉砂岩夹灰岩,厚170~520m;中二叠统上部—上二叠统绍普德库里组(卡赞阶)主要岩性为杂色砂岩、粉砂岩、泥质灰岩,厚55~490m;在热兹卡兹干地区,二叠纪陆源碎屑岩中含岩盐和石膏及无水芒硝。

在滨巴尔喀什-伊犁火山岩带中,中酸性火山岩极发育,在巴卡纳斯一带,下二叠统称克孜勒金组,主要由粗面安山岩、安山岩、流纹岩、凝灰岩、砂岩、粉砂岩、细砾岩等组成,局部夹粗面流纹岩,厚150~500m,邻区与下伏地层多不整合;中—上二叠统称巴卡林组,主要由玄武岩、粗面玄武岩、安山岩、粗面流纹岩、砾岩、砂岩、灰岩等组成,不整合于下伏地层之上,厚1 000~2 500m。

在萨亚克—准噶尔一带中,中—上二叠统多缺失,仅保留下二叠统或下-中二叠统,主要岩性为安山岩、流纹岩及其凝灰岩、角砾岩等,厚800~1 000m。

斋桑—伊尔德什一带,以萨乌尔、肯德尔雷克盆地等地区出露较好,由下而上,下二叠统卡拉温古尔组主要岩性为砂岩、细砾岩、泥岩、油页岩,厚580~790m;克姆皮尔组主要岩性为油页岩、沥青泥岩和粉砂岩、砂岩,厚190~3 000m;图兰钦组主要岩性为沥青泥岩、粉砂岩、菱铁矿、油页岩,厚240~760m;中二叠统迈特恰组主要岩性为细砾岩、粉砂岩,厚150~300m;中-上二叠统阿克科勒坎组,主要岩性为泥岩、砂岩、粉砂岩、安山凝灰岩、砾岩、烟煤,厚700~780m;上二叠统乌茹姆组(下部)主要岩性为砂岩、钙质介壳砂岩。在卡尔宾地区,仅出露了下二叠统,由粗面安山岩、安山岩、玄武岩、熔岩、角砾岩、凝灰岩等组成,厚340m。

中国境内早二叠世为主碰撞期后的挤压环境向伸展环境的转化时期,新生陆壳再次拉张形成陆内裂谷,以偏碱性或双峰式火山活动为主,并有碱性花岗岩、碱性岩的小岩体侵入。中-晚二叠世则为大陆红色磨拉石建造。

北天山—艾比湖断裂以西一带,早二叠世乌郎组不整合于石炭系之上,为一套酸性火山岩、霏细斑岩及其碎屑沉积,部分见玄武岩,具陆相双峰式火山岩特征,属大陆裂谷相沉积。

(四)中-新生界

中-新生界地层如表1-4、表1-5。

1. 三叠系—侏罗系

哈萨克斯坦三叠系—侏罗系零星分布于各山间盆地内,在叶尔缅套—阿科德姆区分布有下三叠统,岩性主要为玄武岩、粗面安山岩岩被,厚100~150m,流纹岩岩被,厚100m。

在马尔耶夫区,下-中三叠统称图兰群,岩性主要为含薄层复矿砂岩、泥岩和灰岩及杏仁状玄武岩,厚约800m;不整合其上的上三叠统-中侏罗统,主要岩性为砂岩、粉砂岩、泥岩薄互层夹细砾岩、砾岩、褐煤等,厚300m。

在科克切塔夫地区,下-中三叠统称土仑群,主要岩性为红色砾岩、细砾岩夹复成分砂岩和粉砂岩及玄武岩岩被,厚300m;其上被三叠统—中侏罗统卡拉希里克群所覆,主要岩性为杂色砂岩、砾岩、粉砂岩、灰岩、煤层,呈薄层互层产出。底部为杂色砾岩、细砾岩,厚200m。

表1-4　中-哈中生界地层对比表

宇(宙)	界(代)	系(纪)	国际地层表(2004)统(世)	阶(期)	年代(Ma)	系(纪)	中国统(世)	阶(期)	年代(Ma)	系(纪)	哈萨克斯坦统(世)	阶(期)	年代(Ma)	地质代号
显生宇	中生界	白垩系K	上白垩统K₂	马斯特里赫特阶	65.5 72.6	白垩系K	上白垩统K₂	富饶阶		白垩系	上白垩统K₂	马斯特里赫特阶		K₂
				坎潘阶	83.5			明水阶				坎潘阶		
				桑顿阶	87.0			四方台阶				桑顿阶		
				科尼亚克阶	88.0			嫩江阶				科尼亚克阶		
				土伦阶	92.0			姚家阶				土伦阶		
				塞诺曼阶	96.0			青山口阶	96.0			塞诺曼阶	105±5	K₁₋₂
			下白垩统K₁	阿尔必阶	108.0		下白垩统K₁	泉头阶			下白垩统K₁	阿尔必阶		
				阿普特阶	113.0			孙家湾阶				阿普特阶		K₁
				巴列姆阶	117.0			阜新阶				巴列姆阶		
				欧特里沃阶	123.0			沙海阶				欧特里沃阶		
				凡兰吟阶	131.0			九佛堂阶				凡兰吟阶		
				贝里阿斯阶	135.0			义县阶	137.0			贝利阿斯阶	137±5	
		侏罗系J	上侏罗统J₃	提塘阶	150.8	侏罗系J	上侏罗统J₃	大北沟阶		侏罗系	上侏罗统J₃	齐顿阶		J₃
				基默里奇阶	155.7			待建				启莫里阶		
				牛津阶	161.2			土城子阶				牛津阶		
			中侏罗统J₂	卡洛维阶	164.7		中侏罗统J₂	头屯河阶			中侏罗统J₂	卡洛维阶		J₂
				巴通阶	167.7							巴通阶		
				巴柔阶	171.6			西山窑阶				巴柔阶		J₁₋₂
				阿伦阶	175.6							阿伦阶		
			下侏罗统J₁	图阿尔阶	183.0		下侏罗统J₁	三工河阶			下侏罗统J₁	图阿尔阶		J₁
				普林斯巴赫阶	189.6							普林斯巴赫阶		
				西涅缪尔阶	196.5			八道湾阶				西涅缪尔阶		
				赫唐阶	199.6				205.0			赫唐阶	195±5	
		三叠系T	上三叠统T₃	瑞替阶	203.6	三叠系T	上三叠统T₃	瓦窑堡阶		三叠系	上三叠统T₃	瑞替阶		T₃
				诺利阶	216.5			永平阶				诺利阶		T₂₋₃
				卡尼阶	228.0			胡家村阶	227.0			卡尼阶		
			中三叠统T₂	拉丁阶	237.0		中三叠统T₂	铜川阶			中三叠统T₂	拉丁阶		T₁₋₂
				安尼阶	245.0			二马营阶	241.0			安尼阶		
			下三叠统T₁	奥利尼克阶	249.7		下三叠统T₁	和尚沟阶			下三叠统T₁	奥利尼克阶		T₁
				印度阶	251.0			大龙口阶	250.0			印度阶	230.0	

表 1－5　中-哈新生界地层对比表

宇(宙)	界(代)	系(纪)	国际地层表(2004) 统(世)	阶(期)	年代(Ma)	系(纪)	中国 统(世)	阶(期)	年代(Ma)	系(纪)	哈萨克斯坦 统(世)	阶(期)	年代(Ma)	地质代号
显生宇	新生界	第四系	全新统Q_2		0.0118	第四系 Q	全新统Qh		0.01	第四系	QIV	新里海阶	0.01	Qh
			更新统Q_1	上阶	0.126		更新统Qp	萨拉乌苏阶			$QIII$	赫瓦伦阶		Qp^3
				中阶	0.781			周口店阶			QII	可萨阶		Qp^2
				下阶	1.806			泥河湾阶	2.6		QI	巴库阶	0.8	Qp^1
		新近系 N	上新统N_2	格拉斯阶	2.588	新近系 N	上新统N_2	麻则沟阶		新近系	上新统N_2	阿普歇伦阶		
				皮亚琴察阶	3.600			高庄阶	5.3			阿克恰格尔阶		N_2
				赞克尔阶	5.332							蓬蒂阶		
			中新统N_1	墨西拿阶	7.246		中新统N_1	保德阶			中新统N_1	麦奥齐斯阶		N_{1-2}
				托尔托纳阶	11.608							萨尔马特阶		
				塞拉瓦勒阶	13.82			通古尔阶				杜尔顿阶		N_1
				兰海阶	15.97			山旺阶				布尔季加阶		
				布尔迪加尔阶	20.43									E_3N_1
				阿基坦阶	23.03			谢家阶	23.3				25±2	
	生生宇	古近系 E	渐新统E_3	夏特阶	28.4	古近系 E	渐新统E_3	塔本布鲁克阶		古近系	渐新统Pg_3 Pg_3^3			E_3^3
				吕珀尔阶	33.9			乌兰布拉格阶			Pg_3^{1-2}			E_3^{1-2}
			始新统E_2	普利亚木阶	37.2		始新统E_2	蔡家冲阶			始新统Pg_2 Pg_2^3			
				巴顿阶	40.4			垣曲阶			Pg_2^2			E_2
				路特阶	48.6			卢氏阶			Pg_2^1			E_{2-3}
				伊普尔阶	55.8			岭茶阶						
			古新统E_1	塔内特阶	58.7		古新统E_1	池江阶			古新统Pg_1		58±4	E_1
				塞兰特阶	61.7									E_{1-2}
				丹尼阶	65.5			上湖阶	65.0			丹尼阶	67±3	

北萨吾尔地区,中-上三叠统阿克贾尔组主要岩性为砾岩、砂岩及薄煤层,厚1 100m,上覆的上三叠统(卡尼阶—诺利阶)托拉盖组主要岩性为砂岩、粉砂岩、褐煤,厚800m;其上被下侏罗统台苏甘组所覆,岩性为砾岩、砂岩、碳质泥岩,厚400m。

新疆准噶尔地区,晚二叠世-三叠纪以陆相磨拉石建造为主,中-下侏罗统为陆内含煤盆地沉积,中-上侏罗统具大陆磨拉石特征。

哈萨克斯坦晚中生代至新生代除滨里海等一带有海相沉积外,山间盆地内多为陆相沉积。

2. 白垩系

主要岩性为红色砂岩、砾岩、泥岩、砂质黏土,厚35～350m。

3. 古近系

主要岩性为砂岩夹砾岩、泥岩、砂质泥岩薄层,厚45～620m。

4. 新近系

主要岩性为红褐色、杂色泥岩,粉砂岩,砂岩,砾岩夹少量泥灰岩、灰岩,厚890～2 800m。

5. 第四系

由冲-洪积、湖积、冰碛等多成因砾岩,砂、粉砂质黏土、亚黏土组成。

在宾里海一带,中-新生代多为海相沉积。

新疆北部地区白垩系至新近系为陆相红色碎屑沉积,第四系为陆相多成因砂、粉砂质黏土、砾石、碎屑堆积。

二、火山岩

1. 太古宙—古元古代火山岩

哈萨克斯坦岩浆岩较发育,下部以玄武质斑状变质岩、流纹-英安质斑状变质岩为主,上部粗面流纹岩、流纹-英安质斑状变质岩。主要分布在卡尔萨克派及乌鲁套等一带。

2. 中元古代(早-中里菲世 R_{1-2})火山岩

有玄武质斑状变质岩(卡尔萨克派)、杏仁状变玄岩、流纹玢岩(中天山捷特木)915～810Ma,称别什托尔杂岩。新疆赛里木地区发育碱性火山岩。

3. 新元古代(晚里菲世 R_3 及文德纪 V)火山岩

中哈萨克斯坦卡尔萨克派—拜克努尔地区有流纹玢岩、流纹和粗面流纹-英安玢岩。阿克塔斯花岗岩年龄为 670～610Ma。文德纪(V)火山岩主要为辉绿岩、辉绿玢岩,在西萨雷苏地区为安山-玄武玢岩、安山玢岩。在新疆博罗霍洛山果子沟等地为震旦纪冰碛岩层内夹辉绿岩及碱性玄武岩(砂岩同位素年龄 640±0.33Ma;朱辰杰,1987 年)。

4. 寒武纪(∈)火山岩

在科克切塔夫地区火山岩,由下而上主要由辉绿岩、粗玄岩岩墙(萨雷阿德尔杂岩)、玄武岩、安山玄武岩组成。

在谢列特—博谢库利地区由玄武质熔岩、玄武岩、似碱玄岩、流纹-英安岩、粗面玄武岩、安山凝灰岩组成。

在塔尔巴哈台地区主要由玄武岩、安山-玄武岩(细碧岩)、安山岩、英安岩、流纹岩、粗面英安岩组成。

5. 奥陶纪(O)火山岩

研究区钙碱性岛弧型岩浆活动强烈,哈萨克斯坦多为玄武岩、安山-玄武岩、安山岩,部分为流纹岩及其凝灰岩组合,并含蛇绿混杂岩残块;新疆阿尔泰地区以中-酸性火山活动为主,见有霏细岩、英安岩等,在北天山见有中-基性岛弧型火山岩,在可可乃克一带为细碧-角斑岩及蛇绿混杂岩。

6. 志留纪(S)火山岩

以碎屑岩、火山碎屑岩为主,部分夹安山岩、安山-玄武玢岩;在新疆阿尔泰地区夹中-酸性熔岩,仅在西准噶尔的玛依拉山见有玄武岩、细碧岩及蛇绿混杂岩。

7. 泥盆纪(D)火山岩

在哈萨克斯坦,广泛分布于中哈萨克斯坦及南乌拉尔和矿区阿尔泰地区等一带,并多产于加里东地块与准噶尔-巴尔喀什海西褶皱区的交界处,博格丹诺夫(1959,1965)曾称为哈萨克斯坦泥盆纪陆缘火山岩带。

南乌拉尔的泥盆系具岛弧性质,主体为爆发式的玄武岩和安山-玄武岩,称为依连德克组;在中哈萨克斯坦,泥盆纪火山岩发育,以流纹岩、流纹英安岩及其碎屑岩为主,基性岩多发育在剖面的顶部和底部;在矿区阿尔泰一带,多由巨厚的红色流纹质凝灰岩和熔结凝灰岩构成,并与含植物化石的陆相碎屑岩伴生,称为塞米巴拉金斯克组,是矿区阿尔泰块状硫化物矿床的主要含矿层位。

中国新疆南阿尔泰地区,泥盆纪以火山喷发作用为主,下泥盆统称康布铁堡组(D_1k),为一套以角斑岩和石英角斑岩为主的火山沉积岩系;阿勒泰市以东地区为角斑岩、流纹岩、钾质流纹岩、大量中酸性火山碎屑岩、火山角砾岩和凝灰岩等。此时期火山活动以中酸性喷发和沉积为特征。阿勒泰组(D_2a)则以基性火山岩为主,由细碧岩、角斑岩、火山角砾岩、集块岩和凝灰岩组成,其上部为沉凝灰岩、千枚岩、砂岩和结晶灰岩。两套地层总厚超过4 000m,可见火山活动较强烈,海底火山以裂隙喷发为主兼有中心式喷发。中泥盆晚期火山活动明显减弱进入宁静期,代之以海西中晚期的酸性岩浆侵入活动并伴少量中基性岩侵入。

北准噶尔火山活动时间较长,从早泥盆世开始至早二叠世结束,总趋势是从早到晚,火山活动的强度逐渐减弱,火山岩由钙碱性向碱性演化,早泥盆世—早石炭世,火山岩形成于浅海—滨海环境,含火山岩地层总厚17 450m,其中火山熔岩和火山碎屑岩厚大于8 000m,从早泥盆世到早石炭世8个火山岩地层中,火山岩多呈从基性到中性到酸性的韵律性演化规律,形成正常的玄武岩-安山岩-流纹岩组合,其化学组成与一般岛弧钙碱性火山岩相似。北准噶尔火山岩NaO/K_2O比值呈对数正态分布,相当于钾钠质火山岩,与南阿尔泰钾钠质火山岩的分布频率图基本吻合,南阿尔泰火山岩出现3个峰,分别为钠质、钾钠质、钾质火山岩与北准火山岩,只有钾钠质火山岩形成明显对照。北准噶尔火山岩的另一特点是高铝玄武岩和高铝安山岩占较大比例,从早泥盆世—早石炭世高铝火山岩不断增加,由早泥盆世的37%增加到早石炭世的78%,形成岛弧区所特有的高钾质火山岩组合,它们是大洋岩石圈板块消减作用的产物。

库兰卡孜干—喀拉吉拉地区的蕴都喀拉组(D_2yd)中玄武岩、安山岩、粗面岩和流纹岩,9个样品构成的Rb - Sr等时线年龄为388.84Ma,$^{87}Sr/^{86}Sr$初始值为0.704 1,结果表明,上述各类不同火山岩是同源岩浆分离结晶作用的产物,从Sr的初始比值看与洋中脊拉斑玄武岩比值接近,推测其母岩浆可能为拉斑玄武岩浆。

元素的地球化学判别结果表明,北准噶尔早泥盆世—早石炭世的玄武岩-安山岩-流纹岩系属造山带钙碱性岩系,形成于大陆边缘-岛弧构造环境。

8. 石炭纪(C)火山岩

哈萨克斯坦石炭纪火山岩,以中哈萨克斯坦分布最广。下石炭统以陆源碎屑岩为主,夹碳质泥岩、灰岩,上部含中-酸性凝灰岩,上石炭统多缺失。在成吉斯—塔尔巴哈台一带,下石炭统上部—上石炭统多缺失,下石炭统以陆源碎屑岩、硅-泥质页岩、碳质泥岩、细砾岩为主,夹安山岩、凝灰岩及其熔岩。在巴尔喀什—伊犁一带,石炭纪剖面较全,火山岩发育,以卡拉尔艾梅利地区为例,下石炭统以安山-玄武岩、英安岩、流纹岩及其凝灰岩、砂岩、砾岩为主,部分含碳质粉砂岩及劣质煤称为卡尔卡拉林组;上石炭统以含粗面英安岩、粗面流纹岩及火山角砾岩、似碱性玄武岩及砂岩、凝灰岩为主,为陆相火山岩,形成于内陆盆地。在新疆北准噶尔那林喀拉一带,恰其海组(C_2q)火山岩中含中基性熔岩、火山碎屑岩,火山岩总厚近4 000m,南部的巴塔马依内山组($C_{1-2}b$)中基性火山熔岩、凝灰岩、凝灰角砾岩的厚度约1 000m,其强度已减弱,从火山岩岩石组合看酸性成分减少,但仍保持高铝玄武岩和高铝安山岩占优势的钙碱性火山岩系列的特点。恰其海组火山岩的投点在造山带火山岩区内,巴塔玛依内山组不少投点在造山和非造山的界线附近,甚至少数落入非造山区内。

9. 二叠纪(P)火山岩

哈萨克斯坦二叠纪火山岩主要分布于滨巴尔喀什-伊犁火山岩带中,中酸性火山岩极发育。在巴卡纳斯地区,下二叠统岩性为粗面安山岩、安山岩、流纹岩、凝灰岩、砂岩、粉砂岩、细砾岩,局部夹粗面流纹岩,厚150～500m,邻区与下伏地层不整合接触;中-上二叠统岩性为玄武岩、粗面玄武岩、安山岩、粗面流纹岩,不整合于下伏地层之上,厚1 000~2 500m。在萨亚克-准噶尔一带中,上二叠统多缺失,仅保留下二叠统或下-中二叠统,岩性为安山岩、流纹岩及其凝灰岩、角砾岩等。在东哈卡尔宾山一带,下二叠统由粗面安山岩、安山岩、玄武岩、熔岩、角砾岩、凝灰岩等组成,厚340m。

在中国境内早二叠世以偏碱性或双峰式火山活动为主,并有碱性花岗岩、碱性岩的小岩体侵入。

北准噶尔西部的吉木乃及东部的扎河坝等地均为陆相火山岩。其中哈尔加乌组(P_1h)为一套玄武岩、碱性流纹岩的偏碱性火山岩组合,厚度大于2 000m;扎河坝组(P_1z)下部为火山熔岩和火山碎屑岩,上部为煤系地层,表明火山活动向东有减弱之势。在化学成分上,比前两期更富含碱。哈尔加乌组(P_1h)火山岩有相当多的点落在碱性岩区内,扎河坝组(P_1z)火山岩也有落在碱性岩区内的。扎河坝地区的该火山岩中见有碱性流纹岩,它们与钙碱性火山岩密切共生,可见本区拉张期形成的火山岩确系偏碱性的玄武岩-安粗岩-碱性流纹岩系,属碱性和钙碱性系之间的过渡系列。

扎河坝早二叠世玄武岩与斯凯伊群岛以及美国哥伦比亚地区变薄了的大陆板内玄武岩十分相似,说明扎河坝玄武岩形成于大陆板内拉张构造环境。

10. 中-新生代火山岩

在哈萨克斯坦的叶尔缅套—阿科德姆区,分布有早三叠世玄武岩、粗面安山岩岩被,厚大于100~150m,流纹岩岩被厚100m;我国准噶尔盆地曾在侏罗系中见有凝灰岩,徐新等(2008)在准噶尔西北缘克拉玛依西蚊子沟发现了早侏罗世玄武岩,岩体由灰绿色玄武岩和深灰色橄榄玄武岩组成,具高TiO_2、FeO、P_2O_5,富K_2O、Na_2O的特征,属典型大陆玄武岩。在青河县哈拉乔拉村附近有新生代的、面积不过$2km^2$的橄榄玄武岩流,不整合覆盖在早古生代地层上,$^{40}Ar-^{39}Ar$全岩年龄为18Ma,相当于早中新世晚期火山活动。

三、侵入岩

研究区内侵入岩总体上可分为5个主要侵入期。

1. 太古宙—古元古代

以橄榄岩、辉长岩、镁铁超镁铁岩、碱性辉长岩、斜长花岗岩、花岗岩、片麻状花岗岩为主,其次为霞石正长岩(碱性),如哈萨克斯坦中部卡尔萨克派地区的扎温卡尔花岗杂岩年龄为2 230Ma,卡尔萨克派霞石正长岩年龄为1 675±100Ma,哈萨克斯坦南部的卡拉卡姆斯花岗岩年龄分别为1 800Ma、1 900Ma和1 750Ma,新疆塔里木区的兰石英片麻状花岗岩等。

2. 中-新元古代

为石英二长岩-花岗岩组合及辉长岩、石英闪长岩、花岗斑岩。新疆中天山发育眼球状S型片麻状花岗岩(960Ma),是罗迪尼亚超大陆聚合碰撞的反映。

3. 古生代早期(寒武纪—泥盆纪)

在哈萨克斯坦寒武纪侵入岩有霞石正长岩、碳酸岩;寒武纪—泥盆纪侵入岩有橄榄岩和辉长岩、斜长花岗岩为主含花岗岩,具地壳伸展期及洋壳俯冲期特征;志留纪—泥盆纪侵入岩有花岗正长岩、花岗岩和白岗岩、花岗闪长岩、石英二长岩和花岗岩、英云闪长岩和花岗闪长岩、闪长岩、辉长岩、斑岩、辉长辉绿岩和辉长岩等,具弧花岗岩和同碰撞、后碰撞岩浆活动特征;中泥盆世侵入岩有碱性霞石正长岩、碱性花岗岩、石英二长岩-花岗岩(淡色花岗岩组合),具后碰撞伸展期岩浆活动特征。

我国大青格里河一带有片麻状英云闪长岩,喀拉斯湖一带有斜长花岗岩,可可托海、吐尔洪等地见有斜长花岗岩、黑云母花岗岩、二云母花岗岩、英云闪长岩、石英闪长岩等；在青河县城北，大青格里岩体与围岩接触关系复杂，有时呈明显的侵入关系，有时为渐变过渡，边缘有混合花岗岩带，周天人等(1986)认为与海西早期片麻状斜长花岗岩一样，属变质成因原地相深熔-交代产物，从其中的锶初始比值(0.706 9)分析，远低于海西早期斜长花岗岩，可能是较深部重熔或部分重熔形成的岩浆侵位而成，以斜长花岗岩为主，内带渐变为二长花岗岩，普遍含白云母，为低碱型；黑云母花岗岩有的岩体为低碱的黑云母花岗岩，同位素年龄值为 400～360Ma(K-Ar 法)，含铍较高，从含白云母的情况看，似属同碰撞 S 型花岗岩。

准噶尔—天山地区的托让格库都克岩体，岩性为花岗岩、花岗闪长岩，侵入志留纪地层，被下泥盆统上亚组所覆盖，Rb-Sr 等时线年龄为 396.3±37.6Ma，其生成年龄在 420～400Ma 之间；红柳峡岩体侵入中上奥陶统，被上志留统及下泥盆统覆盖，为钙碱系列，是早古生代大洋封闭时的同碰撞花岗岩。博罗科努带岩体，位于温泉西南，岩性为片麻状花岗岩，侵入元古宙地层，为泥盆纪地层所覆盖，为钙碱系列，富钾型。那拉提带中的布哈达岩体锆石 U-Pb 年龄为 471.3Ma，岩性为片麻状钾长花岗岩，钙碱系列，富钾型，具碰撞前弧花岗岩-同碰撞花岗岩特征。

4. 晚古生代晚期—三叠纪

在哈萨克斯坦早石炭世—二叠纪有碱性和霞石正长岩，后者还有正长岩和石英正长岩、二长花岗岩（花岗正长岩、碱性花岗岩）；二叠纪—三叠纪发育有淡色钾长花岗岩、白岗岩（碱性花岗岩）、橄榄岩、辉长岩-闪长岩-石英二长岩（查莫克岩体）等，从淡色花岗岩及碱性花岗岩的大量出现看，多属后碰撞期产物。

晚三叠世发育玻基橄榄岩、闪煌岩、沸煌岩等，属后碰撞-后造山岩浆活动产物。

晚古生代为新疆主要侵入岩活动期，呈链状分布于各主要造山带，且大多有蛇绿岩套与之平行分布。按岩性大致有花岗闪长岩序列、二长花岗岩序列、钾长花岗岩序列，前两类为碰撞前弧岩浆岩-同碰撞期岩浆岩，后一类多为后碰撞期岩浆岩。

其同位素年龄为 340～300Ma，峰值在 320～300Ma 之间，大部分侵入早石炭世地层，从未侵入晚石炭世地层来看，主要活动于晚石炭世晚期前。在东准噶尔琼河坝及西天山那拉提山见部分岩体侵入下石炭统杜内阶而被下石炭统维宪阶覆盖，以区别其他岩体，属同碰撞期岩浆岩。早石炭世晚期—二叠纪发育富碱花岗岩及碱性花岗岩，属后碰撞期产物。

5. 中生代晚期—新生代

巴尔喀什—准噶尔地区中生代—新生代侵入岩不发育，在哈萨克斯坦见有早侏罗世花岗片麻岩。白垩纪—古近纪有花岗岩、浅色花岗岩、花岗闪长岩、石英闪长岩、闪长岩、辉长岩、辉长闪长岩、花岗片麻岩、石英二长闪长岩和二长岩等侵入。古近纪花岗正长岩、石英正长岩、石英二长岩、花岗闪长岩和花岗岩小岩体零星分布。新近纪有二长岩、辉长岩和碱性正长岩侵入。

新疆在阿尔泰及中天山零星分布有中生代小型侵入岩，如阿尔泰发育有侏罗纪钾长花岗岩，中天山发育有三叠纪电气石黑云母花岗岩，东天山发育有天河石花岗岩、偏碱性基性杂岩等，多属后造山期产物。

四、构造单元划分及其特征

（一）构造单元的划分

一般认为"一个古代的大陆板块"有一个或几个比较古老的大陆核心（大陆区），围绕古陆（大陆区）

的是陆缘区,两个板块之间为大洋所分隔(现已消失,仅保留其部分残片——蛇绿岩)。因此,大陆区及其陆缘区构成了板块构造的一级单元(板块)。不同时期具有不同的板块边界,如新疆及其邻区内按古生代末以来的构造演化可划分出:西伯利亚板块、哈萨克斯坦-准噶尔板块、塔里木板块等。它们之间的缝合带正是曾经分隔上述各板块之间的大洋消亡带。而大陆区及陆缘区分别构成其二级单元(在不可能划分微板块时)。

有时,有的板块具有很不规则的陆缘区,存在着许多"漂移"于大洋中的中间地块,随着洋盆的消亡,形成中间地块被褶皱带环绕的镶嵌状图案,这些中间地块及其陆缘构成了板块构造的二级单元——微板块,隶属于各一级单元。如哈萨克斯坦-准噶尔板块,它实属具有多个古陆区的板块,总体上具有相同的发展演化历史。因此,考虑到上述原则,哈萨克斯坦-准噶尔板块可进一步划出两个微板块,以博罗科努北缘主干断裂为界,以北为巴尔喀什-准噶尔微板块,以南为穆云库姆-伊犁-中天山微板块。前者有巴尔喀什-准噶尔-吐哈古陆及其周围的陆缘,后者有穆云库姆、伊塞克、伊犁、中天山等地块及其周围的陆缘。中间地块及其陆缘分别构成了三级单元,如准噶尔北缘古生代活动陆缘,巴尔喀什-准噶尔-吐哈地块等。尽管目前对准噶尔及吐哈盆地是否存在有前寒武纪基底的问题尚有争议,但赛里木湖及邻区的巴尔喀什及其西部的莫因特等一带前寒武纪基底的存在是肯定的。

陆缘区有时简单(被动陆缘),有时复杂(活动陆缘),由于板块的俯冲可发育不同时代的边缘(弧后)海和岛弧海沟体系以及由于拉张在大陆区或其固结的基底上形成裂谷、裂陷槽、上叠盆地等四级单元。如伊犁石炭纪—二叠纪裂谷,博格达、觉罗塔格等裂陷槽,诺尔特-乌列盖泥盆纪—石炭纪上叠盆地等。

根据以上原则,对研究区板块构造单元作如下划分。

　Ⅰ　西伯利亚板块

　　Ⅰ₁　阿尔泰微板块(萨拉依尔,海西造山带)

　　　Ⅰ₁₋₁　山区阿尔泰-喀纳斯-可可托海早古生代陆缘活动带

　　　　Ⅰ$_{1-1}^{1}$　诺尔特-乌列盖(泥盆纪—石炭纪)上叠火山-沉积盆地

　　　　Ⅰ$_{1-1}^{2}$　喀纳斯-可可托海古生代岩浆弧

　　　Ⅰ₁₋₂　矿山阿尔泰-南阿尔泰晚古生代陆缘活动带

　　　　Ⅰ$_{1-2}^{1}$　霍尔宗-萨雷姆萨克京及别洛乌巴弧后挤压带

　　　　Ⅰ$_{1-2}^{2}$　克兰泥盆纪—石炭纪弧后拉伸盆地

　　　　Ⅰ$_{1-2}^{3}$　卡尔巴纳雷姆晚古生代岩浆弧

　　　　Ⅰ$_{1-2}^{4}$　西卡尔巴弧前盆地(后发展为前陆盆地)

　CSE-SZ　查尔斯克-斋桑-额尔齐斯缝合带

　Ⅱ　哈萨克斯坦-准噶尔板块

　　Ⅱ₁　巴尔喀什-准噶尔微板块

　　　Ⅱ₁₋₁　巴尔喀什-准噶尔北缘古生代活动陆缘

　　　　Ⅱ$_{1-1}^{1}$　扎尔玛-萨吾尔泥盆纪—石炭纪岛弧(北侧为泥盆纪洋内弧)

　　　　Ⅱ$_{1-1}^{2}$　成吉斯-塔尔巴哈台-纳尔曼德早古生代岛弧(东段为古生代复合岛弧)

　　　　Ⅱ$_{1-1}^{3}$　博舍库利早古生代陆缘弧(含巴彦纳吾尔复向斜和博舍库利,马伊卡因复背斜)及晚古生代上叠火山-沉积盆地

　　　　Ⅱ$_{1-1}^{4}$　泥盆纪陆缘火山岩带

　　　　Ⅱ$_{1-1}^{5}$　卡拉干达晚古生代—新生代凹陷

　　　　Ⅱ$_{1-1}^{6}$　乌斯品-捷克图尔玛斯早古生代褶皱基底上发育的泥盆纪—石炭纪裂谷,裂陷槽(含斯帕斯科复背斜、捷克图尔玛斯复背斜(石炭纪—泥盆纪组合),阿塔苏(志留纪—晚石炭世)复背斜及努林、卡拉索尔、乌斯品、扎曼-萨雷苏志留纪—晚石炭

世组合的复向斜）

II_{1-1}^{7}　阿克套-莫因特微地块

II_{1-2}　巴尔喀什-西准噶尔古生代残余洋盆

II_{1-2}^{1}　依特木楞得古生代残余洋盆

II_{1-2}^{2}　西准噶尔残余洋盆

II_{1-3}　巴尔喀什-卡普恰盖石炭纪—二叠纪陆缘（陆相）火山岩带

II_{1-3}^{1}　托克劳石炭纪—二叠纪陆缘（陆相）火山岩带

II_{1-3}^{2}　巴堪纳斯-卡尔玛开梅里石炭纪—二叠纪陆缘（陆相）火山岩带

II_{1-3}^{3}　北巴尔喀什-萨亚克石炭纪—二叠纪陆缘（陆相）火山岩带

II_{1-3}^{4}　萨雷奥泽克石炭纪—二叠纪陆缘（陆相）火山岩带

II_{1-4}　准噶尔-塞里木地块

II_{1-4}^{1}　塞里木微地块

II_{1-4}^{2}　准噶尔-阿拉套陆缘盆地

II_{1-5}　准噶尔-吐哈地块

II_{1-5}^{1}　准噶尔隐伏微地块

II_{1-5}^{2}　东准噶尔陆缘盆地（推覆带）

II_{1-5}^{3}　伊连哈比尔尕泥盆纪—石炭纪残余洋盆

II_{1-5}^{4}　博格达石炭纪—二叠纪裂陷槽

II_{1-5}^{5}　吐-哈隐伏微地块

II_{1-5}^{6}　觉罗塔格石炭纪裂陷槽

II_{1-6}　哈尔里克-大南湖古生代复合岛弧

II_{1-6}^{1}　哈尔里克古生代复合岛弧

II_{1-6}^{2}　大南湖古生代复合岛弧

由谢列特河-卡拉托尔得拉-扎依尔-奈曼北缘断裂与博罗霍洛北缘断裂-北天山主干断裂相接,为两微板块的界线。

II_{2}　科克切塔夫-伊塞克-伊犁-中天山微陆块

II_{2-1}　早古生代弧盆系

II_{2-1}^{1}　斯捷普尼亚克早古生代陆缘弧

II_{2-1}^{2}　叶西尔-卡尔梅库里早古生代陆缘弧

II_{2-1}^{3}　扎拉依尔-奈曼早古生代陆缘弧

II_{2-1}^{4}　博罗科努-可可乃克早古生代陆缘弧

II_{2-1}^{5}　吉尔吉斯-捷尔斯克伊早古生代岛弧

II_{2-2}　前寒武纪地块

II_{2-2}^{1}　科克切塔夫地块

II_{2-2}^{2}　乌鲁套地块

II_{2-2}^{3}　阿克巴斯套地块

II_{2-2}^{4}　肯德克塔斯地块

II_{2-2}^{5}　伊塞克地块

II_{2-2}^{6}　卡拉套-塔拉兹地块

II_{2-2}^{7}　大卡拉套地块

II_{2-3}　早古生代及前古生代基底上的上叠盆地

　　　　II_{2-3}^{1}　田吉兹盆地

　　　　II_{2-3}^{2}　热孜卡孜干盆地

　　　　II_{2-3}^{3}　萨雷苏-楚河晚古生代—新生代凹陷

　　　　II_{2-3}^{4}　萨雷苏-田吉兹晚古生代断褶带(复杂马鞍带)

　　　　II_{2-3}^{5}　巴尔喀什盆地

　　　　II_{2-3}^{6}　伊犁河盆地

　　　　II_{2-3}^{7}　伊犁石炭纪—二叠纪裂谷

　　ZTS - SZ　中天山(南天山)缝合带,北为低压-高温带岩浆弧,南为高压-低温榴辉岩、蓝片岩变质带。

　　III　塔里木板块

　　　III₁　塔里木微板块

　　　　III$_{1-1}$　塔里木北缘古生代活动陆缘

　　　　　III$_{1-1}^{1}$　南天山陆缘增生揳(南天山古生代边缘海盆,北缘为高压-低温带)

　　　　　III$_{1-1}^{2}$　艾尔宾山残余盆地(泥盆纪碳酸盐台地)

(二)构造单元主要特征

　　根据造山带所经历的离散、汇聚、碰撞、后造山(陆内造山)等不同大陆动力学过程,划分为上述四大构造环境,含被动陆缘、大洋盆地、活动陆缘、同碰撞造山、后碰撞(克拉通化)、新陆壳盖层六大相类及30个相。

　　(1)离散背景下的大地构造环境:①被动陆缘相类,分为陆缘裂谷相(R)、陆间裂陷槽相(Rt)、陆缘基底相(Mb)、陆棚相(Csh)、陆坡相(Clh)、深水盆地相(RTb);②大洋盆地相类,分为远洋深海平原相(Ap)、大陆碎片相(Cf)、大洋岛弧(洋内弧)相(Qa)、碳酸盐岩海山相(Cm)、洋壳残片相(Oφ)。

　　(2)汇聚背景下的大地构造环境:主要为活动陆缘相类,分为消减杂岩相(Sm)、陆缘岩浆弧相(Ma)、弧沟盆系相(Ib)、碰撞前(弧)花岗岩类相(Fo)。

　　(3)碰撞背景下的大地构造环境:①同碰撞造山相类,分为同碰撞期残余洋盆相(Ro)、同碰撞期残余海盆相(Rs)、同碰撞期前陆复理石盆地相(Fb)、同碰撞期类磨拉石相(1ml)、同碰撞花岗岩类相(Syo);②后碰撞(克拉通化)相类,分为后碰撞花岗岩类相(Po)、后碰撞碱性及富碱花岗岩类相、磨拉石及火山磨拉石盆地相(ml)、上叠火山-沉积盆地相(Ub)、板内海陆交互含煤盆地相(Cob)及残余海盆相(Rs)。

　　(4)后造山(陆内造山)背景下的大地构造环境:主要为新陆壳盖层相类,分为大陆磨拉石盆地相(ml),后造山(非造山)碱性岩浆岩类相(Ano),陆内含煤盆地相(Cb),陆内含油页岩的深湖相(Cl),快速隆升山麓、山间盆地等堆积相(Id)。

　　以上30个相是各构造单元中的基本物质组成,反映了形成的不同大陆动力学背景和不同构造环境,以下详细介绍。

1. 西伯利亚板块(I)

　　包括西蒙微板块和阿尔泰微板块(I₁),在新元古代以及古生代初期以前,曾经是两个分离的微板块,经萨拉伊尔运动后两者拼合一起,成为统一的西伯利亚板块的组成部分。研究区内仅属阿尔泰微板块的一部分,包括北阿尔泰早古生代陆缘活动带及南阿尔泰晚古生代陆缘活动带。

1)北阿尔泰早古生代陆缘活动带（I$_{1-1}$）

包括中国的阿尔泰山北部、蒙古阿尔泰山和哈萨克斯坦、俄罗斯境内的阿尔泰山。覆盖于残留的前震旦纪变质基底杂岩之上的为低绿片岩相的巨厚类复理石建造，厚6～7km。在中国称喀纳斯群，俄罗斯称山区阿尔泰系，在蒙古称蒙古阿尔泰系，其岩石组合和地层层序非常相似并完全可以对比。根据少数地点所发现的微古植物化石、同位素数据及不整合其上的中-晚奥陶世火山磨拉石建造判断其时间段，包括了震旦纪（文德纪）—早奥陶世或震旦纪—早寒武世，属陆缘盆地被动陆缘的陆坡相沉积，反映阿尔泰造山带曾有大陆基底的存在。

北阿尔泰早古生代陆缘活动带（I$_{1-1}$），含3个次级单元。

（1）哈尔锡林寒武-奥陶纪岩浆弧：分布于西邻区的蒙古等境内，东以察干锡贝图断裂为界，西以科布多断裂与我国境内的诺尔特-乌列盖（泥盆纪—石炭纪）上叠火山沉积盆地相邻，南为蒙古图尔根断裂所截。其主体由寒武系—奥陶系组成，为以长石-石英砂岩为主的陆源砂页岩，类复理石建造为主，其上为奥陶纪—志留纪的火山岩-陆源碎屑及碳酸盐岩，局部见志留纪同碰撞的磨拉石建造。岩浆活动以奥陶纪—志留纪花岗岩类为主，属俯冲期及同碰撞-后碰撞岩浆活动，泥盆纪—石炭纪花岗岩次之，总体具早古生代陆缘弧特征。

（2）诺尔特-乌列盖（泥盆纪—石炭纪）上叠火山-沉积盆地（I$_{1-1}^1$）：位于哈尔锡林及喀纳斯-可可托海古生代岩浆弧之间。地层出露的主体为泥盆系—石炭系及零星分布有早古生代及震旦纪—早寒武世浅变质基底岩系。泥盆系下部以酸性火山岩为主夹基性火山岩-陆缘碎屑岩及红色火山碎屑岩建造；上部为中性火山岩及黑色页岩。石炭系下部为海陆交互相沉积，以陆相碎屑岩为主，夹海相陆源碎屑岩及碳酸盐岩，偶见火山岩及红色磨拉石建造；上部为陆相含煤碎屑岩建造。为产于早古生代褶皱基底上的断陷盆地，侵入岩多以晚古生代为主，泥盆纪—石炭纪的花岗岩以黑云母、二云母花岗岩及暗色花岗岩为主；二叠纪早期以斑状白云母花岗岩、斑状二云母花岗岩为主，后期为花岗正长岩、白岗岩、碱性白岗岩、碱性花岗岩和正长黑云母花岗岩等，总体上具高硅富碱特征。

（3）喀纳斯-可可托海古生代岩浆弧（I$_{1-1}^2$）：位于阿尔泰-青河韧性剪切带以北的北阿尔泰地区，主体发育早古生代及元古宙变质残块，早古生代岩浆侵入活动十分强烈。这里出露的最老地层为元古宙变质岩残留体，构成基底杂岩岩块亚相（艾里克残块），界线难以划分，

新疆地质矿产局二区调队（1990）在福海县乌尔腾萨进行1：5万区调时，在额尔齐斯河下游的斜长角闪片岩、斜长角闪片麻岩所夹的绢云母片岩中获大量南华纪-震旦纪微古植物化石，根据与下伏克姆齐群（Pt$_{1-2}$Km）的关系及变质程度称为南华纪富蕴群（NhF），在混合岩中及片麻岩中获U-Pb表面年龄785～779Ma，在变质岩和大理岩中含微古植物化石：*Leiominusscula minuta*，*Leiopsophosphaera densa*，*Micrhystridium mininum*（阎永奎定为震旦纪）；乌夏沟口至富蕴县城西的斜长角闪岩、角闪岩、石榴黑云母片麻岩Sm-Nd等时线年龄为1 060±128Ma，属基底杂岩相的基底杂岩残块亚相。

下-中奥陶统青河群由黑云母斜长片麻岩、角闪片岩、变粒岩等火山成因的变质岩组成，具早古生代陆缘弧的火山弧亚相特征。

中-上奥陶统的东锡勒克组（O$_{2-3}d$）为一套中酸性火山岩含霏细岩、英安岩、安山岩、熔结凝灰岩等，底部为灰绿色凝灰质底砾岩不整合于下伏地层之上，其上为白哈巴组（O$_3bh$）整合或假整合所覆，为一套浅变质的灰色、灰绿色钙质粉砂岩，含砾砂岩，生物碎屑灰岩所组成，上部灰岩中含*Plasmoporella*，*Helisites*等晚奥陶世卡拉道克期—阿什极尔期分子。由中-晚奥陶世火山-磨拉石建造及区域性角度不整合覆于晚震旦世—早寒武世地层之上看，似属阿尔泰造山带主碰撞期弧后前陆盆地的楔顶盆地亚相，同时砾岩中还有大量碰撞前或同碰撞片麻状花岗岩、二长花岗岩及英云闪长岩等的砾石，如友谊峰南黑云母二长花岗岩、英云闪长岩在东锡勒克组中见其砾石K-Ar年龄为440Ma；大青格里河岩体呈岩基状侵入元古宇又被晚泥盆世辉长岩体侵入，主要岩性为片麻状黑云母花岗岩、白云母二长花岗岩、黑云母二长花岗岩、黑云母斜长花岗岩，全岩Rb-Sr等时线年龄408Ma，锆时U-Pb等时线年龄401.8Ma

(邹天人等,1988),单颗粒锆石 U-Pb 年龄 440～396Ma(李天德,1995);在冲乎尔的片麻状斜长花岗岩中获 SHRIMP 锆石年龄 413Ma,为同碰撞的 S 型花岗岩(曾乔松等,2006),哈龙-巴利尔斯岩基、岩席状侵位于志留系中,主要为片麻状黑云母花岗岩,全岩 Rb-Sr 等时线年龄 401～377Ma(张湘炳等,1996);大卡拉苏一带辉长岩类侵入克姆齐群,全岩及矿物 Sm-Nb 等时线年龄 397Ma(陈毓川等,1995);诺尔特地区的塔斯比克都尔根黑云母二长花岗岩、塔斯比克白云母二长花岗岩等锆石 U-Pb 年龄 440～396Ma(袁峰等,2001),这些岩体多属同碰撞-后碰撞侵入岩。据邓晋福等(1996,1990,2004)研究,同碰撞侵入岩一般不十分发育,最常见的是以白云母(或董青石)过铝质花岗岩或二云母花岗岩为代表的浅色花岗岩,成因类型为 S 型,岩石化学成分以富含 SiO_2、Al_2O_3、K_2O 为特征,其时代略晚于板块碰撞时间 20～40Ma。

总体为一多期复合陆缘岩浆弧,其中以花岗岩类为主,多呈巨大的岩基或岩株状产出,其次为零星分布的闪长岩-辉长岩类。目前可确定的志留纪或泥盆纪花岗岩多以斜长花岗岩-花岗闪长岩-石英闪长岩为主,为壳幔混熔型(Ⅰ型),而另一类是由于挤压和区域变质作用所形成的片麻状花岗岩-黑云母花岗岩,其成因系列多属 S 型,属同造山期形成。此外,还有一些石炭纪—二叠纪后碰撞的碱性花岗岩及后造山期的印支-燕山期偏碱性花岗岩体的侵入。由北向南的逆冲断裂发育,这是新疆稀有金属及云母、宝石等矿产的主要产地。

2)矿山阿尔泰-南阿尔泰晚古生代陆缘活动带($Ⅰ_{1-2}$)

由北而南,由霍尔宗-萨雷姆萨克京及别洛乌巴弧后挤压带($Ⅰ^1_{1-2}$)、克兰泥盆纪—石炭纪弧后盆地($Ⅰ^2_{1-2}$)、卡尔巴-纳雷姆石炭纪—二叠纪岩浆弧($Ⅰ^3_{1-2}$)、西卡尔巴石炭纪弧前盆地($Ⅰ^4_{1-2}$)组成,是由于斋桑-额尔齐斯洋向北俯冲所形成。

(1)霍尔宗-萨雷姆萨克京及别洛乌巴弧后盆地带($Ⅰ^1_{1-2}$)。位于山区阿尔泰加里东构造带相接的边界地带,由泥盆纪—石炭系构成,挤压推覆构造发育,由于断裂破坏难以延入新疆,霍尔宗—萨雷姆萨京带只发育在哈萨克斯坦境内,北东部以洛克捷夫断裂为界,南西面以额尔齐斯挤压带——马尔卡科尔断裂为界。长大于 600km,最宽处达 10km,具有左行走滑特征,走滑时代为早二叠世(Vladimirov et al,1997),剪切变形带被晚二叠世—早三叠世岩体侵入(Buslov et al,2004)。在元古宙—早古生代基底上,广泛发育下-中泥盆统滨海-海相火山沉积岩,岩性为玄武岩-流纹岩及钙质陆源碎屑岩。在深部构造上,莫氏面(41～52km)和康氏面(26～30km)深陷(李天德等,1994)。早海西期与双峰式玄武岩-流纹岩有关的铁、锰、铅、锌矿床发育,晚海西期出现与二叠纪花岗岩类有关的钨、钼、稀有、稀土矿化,但矿化规模不大。

该带北西端的别洛乌巴—科尔冈地区出露大面积中泥盆统科尔冈组火山岩和火山碎屑岩,侵入岩发育。中泥盆世为英云闪长岩-花岗闪长岩-花岗岩,晚泥盆世为辉长岩-辉绿岩,二叠纪为二长花岗岩-花岗闪长岩,三叠纪为花岗岩。该矿带被一系列相互靠近的断裂(属东北挤压带)切割成断块,褶皱构造往往成片段,仅在断裂破碎较小的地段,见线状和短轴褶皱。矿产较丰富,主要为铁和以铅为主的多金属矿,典型矿床有霍尔宗大型铁矿、捷克马利大型铅矿等。

中部哈米尔—布赫塔尔马地区和萨雷姆萨克特地区,主要出露下-中泥盆统中酸性火山岩夹沉积岩和中泥盆统海相沉积岩,火山岩以及晚泥盆世辉长岩-辉绿岩脉。成矿以铅、铅锌为主,其次有铁矿、多金属矿。

南西面与克兰泥盆纪—石炭纪弧后盆地相邻,部分可能延入新疆尖灭于布尔津县城与冲乎尔之间。主要出露晚泥盆世—早石炭世的类复理石陆源沉积,即泥岩和碳质粉砂岩。泥盆纪艾姆斯期—早法门期(D^3_1—D^2_3)的火山活动微弱,晚古生代以大量发育辉长-辉绿岩为特征,具有弧后盆地的性质。在哈萨克斯坦该带发现的矿床较少,以规模较小的金矿为主。在新疆发现一些铜、铁、稀有金属矿化点。

(2)克兰泥盆纪—石炭纪弧后盆地($Ⅰ^2_{1-2}$)。呈北西向分布于阿尔泰南缘,北西与哈萨克斯坦-俄罗斯境内的"东北挤压带"阿尔泰南缘火山-深成岩带对比。其主体由泥盆系组成,下泥盆统为以酸性火山岩为主的火山-火山碎屑岩-陆缘碎屑岩建造,各地变质程度差异甚大,由其中的斜长角闪岩、斜长角闪片岩的岩石化学分析成果进行原岩恢复,相当于细碧岩、玄武岩的基性熔岩,属细碧-角斑岩建造。阿勒泰市骆驼峰枕状熔岩 Rb－Sr 等时线年龄为 $380±27Ma$ 可代表此拉张期产物;中泥盆统为具浊流沉积特征的复理石建造,部分见有火山岩,总体上为火山岩-陆缘碎屑复理石和碳酸盐岩所组成;下石炭统为含少量安山岩-玄武岩的复理石建造;晚石炭世早期为陆相含煤碎屑岩建造。

据近年来的研究认为,所谓的弧后盆地很可能是弧前盆地,其中发现有增生杂岩,玻镁安山岩及泥盆纪花岗岩中混杂有大洋玄武岩残体等,反映了弧前俯冲增生留下的痕迹。

带内侵入岩发育,以花岗岩为主,其次为闪长岩、碱性闪长岩、辉长闪长岩等,共分 3 期。志留纪—泥盆纪花岗岩为斜长花岗岩-花岗闪长岩-花岗岩组合,多属碰撞前弧花岗岩;石炭纪为花岗岩-花岗闪长岩组合,多属同碰撞期产物;二叠纪花岗岩以黑云母花岗岩、花岗斑岩为主,高硅富碱,属造山晚期或后碰撞期产物。

(3)卡尔巴-纳雷姆石炭纪—二叠纪岩浆弧(I^3_{1-2}):仅延入新疆一小部分,前者发育于前震旦纪(1 450Ma)基底之上。泥盆纪以碳酸盐岩-陆源碎屑岩为主,其上为晚石炭世早期陆相磨拉石建造所覆。晚石炭世晚期及其之后属强烈的岩浆侵入期,并有陆相流纹岩-英安岩的喷发。以正常花岗岩和含稀有金属的二云母花岗岩为主,其次为淡色花岗岩、白岗岩、斜长花岗岩-花岗闪长岩及辉长岩-辉绿岩,岩石多具高硅富碱特征,属西伯利亚板块与哈萨克斯坦-准噶尔板块碰撞缝合或后碰撞期产物。

(4)西卡尔巴弧前盆地(I^1_{1-2}):可能为卡尔巴-纳雷姆岛链,裂离大陆边缘后形成于近洋一侧的浅海盆地,相似于造山带的前陆盆地,其中堆积了早石炭统含碳陆缘碎屑岩及碳酸盐岩,是产金的重要层位。早石炭世—晚石炭世早期为陆相磨拉石建造并有部分陆相玄武岩、安山岩的喷发,已属大洋封闭后残留盆地的产物。

2. 查尔斯克-斋桑　额尔齐斯板块缝合带(碰撞混杂岩带,CSE－SZ)

该缝合带(碰撞混杂岩带),北界西起西邻区的西卡尔巴断裂,向东经克兹加尔-锡伯渡-青河北缘断裂,延入蒙古境内与图尔根-大博格多断裂相接;断面北倾,北盘向南逆冲,具明显韧性剪切特征。南界复杂,西起邻区然吉托别—斋桑泊南一线,向东经新疆科克森他乌-富蕴-玛因鄂博断裂延入蒙古境内与布尔根-外阿尔泰大断裂相接。其间组成物质十分复杂,纵、横相几乎无法对比,为高应变带和重力梯度带。

主体为下石炭统滑塌堆积,晚石炭世早期为陆相磨拉石及部分前震旦纪变质岩系。邻区尚见有变质年龄为 $2 600±100Ma$ 和大于 $1 000Ma$ 的榴辉岩、角闪岩、结晶片岩、片麻岩等。变质特征既有常见的绿片岩相、绿帘石-角闪岩相、角闪岩相,也有高温高压的榴辉岩、低温高压的蓝片岩和轻微变质或未变质的岩石;既有代表洋壳残片的被肢解了的蛇绿岩、幔源基性、超基性岩,也有古陆壳变质的硅铝质结晶片岩、片麻岩、叠瓦逆掩断层发育,组成一个个推覆岩片。

该缝合带在新疆多为第四系所覆,在蒙古为北蒙古加里东大断块和南蒙古海西大断块之分界线,其中见有前震旦纪花岗片麻岩(1 120～650Ma)和辉石片麻岩块(2 200Ma),具明显的构造混杂岩带的特征,为西伯利亚板块与哈萨克斯坦-准噶尔板块的碰撞缝合带,形成于泥盆纪-早石炭世,晚石炭世早期已是陆相磨拉石建造,说明洋盆已闭合,所见的石炭纪-二叠纪花岗岩多具富碱-碱性花岗岩特征,表明为后碰撞及非碰撞期产物。

3. 哈萨克斯坦-准噶尔板块(Ⅱ,天山-准噶尔造山带)

最早所称的哈萨克斯坦板块是指比较集中分布于中哈萨克斯坦范围内和蒙古地块及其陆源区的区块。而另一种意见认为,晚古生代尚不存在统一的中哈萨克斯坦古陆,故将其解体为一系列规模很小的地体,所以不使用哈萨克斯坦板块这一术语。

李春昱教授等(1980,1982)所称的哈萨克斯坦板块,北东是以克拉麦里-斋桑-额尔齐斯缝合线为界与西伯利亚板块碰撞,西南以东乌拉尔-南天山缝合带为界,与东欧-卡拉库姆-塔里木板块相邻。其范围大体上与乌拉尔-蒙古或中亚-蒙古褶皱区的中或西段相当。编者考虑到它向东延至中国准噶尔盆地及其周边地区,故改称为哈萨克斯坦-准噶尔板块(成守德等,1986),并将其北部的缝合带改为查尔斯克 斋桑-额尔齐斯带。

该板块至少由两个以上的古陆块群及分别环绕着的陆缘区构成,故暂将其划为巴尔喀什-准噶尔微板块及科克切塔夫-伊塞克-伊犁-中天山微板块。两微板块界线大致由谢列特河-卡拉托尔得拉-扎拉依尔-奈曼北缘断裂与我国博罗霍洛北缘断裂-北天山主干断裂相接,此界线东北以古生代洋盆为主,含部分古陆块,西南以古陆地块为主夹部分古生代洋盆。

1)巴尔喀什-准噶尔微板块(Ⅱ$_1$)

包括准噶尔北缘古生代活动陆缘、巴尔喀什-准噶尔-吐哈古陆、巴尔喀什南缘活动陆缘等次级构造单元。

(1)巴尔喀什-准噶尔北缘古生代活动陆缘(Ⅱ$_{1-1}$):由一系列古生代岛弧系及晚古生代陆缘火山岩带、残余洋盆等所构成。

扎尔玛-萨吾尔泥盆纪—石炭纪岛弧(Ⅱ$_{1-1}^1$):发育于早古生代岛弧基础上,包括新疆的萨吾尔山、科克森他乌南部及喀拉通克地区,主要由泥盆系—石炭系组成,局部见有呈断块状产出的奥陶系—志留系。泥盆系以发育中基性火山岩-陆源碎屑岩为主,据梅厚钧等(1993)研究,自泥盆纪—二叠纪共有9个层位中发育玄武岩-安山岩-流纹岩建造。中泥盆统为海相,晚泥盆统为海陆交互相的下磨拉石建造,其上被石炭系和二叠系海陆交互相陆源碎屑-火山岩建造和陆相火山磨拉石建造所不整合覆盖。泥盆纪岩浆岩主要为钙碱系列,以钠质为主,夹少量钾质火山岩层。向西延入哈萨克斯坦境内,向东延入蒙古,相当于戈壁阿尔泰的额德伦金亚带(свруженцев др,1990)。

成吉斯-塔尔巴哈台早古生代岛弧(东段为古生代复合岛弧,Ⅱ$_{1-1}^2$):沿塔尔巴哈台山延入我国洪古勒楞,向东至纳尔曼德的科克赛尔盖至莫钦乌拉山,其北界为卡尔宾-成吉斯大断裂、萨吾尔山南麓断裂、乌伦古断裂,经淖毛湖盆地北,延入蒙古称额德额根依努尔大断裂;南界为阿克巴斯套大断裂,经和什托洛盖北缘及红柳井、纸房南沿莫钦乌拉山南部断续延入蒙古,称戈壁天山大断裂。在中国境内的准噶尔地区早古生代构造-岩石组合,断续出露在塔尔巴哈台—洪古勒楞—纳尔曼德—莫钦乌拉山一带。中奥陶统为中基性—基性火山岩-火山碎屑岩建造。塔尔巴哈台及沙尔布尔提山北坡见有枕状玄武岩,其次为陆源细碎屑岩-硅质泥岩夹碳酸盐岩;上奥陶统布龙果尔组为含有大小不等灰岩块体的磨拉石建造加坍塌建造的复合建造(李跃西等,1992)。其上为志留系假整合所覆,下志留统为陆源细碎屑岩夹硅质泥岩,中志留统为陆源碎屑岩、碳酸盐岩建造夹基性火山岩;上—顶志留统以陆源碎屑岩、火山碎屑岩为主,夹少量泥质灰岩,上部发育火山磨拉石建造。总体上具早古生代主碰撞期后前陆类复理石建造特征。

零星出露的奥陶纪蛇绿岩组合分布在泥盆纪火山岩出露区,在科克赛尔盖山一带,可见侵入于奥陶纪岛弧型火山岩中的志留纪花岗闪长岩,被晚志留世—早泥盆世磨拉石建造所不整合覆盖;在莫钦乌拉山一带的奥陶纪地层,以强变形为特征,变质达绿片岩相。其上覆地层为变质变形甚低或未变质的晚古生代地层。中泥盆统下部为中基性火山岩,发育枕状玄武岩、细碧岩,上部为火山复理石;上泥盆统下部属安山岩建造,上部为中酸性火山岩,其上为下石炭统浅-滨海相碎屑岩-火山碎屑岩及陆相中酸性—酸性火山岩,局部含基性岩,属主碰撞期后的残余海盆沉积。下二叠统为陆相双峰式火山岩,上二叠统为陆相磨拉石,它们均属早古生代后、上叠构造中的火山-沉积作用的产物。

该岛弧带中的蛇绿岩组合,在洪古勒楞的堆晶岩中,曾获得444Ma年龄值(张驰等,1992),新疆工学院后来获得626Ma年龄值(黄建华等,1995),纳尔曼德山一带以扎河坝蛇绿混杂岩发育最好,温德里

(1989)认为这里"蛇绿岩应有的岩石组合都能见到",其变质橄榄岩 Sm-Nd 等时线年龄为 515 ± 26Ma 和 493 ± 9Ma(刘伟,1993)。在哈萨克斯坦早寒武世就出现蛇绿岩,中寒武世开始俯冲发育岛弧型建造, 晚寒武世—早奥陶世出现下磨拉石及滑塌堆积,并有 496Ma 的花岗闪长岩侵入,看来岛弧发育期比新 疆略早。

博舍库利早古生代陆缘弧(II^3_{1-1}):该区以出露早古生代岛弧型建造为主,早-中寒武世为火山-沉积 建造,下部产玄武岩,中寒武世辉长-斜长花岗岩-正长杂岩与斑岩铜矿成矿关系密切。其上为上寒武 统—下奥陶统和中—上奥陶统不整合超覆。爆发角砾岩筒斜长花岗斑岩和喷发岩共生,矿化与爆发角 砾岩关系密切,是重要的早古生代斑岩铜矿含矿层位,其上为后碰撞期伸展构造形成的泥盆纪陆缘火山 岩带(II^4_{1-1})及后造山阶段形成的卡拉干达晚古生代—新生代凹陷(II^5_{1-1})等所覆盖,包括巴彦纳吾尔复 向斜和博舍库利、马伊卡因复背斜及晚古生代上叠火山-沉积盆地、泥盆纪陆缘火山岩带等多个单元。

乌斯品-捷克图尔玛斯早古生代褶皱基底上发育的泥盆纪—石炭纪裂谷,裂陷槽(II^6_{1-1}):含斯帕斯 科复背斜、捷克图尔玛斯复背斜、阿塔苏(志留系-下石炭统)复背斜及努林、卡拉索尔、乌斯品、扎曼-萨 雷苏(志留系-下石炭统组合)复向斜等,构造极为复杂,向东为中哈萨克斯坦断裂所截。

捷克图尔玛斯带断续出露有寒武纪—奥陶纪残余洋盆,为一套碧玉岩-细碧岩建造,含蛇绿岩残块。 从邻区广泛发育的早古生代同碰撞期花岗岩看,晚奥陶世洋盆已关闭,志留纪—早中泥盆世为陆内坳陷 和边缘海近陆部分陆源碎屑或泥质-陆源碎屑建造,类似碰撞后的前陆复理石盆地沉积;晚泥盆世在早 古生代褶皱基底上拉张形成裂谷,有玄武岩类的喷发;晚泥盆世—早石炭世(法门期—杜内期),裂谷进 一步拉伸,海水加深形成裂陷槽沉积(产阿塔苏型 Fe、Mn、Pb、Zn、Ba 等多金属矿产);晚石炭世裂陷槽 发育结束,形成火山磨拉石建造(火山角砾岩);上石炭统—二叠系为粗面流纹岩、同质岩浆角砾岩、熔岩 凝灰岩(含铁砾岩)等火山磨拉石建造。

石炭纪—二叠纪花岗岩属后碰撞期产物,部分二叠纪或之后的碱性及富碱性花岗岩类为后造山期 产物。

阿克套-莫因特微地块(II^7_{1-1}):位于阿克索兰断裂南,阿克恰套-巴尔喀什北西向断裂以西及西巴尔 喀什奇加纳克断裂以北地区,为哈萨克斯坦亲冈瓦纳大陆裂离的碎块。

元古界包括其中的古老变质花岗岩,属古陆基底碎块,震旦系—下寒武统属稳定的陆缘碎屑岩、石 英砂岩、白云质灰岩,寒武系为硅质-碳酸盐岩-碎屑岩含磷建造,寒武纪—奥陶纪地层为相对稳定的陆 架相碎屑岩-碳酸盐岩建造,均属被动陆缘沉积。志留纪—早中泥盆世地层为类复理石、碳酸盐-陆源建 造,部分地区见不整合于奥陶系之上,具同碰撞前陆盆地沉积特征,奥陶纪(O)地层广泛发育同碰撞期 花岗岩类,中-晚泥盆世岩浆活动强烈,具裂谷特征;晚泥盆世—早石炭世杜内期海水加深属裂陷槽沉 积;早石炭世维宪期-谢尔普霍夫期—晚石炭世—早二叠世为上叠沉积盆地,石炭纪—二叠纪花岗岩属 后碰撞期,二叠纪及其之后的碱性或富碱花岗岩类多为后造山期产物。

(2)巴尔喀什-西准噶尔古生代残余洋盆(II_{1-2}):分布于哈萨克斯坦马蹄形构造核部,向东延入我国 西准噶尔及北天山伊连哈比尔尕一带,分以下次级单元。

依特木楞得古生代残余洋盆(II^1_{1-2}):寒武纪—奥陶纪为巨厚的硅质-细碧岩-辉辉岩建造及被肢解 的蛇绿岩残片、志留纪—中泥盆世埃菲尔期为整合其上的复理石、类复理石、碳酸盐岩-陆源碎屑岩建 造,海水已渐变浅,但仍属被陆壳围限的残余洋盆。中泥盆世吉维特期—晚石炭世为陆源-流纹岩-安山 岩建造或绿色磨拉石建造,反映残余洋盆已发展到晚期。石炭纪—早二叠世,为上叠火山-沉积盆地,二 叠纪—三叠纪为磨拉石沉积,侏罗纪为陆内含煤盆地。二叠纪淡色花岗岩为后碰撞期产物,少量中-晚 二叠世碱性岩或富碱花岗岩为后造山期产物。

西准噶尔古生代残余洋盆:(II^2_{1-2}):分布于我国新疆西准噶尔地区,出露的最老地层为下、中奥陶 统,为深水洋盆沉积,中奥陶统(O_2k)为中基性火山岩、放射虫硅质岩及蛇绿混杂岩块,近似哈萨克斯坦 依特木伦德残余洋盆,不同者是缺失晚奥陶世沉积,同时在下志留统含笔石的陆源碎屑岩建造中曾分离出下伏地层中的蓝闪石矿物碎屑,说明洋盆曾一度封闭并遭受剥蚀,因此早志留世具前陆复理石盆地特征。中晚志留世地壳再次拉伸出现放射虫硅质岩及同时代的蛇绿岩及远洋深水盆地(其上为中泥盆统不整合覆盖)。区内泥盆纪地层复杂,除同时代的蛇绿混杂岩外,具有多种类型沉积,但总的看来属一套钙碱性火山活动十分强烈的岛弧型火山-沉积建造,晚泥盆世为海陆交互相含斜方薄皮木的火山磨拉石建造;唐巴勒出露的奥陶纪蛇绿混杂岩带中,肖序常等(1992)曾在其伴生的斜长花岗岩内获得 525～508Ma 的同位数年龄值,黄宣等(1997)获得蛇绿岩全岩 Sm-Nd 等时线年龄为 477±56Ma,张驰等(1992)曾获得 489±53Ma 的年龄值。

达拉布特一带由石炭系组成,以达拉布特断裂为界,分为南、北两种类型,南侧地层层序完整,下部为残留洋壳(枕状玄武岩,厚 500m 未见底)及泥质凝灰岩、紫色硅质岩等远洋沉积夹灰岩透镜体等,可见滑塌堆积;中部及上部为火山浊积岩(吴浩若等,1993);北部为杂岩带,其组成物质除上述地层外,尚有达拉布特蛇绿混杂岩块,主要由变质橄榄岩,少量堆晶岩、辉长岩、枕状玄武岩及放射虫硅质岩等组成,斜长花岗岩不发育,其 Sm-Nd 同位数年龄 395Ma(黄宣,1990)属早泥盆世,向东与克拉麦里蛇绿岩带相连,其上为下石炭统残余海盆中的南明水组所不整合覆盖,并在不整合面上的地层中发现纳缪尔期 G 带菊石 Gastrioceras 等。该残余洋盆为哈萨克斯坦、巴尔喀什依特木楞得古生代残余洋盆的北支,南支延入北天山伊林哈比尔尕一带。

该残余洋盆中的侵入岩多发生在石炭纪—二叠纪,如西准噶尔庙尔沟等大花岗岩基,时代为 323～315Ma,以富碱为特征。R_1-R_2 图解中投点于同碰撞-后碰撞期,二叠纪花岗岩属后碰撞期。后碰撞花岗岩以钾长花岗岩、碱性花岗岩等为主,如阿克巴斯套、红山、庙尔沟等岩体时代为(277～245Ma)。近来韩宝富等(2010)研究认为西准噶尔北部有 3 期岩浆活动:422～405Ma 的侵入活动集中分布于赛米斯台山和赛尔山,近东西分布;346～321Ma 的侵入岩集中分布于塔尔巴哈台山、萨吾尔山,近东西向分布;304～263Ma 的岩体分布于北疆各地,为晚古生代洋盆闭合后的后碰撞期产物。卡拉麦里蛇绿混杂岩,可与西部达拉布特蛇绿岩相连,根据下部洋壳中所含的放射虫等看,可能属早-中泥盆世,卡拉麦里蛇绿混杂岩带被下石炭统南明水组不整合覆盖,其时代与西部达拉布特蛇绿岩相同。卡拉麦里蛇绿岩以混杂岩体形式产出,在红柳沟地区巨大的蛇绿岩块由北向南推覆于下石炭统南明水组碎屑沉积之上,蛇绿岩的上部岩石组合为中-基性熔岩、火山凝灰岩、硅质岩。总体上看为唐古巴勒古生代俯冲增生杂岩的东延部分。

韩宝福等(2006)通过 SHRIMP 锆石 U-Pb 年龄的研究,认为准噶尔晚古生代后碰撞深成岩浆活动从早石炭世维宪中-晚期开始至早二叠世末期结束,东准噶尔在 330～265Ma 间,西准噶尔在 340～275Ma 之间。

徐兴旺、董连慧、屈迅等(2013)新厘定的红柳峡韧性剪切带,为右旋韧性剪切带,并造成卡拉麦里蛇绿岩带被截切。韧性剪切带中的阿克喀巴克闪长岩与鲍尔羌鸡花岗岩卷入韧性变形。锆石 SIMS U-Pb 年龄 343±2.6Ma,后者可能代表卡拉麦里洋盆的关闭时间,证明东准噶尔在 343Ma 后已进入后碰撞阶段。这与上述认识基本一致。

近年来的研究认为,分布于西准噶尔裕民—托里—白杨河等一带的蛇绿混杂岩带为唐古巴勒古生代俯冲增生杂岩,南为准噶尔盆地北缘,向东过准噶尔盆地延至克拉麦里山至纸房一带尖灭,称卡拉麦里古生代俯冲增生杂岩,北与塞米斯台-北塔山-莫钦乌拉山古生代复合岛弧带相邻,为一早古生代及晚古生代复合增生杂岩带。

(3)巴尔喀什-卡普恰盖石炭纪—二叠纪纪陆缘(陆相)火山岩带(II_{1-3}):西与乌斯品-捷克图尔玛斯及阿塔苏-莫因特地块相邻,东北与成吉斯-塔尔巴哈台带相接,南为巴尔喀什残余洋盆,中部为中哈萨克斯坦断裂所切。

下-中泥盆统及中-上泥盆统为流纹-安山岩及其碎屑岩、陆源碎屑岩建造(原称陆相火山岩带),早石炭世为裂陷槽沉积,晚石炭世—早二叠世为双峰式火山岩及火山磨拉石建造。早-中二叠世为大陆裂谷,以粗面英安岩、粗面流纹岩同源岩浆角砾岩等为主。后造山期侏罗纪为陆内含煤盆地。石炭纪—二叠纪花岗岩为后碰撞期,三叠纪—侏罗纪的碱性或富碱花岗岩为后造山期。

别斯帕洛夫(1975)编制的哈萨克斯坦及邻区大地构造图(1∶150万)将其划为火山磨拉石建造,库尔恰霍夫(1995)将其划为晚古生代陆缘火山-深成岩带。包括4个带。

托克劳石炭纪—二叠纪陆缘(陆相)火山岩带(Ⅱ$_{1-3}^2$):位于巴尔喀什北,为一近南北向的向斜构造,岩性同上所述,主要由石炭纪—二叠纪双峰式火山岩及同期偏碱性花岗岩类侵入岩发育。火山机构、火山穹隆及潜火山等分布较广,与亲铜-亲石元素有关的铅、锌、铜、钼矿产发育,属后碰撞伸展期产物。

巴堪纳斯-卡尔玛开梅里石炭纪—二叠纪陆缘(陆相)火山岩带(Ⅱ$_{1-3}^2$):位于哈萨克斯坦中央大断裂东北部,形成一近东西向的向斜构造,东部多为中-新生界所覆。耶拉夫认为巴卡纳新的火山岩是准噶尔-巴尔喀什在中古生代和晚古生代回返造山阶段形成的,同时还伴随有侵入活动。按岩浆成因性质可分为幔源基性玄武岩和地壳硅铝质酸性岩两种组合,它们又分别派生形成几种具体的建造,前者分为安山岩-玄武岩型建造和粗面玄武岩-粗面流纹岩两种;后者分为安山岩-英安岩建造、安山岩-英安岩-流纹岩建造、粗面安山岩-粗面英安岩建造及相关的侵入建造。具体各岩浆岩建造的关系如巴卡纳斯地区的岩浆岩建造(表1-6)。

表1-6　巴卡纳斯地区岩浆岩建造

晚二叠世	粗面玄武岩-粗面流纹岩-碱性花岗岩组合,包括粗面玄武岩-粗面流纹岩建造、碱性花岗岩建造、白岗岩建造
早-晚二叠世	粗面安山岩-粗面英安岩-正长岩-闪长岩组合,包括粗面安山岩-粗面英安岩建造、正长岩-闪长岩建造
晚石炭世—早二叠世	安山岩-英安岩-流纹岩建造、花岗闪长岩-花岗岩建造及少量安山岩-玄武岩建造
石炭纪	安山岩-玄武岩建造、石英闪长岩建造

总体上看石炭纪和晚二叠世的岩浆岩建造基本上是由幔源基性岩浆派生的,而晚石炭世—早-晚二叠世的岩浆岩建造则属硅铝型酸性岩浆派生。这是两个造山幕的产物,是以晚石炭世早期前卡马凯迈利期作为分界,以前属早造山期,以后属晚造山期,据此推断裂谷应是发生在卡马凯迈利期以后。

北巴尔喀什-萨亚克石炭纪-二叠纪陆缘(陆相)火山岩带(Ⅱ$_{1-3}^3$):位于巴尔喀什湖北岸,伊特木伦德北东向背斜北翼上的一个上叠的石炭纪—二叠纪向斜构造(萨亚克向斜),轴部以石炭纪—二叠纪火山-沉积岩系为主(岩性同上述),见二叠纪花岗闪长岩、闪长岩侵入,岩体与碳酸盐岩接触处有矽卡岩型铁铜矿化,并已发现萨亚克大型矽卡岩型铜矿等。

萨雷奥泽克石炭纪—二叠纪陆缘(陆相)火山岩带(Ⅱ$_{1-3}^4$):位于巴尔喀什湖以南的卡普恰盖水库以北地区,主要由石炭纪—二叠纪酸性火山岩和双峰式火山岩组成,并见有晚古生代中-晚期酸性岩浆岩侵入。全区多为第四系所覆,基岩多断续出露,其中产大型斑岩铜矿(科克赛)及陆相火山岩型金矿等。

上述陆缘(陆相)火山-深成岩带,在构造上多形成复向斜,成守德(2010)认为这些偏碱性的火山岩,可能与地幔柱的活动有关,而并非与洋壳的俯冲有关。

萨雷奥泽克石炭纪—二叠纪陆缘(陆相)火山岩带及以下除准噶尔隐伏微地块、东准噶尔陆缘盆地(推覆带)外,属巴尔喀什-准噶尔南缘古生代活动陆缘。

(4)准噶尔-赛里木地块(Ⅱ$_{1-4}$):分两个次级单元。

赛里木微地块(Ⅱ$_{1-4}^1$):位于赛里木湖一带,北起博尔塔拉河南岸,西起哈萨克斯坦的基洛夫斯基以东,东段为天山主干断裂所切。这里出露的最老地层为古元古界温泉群,主要由角闪片岩、二云母片岩、斜长角闪岩、黑云母斜长角闪片麻岩、云母石英片岩、眼球状片麻岩等组成。暗色角闪岩、角闪石英片岩、眼球状片麻岩的 Sm-Nd 等时线年龄为 1 727±216Ma(胡蔼琴,1993),其 $\varepsilon_{Nd}(T)=+58$,表明物质来源于亏损地幔。新疆一区调大队(1988)曾测得侵位于该群中的花岗岩的锆石 U-Pb 法年龄值为 1 800Ma,推测可能是岩体中的残留锆石,反映了其源区(温泉群变质岩)的年龄。温泉群构成了古元古代的结晶基底。中-新元古界主要由含叠层石的蓟县系库松木切克群和青白口系开尔塔斯群所组成,前者以泥质-硅质碳酸盐岩为主,后者主要为碳酸盐岩和硅质泥岩,属古元古代结晶基底上的第一个盖层,为陆棚碳酸盐岩。

南华纪—震旦纪称凯拉克提群为不整合于陆缘基底上的一套具微细层理的砂、泥质岩,夹灰岩及冰碛岩等组成(最多可见 3 套冰碛岩夹层),个别地段尚见偏碱性火山活动。凯拉克提群属滨浅海沉积,上部地层含磷较普遍。岩系中含有丰富的微古植物化石(共计 7 属 18 种),U-Pb 等时线年龄为 640±0.33Ma(朱杰辰,1987)。

其碱性火山活动及多套冰碛岩的出现,反映了当时大陆正处于拉张时期,属大陆边缘或裂谷中的产物。

赛里木地块上,除泥盆系属陆坡相浊流沉积外,石炭系均属滨浅海残余海盆中的陆源碎屑及碳酸盐岩建造,早二叠世陆壳拉张形成了乌郎组具双峰式火山岩的晚古生代末期的大陆裂谷沉积。

赛里木微地块西延与南哈萨克斯坦的准噶尔相连。出露的最老地层为中元古界萨雷恰贝群(相当于我国蓟县系上部层位),其下部为片麻岩、混合岩,见淡色花岗岩脉侵入,上部由片岩-石英岩组成。该群总体为绿帘石-角闪石相,有的受接触变质作用,逐渐变为片麻岩、混合岩、花岗片麻岩。片麻岩-混合岩中锆石年龄 1 100±50Ma(NA 耶费莫夫,1977)。多分布于穹隆构造的核部,属基底杂岩。

其上的苏克丘宾组整合于下伏的萨雷恰贝群石英岩之上,分布于南准噶尔复背斜等一带,下部为薄层大理岩化灰岩、石英云母片岩和钙质-硅酸盐岩的薄互层,中部块状、厚层状大理岩化灰岩含白云岩夹层或透镜体,上部为灰岩、碳酸盐岩-硅质岩、钙质-泥质岩等,总厚 1 000 余米,类似碳酸盐岩台地沉积。

捷克利组整覆于苏克丘宾组上,与亚矿和矿层相当,后又改称兰戈群,为含碳质的硅泥质、硅质-钙质片岩、绢云母-硅质-碳质-碳酸盐岩-碳质-硅质片岩及碳质灰岩、白云岩等的互层,其中夹片理化砂岩、粉砂岩、白云岩等,厚数百米。苏联与其他地区对比划为中里菲期,可能为中-上里菲统,属被动陆缘较深水盆地的沉积。

北准噶尔库萨克组为含冰碛岩、似冰碛岩的硅质-泥质片岩、碳质-硅质片岩及不稳定灰岩、硅质岩。其中片岩含钒及磷酸盐和磷酸盐-硅质结核,上部见有杏仁状辉绿岩及凝灰岩等,部分变质较深的地区可达绿片岩-角闪岩相,厚百余米。根据冰碛岩和含钒、磷酸盐含量的增高,故定为文德纪—早寒武世。冰碛岩及辉绿岩的出现反映大陆开始裂解。

准噶尔-阿拉套陆缘盆地(II_{1-4}^{2}):位于博尔塔拉断裂以北,北天山-艾比湖断裂以西一带。主要出露泥盆纪—石炭纪陆缘碎屑岩、碳酸盐岩建造及二叠纪陆相火山岩,并出露少量前寒武纪变质地块。晚泥盆世地层为陆坡相较深水的浊流沉积,下石炭统为陆棚相陆源碎屑岩、碳酸盐岩建造,下二叠统乌郎组不整合于石炭系之上,为一套酸性火山岩、霏细斑岩及其碎屑沉积为主,部分见玄武岩、具陆相双峰式火山岩特征,属大陆裂谷相沉积。

据满发胜等(1993)研究,本区花岗岩类可划分为 3 个地质年龄段:第一年龄段(307~304Ma)包括的岩体,如中区和东区的孔吾萨依岩体和吾拉斯台岩体,以花岗闪长岩类为主,与石炭纪灰岩接触带产生矽卡岩和 Fe-Cu 矿化;第二年龄段(300~290Ma)的岩体多分布在西区,岩性上具有超酸,贫碱,贫 Fe、Mg、Ca,分异指数高等特征,多属二长花岗岩类,如喀孜别克、查干浑迪、祖鲁洪等岩体,它们与 W、Sn 矿的形成有关;第三年龄段的岩体内 270Ma 左右,如侵入于查干浑迪岩体中的库克托木岩体,是区内酸度最高的石英二长花岗岩,未见矿化现象,是区内酸性岩浆活动尾声的标志。

在哈萨克斯坦北准噶尔复向斜萨尔坎德带,早泥盆世—中泥盆世埃费尔期为深水硅质页岩建造,中泥盆世吉维特期后上升与中准噶尔隆起相连,为类复理石建造;晚泥盆世—早石炭世早期为海陆交互相类磨拉石建造,含斜方薄皮木化石;早石炭世维宪期—晚石炭世早期为海相下磨拉石及残余海盆沉积,晚石炭世为潟湖相含碳磨拉石沉积,反映残余洋盆逐渐封闭;早-中二叠世为大陆裂谷双峰式火山岩,晚二叠世—早三叠世为磨拉石建造。

(5)准噶尔-吐哈地块(II_{1-5}):新疆地区包括准噶尔地块、吐哈地块及其之上发育的裂陷槽及上叠盆地。

准噶尔隐伏微地块(II_{1-5}^1):为一隐伏地块,其上为古生代及中新生代地层所覆,据杨文孝等(1995)研究,认为准噶尔盆地具有前寒武纪结晶基底和古生代浅变质基底的双重结构,泥盆纪—石炭纪属残余古亚洲洋中的一个台地型盆地,周缘为深水海槽,随着海槽的收缩闭合,于石炭纪末准噶尔盆地开始由开放型海盆向封闭型内陆盆地转化,自二叠纪起经历了早二叠世前陆型海相-残留海盆、晚二叠世前陆型陆相盆地、二叠纪—古近纪振荡型陆相盆地、新近纪前陆型陆相盆地的4个发展演化阶段,但是关于其是否存在有前寒武纪基底的问题一直有争议,此问题只有留待今后去解决。

东准噶尔陆缘盆地(推覆带)(II_{1-5}^2):位于准噶尔盆地东北缘,以出露志留纪—石炭纪较稳定的陆缘碎屑岩为主,其上为晚石炭世早期上叠火山-沉积盆地所覆盖,北西向推覆断裂发育,多被切割成一些断块。

伊连哈比尔尕泥盆纪—石炭纪裂谷(残余洋盆)(II_{1-5}^3):位于准噶尔盆地南缘的北天山一带,北为天山北麓大断裂,南为天山主干断裂(伊连哈比尔尕南麓大断裂),主体由石炭系及部分泥盆系所组成。中泥盆统底部有中基性—酸性熔岩;上部为千枚岩化硅质板岩,中基性凝灰岩夹碧玉岩、粗砂岩,其上为局部夹酸性熔岩的火山复理石建造。在巴音沟一带,可见被肢解了的蛇绿岩,经恢复其剖面自下而上为变质橄榄岩、枕状玄武岩、块状玄武岩及穿插于玄武岩中的辉绿岩墙群和放射虫硅质岩。其上为晚石炭世早期奇尔古斯套组、主碰撞期后的类似前陆复理石盆地相的碎屑沉积所不整合覆盖。

对该带形成的构造环境,各有不同看法,但总体上看,它属巴尔喀什残余洋盆的东延部分。近年来徐学义等(2005,2006)先后发表了巴音沟(伊连哈比尔尕)蛇绿岩套中斜长花岗岩和辉长岩的锆石SHRIMP 年龄分别为$325\pm7Ma$ 和$344\pm3Ma$,表明北天山蛇绿岩的形成时代在晚泥盆世法门期至早石炭世维宪期末,代表着至少在这个时间段内仍然发育洋盆。但是,这些资料中,最年轻的年龄只能给出北天山蛇绿岩侵位时代的下限。蛇绿岩或蛇绿混杂岩本身的年代学资料却无法准确限定其侵位时代的上限。

韩宝富、郭昭杰等(2008)对侵位于蛇绿混杂岩带中的未变形变质的花岗岩开展了SHRIMP 年龄测定,获得了316Ma 的可靠年龄,花岗岩的时代限定了蛇绿岩侵位的上限,即北天山蛇绿岩的侵位时代或北天山蛇绿混杂岩的形成时代被限定在$325\sim316Ma$ 之间,似属"红海型裂谷"。

二叠系、三叠系出露于山前地带,为红色类磨拉石或磨拉石建造,侏罗系为陆内含煤盆地,属后造山期产物。

博格达石炭纪—二叠纪裂陷槽(II_{1-5}^4):分隔准噶尔地块和吐哈地块,由石炭系组成,晚石炭世早期局部有较强的火山活动,白杨沟一带有枕状玄武岩及海相双峰式火山岩夹碎屑岩,具裂谷特征,晚石炭世晚期以浅海相碳酸盐岩-陆源碎屑岩为主并由陆棚向陆坡过渡,早二叠世早期海水进一步加深形成盆地平原相的细碎屑沉积,晚期海水渐浅由陆坡相过渡到中二叠世的滨-浅海-潟湖相沉积,其上为晚二叠世的潟湖相及磨拉石建造所覆,说明裂陷槽已封闭。

七角井地区玄武岩和流纹岩互层产出的现象最早是由新疆地质工作者发现的(新疆地质矿产局,1993),但将其厘定为裂谷型双峰式火山岩(顾连兴等,2000),并与后碰撞构造背景相联系则属近年之事(Shu L S 等,2003)。主要由紫红色的陆相熔结凝灰岩、流纹岩和灰绿色的玄武岩、杏仁状玄武岩不等厚互层组合而成,堆积在陆相红色磨拉石岩层之上。各地段的双峰式火山岩厚薄不一,但基性火山岩的总厚度往往大于酸性火山岩。

车辘辘泉剖面位于七角井东南侧，处在博格达南麓裂谷带的北缘。岩层总体朝南倾斜，倾角中—陡。底部为厚250m的山麓相紫红色复成分砾岩-砂砾岩，夹细粒泥砂质岩层，产早二叠世化石（廖卓庭，1994）。陆相磨拉石中的砾石成分非常复杂，有火山角砾岩、晶屑凝灰岩、花岗岩、硅质岩、砂岩、玄武岩、安山岩等，砾石大小不一，小者1cm，最大可达100cm，多数在5～10cm，次圆—次棱角状，含量50%～70%，砂粒填隙，硅质胶结。该套磨拉石未变质，不整合覆盖于石炭纪火山岩之上。从磨拉石堆积层朝盆地方向，逐渐过渡为砂岩、细砂岩、粉砂岩、泥岩和泥灰岩。

红色磨拉石之上为玄武岩和流纹岩-流纹质火山碎屑岩组合，共见4个喷发旋回，每个旋回均以玄武岩喷发开始，流纹岩溢流结束，玄武岩和流纹质岩层呈互层状产出（图1-2）。4个喷发旋回中，以玄武岩成分占优势；基性火山岩的总厚度和单层厚度均大于酸性火山岩，旋回之间为凝灰质碎屑物沉积。玄武岩类包括气孔状、斑状橄榄玄武岩（出现在剖面下部），玄武玢岩或辉绿玢岩，块状细粒玄武岩（发育在剖面上部）3种类型。酸性火山岩主要为熔结凝灰岩、流纹质晶屑凝灰岩、流纹质火山角砾岩、流纹岩。双峰式火山岩之上为灰色—青灰色泥砂质岩层夹灰岩、硅质泥岩薄层，和火山碎屑岩层的关系为连续沉积。

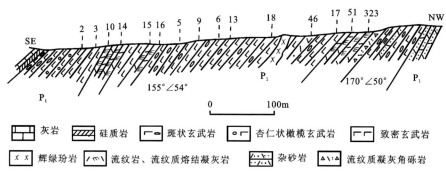

图1-2　哈密市车辘辘泉早二叠世双峰式火山岩剖面

近年发现的水下滑塌堆积构造剖面位于博格达山南麓、乌鲁木齐市东郊的白杨沟风景区，剖面起点距312国道柴窝堡岔口N222°18.3km处，交通方便（图1-3）。该滑塌堆积构造具有水下滑积岩-枕状熔岩-韵律状泥砂质岩的岩石组合特征，其北界以一条走向NEE70°朝南陡倾斜的区域正断层和灰色—灰绿色灰岩-粉砂岩-杂砂岩夹火山碎屑岩直接接触。滑积岩中劈理普遍，可见到同沉积断层与滑积褶皱，无变质现象。新疆地质矿产局（1992）将断裂北侧的灰岩-粉砂岩-杂砂岩时代定为晚石炭世，将南侧的地层时代定为早二叠世。根据测年数据，郭召杰等（2008）将此垮塌堆积体的时代初步厘定为早二叠世早期（298～289Ma）。

吐哈隐伏微地块（II$_{1-5}^5$）：北界为博格达山南缘断裂，南界为吐哈盆地南缘大断裂。南缘除有少量古生界残块出露外，主要为中-新生代地层所覆盖，是否存在有前寒武纪基底问题，也素有争议，胡受奚等（1990）和袁学诚等（1994）认为吐哈地块与准噶尔地块原是相连的，由于后期构造运动才使其分隔于博格达山南、北两侧。袁学诚等（1994）在进行人工地震测深地学断面研究后认为，这里中-新生界及古生界盖层厚10～18km，其下10～28km间可能为元古宇，再向下50km处为下地壳及铁镁质块体底。

觉罗塔格石炭纪裂陷槽（II$_{1-5}^6$）：位于吐哈地块南缘，是在早古生代及前寒武纪陆壳变质基底上拉张形成，以出露石炭纪—二叠纪地层为主。早石炭世-晚石炭世早期为含双峰式火山岩的火山-沉积建造的浅-深水相沉积，晚石炭世晚期为陆源碎屑岩-火山碎屑复理石建造，二叠纪下部为海陆交互相碎屑岩夹火山岩，上部为陆相双峰式火山岩，晚期出现磨拉石。

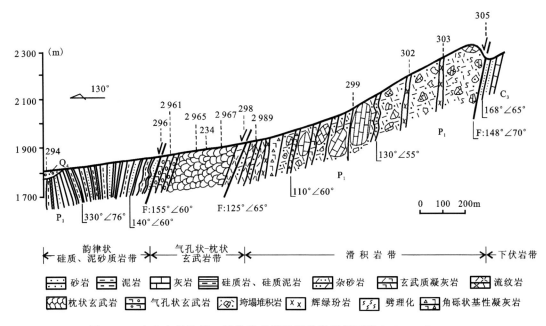

图 1-3　乌市白杨沟早二叠世后碰撞滑塌堆积岩剖面图(据郭召杰等,2008)

可近一步划分为西北部小热泉子陆内(初始裂谷)裂谷、中部梧桐窝子-干墩夭折裂谷(拗拉谷)、南部雅满苏陆内(初始裂谷)裂谷。

(6)哈尔里克-大南湖古生代复合岛弧(II_{1-6}):分两个次级单元。

哈尔里克古生代复合岛弧(II_{1-6}):发育于准噶尔及吐哈地块间的哈尔里克古生代岩浆弧,以泥盆系、石炭系为主体。近年发现有早古生代地层,多为基性—中酸性火山岩,火山碎屑岩建造,其上为志留纪陆源碎屑岩-碳酸盐岩所不整合。下泥盆统为拉斑玄武岩,属钙碱性系列,艾姆斯期以陆源碎屑岩-火山碎屑岩-碳酸盐岩建造为主,中、晚泥盆世火山活动再趋强烈。下石炭统为深水复理石-火山泥灰岩建造,发育水下滑塌堆积,石炭系上部为海相-海陆交互相碎屑岩,火山碎屑岩及中酸性火山岩建造,二叠纪发育双峰式火山岩和陆相火山磨拉石沉积。石炭纪发育大量花岗闪长岩、斜长花岗岩、二长花岗岩等(330~322Ma)多为富碱 I 型造山期花岗岩,晚石炭世—早二叠世发育碱性花岗岩(289.91±6Ma)、碱性花岗闪长岩,多属后碰撞期产物。

大南湖古生代复合岛弧(II_{1-6}^{2}):出露地层与哈尔里克古生代复合岛弧基本相同,是在早古生代岛弧基底上发育的泥盆纪岛弧,其上多为中-新生代地层覆盖,基岩仅零星分布。

2)科克切塔夫-伊塞克-伊犁-中天山微板块(II_{2})

大致由谢列特河-卡拉托尔得拉-扎拉依尔-奈曼北缘断裂与我国博罗霍洛北缘断裂-北天山主干断裂相接,为两微板块界线。此界线东北以古生代洋盆为主含部分古陆块,称巴尔喀什-准噶尔微板块;西南以古陆地块为主体夹部分早古生代洋盆,称科克切塔夫-伊塞克-伊犁-中天山微板块。何国琦(2006)曾建议将分隔此两微板块的界线称为裴伟线,但在划分的具体位置上可能有所不同。

该微板块由一系列早古生代陆缘弧、岛弧,前寒武纪地块及早古生代及前古生代基底上的裂谷、上叠盆地等所组成。

(1)早古生代弧盆系(II_{2-1})。该微板块由一系列早古生代陆缘弧、岛弧,前寒武纪地块、早古生代及前古生代基底上的裂谷、上叠盆地等所组成。

斯捷普尼亚克早古生代陆缘弧(II_{2-1}^{1}):位于谢列特河西,科克切塔夫地块以东一带,主要由斯捷普尼亚克、谢列特复向斜及伊什克奥列敏、叶尔缅套复背斜等组成。

出露的最老地层由里菲纪石英砂岩、含金红石锆石石英岩、绿泥石-石英片岩、大理岩化灰岩等组成。呈断块出露于早古生代地层中,并零星见有文德纪海绿石砂岩、长石砂岩、白云岩,底部为似冰碛岩。

寒武系下部由玄武岩、硅质岩、细碧岩、辉绿岩及凝灰岩、微石英岩等组成;上部相当于芙蓉统为碳泥质页岩、硅质岩、砂岩、泥岩,其下部多为灰岩断块和滑塌堆积。

下奥陶统为石英岩,硅质岩,碳质泥岩,硅质碎屑砂岩,含薄层钒、磷页岩及铁、锰层;中奥陶统以凝灰砂岩、粉砂岩、凝灰岩及基性火山岩和酸性火山岩为主;上部为陆缘碎屑岩及细砾岩。不整合其上的上奥陶统为陆缘碎屑岩、砾岩、角砾岩,志留系谢列特河剖面为厚达 4 800m 的砂砾岩沉积,有的地区缺失上部的拉德洛统—普里多利统,类似同碰撞前陆复理石盆地沉积特征。

泥盆系与下伏地层不整合接触,主要为基性、酸性熔岩及凝灰岩、陆缘碎屑岩等所组成的陆缘火山岩带,为早古生代褶皱基底上形成的陆缘裂谷带。石炭系—二叠系等为其上覆的上叠盆地沉积。

区内晚奥陶世花岗岩-花岗闪长岩发育,其次为泥盆纪花岗岩,二叠纪多为零星分布的钾长花岗岩或偏碱性花岗岩,有时还见有早寒武世的基性—超基性岩出露,总体上具陆缘弧特征。

叶西尔-卡尔梅库里早古生代陆缘弧(II_{2-1}^2):位于科克切塔夫地块东南缘,以出露寒武系—奥陶系为主体,以及泥盆系少量陆缘火山岩和石炭纪上叠沉积盆地。

寒武系下—中部以基性火山岩及其凝灰岩、凝灰砾岩为主,夹石英岩;上部为硅质、硅泥质板岩、粉砂岩及石英岩。

奥陶系下部以硅质泥岩、碧玉岩、泥质板岩夹灰岩透镜体,部分见有亚碱性安山玄武岩及其碎屑熔岩;上部为砾岩、砂岩、粉砂岩,局部见有凝灰岩及玢岩,阿什极尔期上部缺失。

区内岩浆岩以志留纪、泥盆纪花岗闪长岩-花岗岩为主,晚奥陶世见有霞石正长岩小岩体及零星分布的早寒武世基性—超基性岩。

扎拉依尔-奈曼早古生代陆缘弧(II_{2-1}^3):位于巴尔喀什西、奇加纳克断裂与楚河大断裂之间,是在元古宙大陆基底上,由于罗迪尼亚古陆裂解而发展起来的早古生代岛弧带。寒武纪—奥陶纪为硅泥质及陆源碎屑沉积的深水稳定型被动陆缘沉积,奥陶纪出现洋壳并开始俯冲形成陆缘弧型火山-沉积建造;志留纪碰撞造山形成同造山期花岗岩及磨拉石建造;泥盆纪为陆缘火山岩带(裂谷),反映新的拉伸作用开始;晚泥盆世—石炭纪多表现为上叠沉积盆地;二叠系为火山磨拉石建造。奥陶纪花岗岩属同(碰撞)造山期,泥盆纪、石炭纪、二叠纪花岗岩多属后碰撞期产物。

博罗霍洛-可可乃克早古生代陆缘弧(II_{2-1}^4):北界为北天山主干断裂与伊连哈比尔尕晚古生代残余洋盆相邻,南界西段为博罗科努北坡断裂,东段为木扎尔特-红柳河板块缝合带北界,呈北西西走向并尖灭于觉罗塔格以西。除胜利达坂以南见有长城系—蓟县系各种片岩、片麻岩、混合岩等古老的大陆碎块外,主要由下古生界组成。下奥陶统出露于西段,由硅质、泥质、碳质陆源细碎屑岩及硅质岩等半深海陆坡相沉积夹薄层灰岩;在奈楞格勒达坂所见的中奥陶统以中基性火山岩、火山碎屑岩为主,东段可可乃克—巴伦台一带为典型的细碧角斑岩建造,硅质岩中含放射虫,大理岩中产牙形石 *Battoniodus*,*Hindeodella* 等(车自成,1994),具洋岛特征;上奥陶统为浅海相中厚层碳酸盐岩夹硬砂岩,属陆棚相沉积。中奥陶统的细碧岩、玄武岩具枕状构造并夹紫色碧玉岩,属钙碱性系列,在 Ti - Zr 图解中投点于岛弧区,其锶初始比值为 0.709 8,指示深部可能有陆壳存在。不整合于奥陶系之上的志留系,其下志留统为块状砂岩、钙质泥岩,中志留统为碳酸盐-陆源碎屑岩及火山碎屑岩局部夹中酸性—基性火山岩,似属主碰撞期后的前陆复理石盆地沉积,上志留统为下火山磨拉石建造夹橄榄玄武岩、安山玢岩及灰岩。泥盆系以陆源碎屑岩为主出露极少,属磨拉石建造,石炭纪属残留半封闭海盆沉积。南界的干沟—可可乃克一线有蛇绿混杂岩出露,其中的细碧岩块同位素年龄为 412±56Ma(车自成,1993;受后期构造干扰而年龄较新)。区内侵入岩以花岗岩类为主,在巴伦台博罗科努主峰构成巨大的复合花岗岩基,据车自成对比研究认为属志留纪,其次为石炭纪。晚志留世深成岩浆作用以花岗岩-花岗闪长岩的侵入为主,多属 S 型,同位数年龄为 420Ma 左右,在 $R_1 - R_2$ 图解中多位于同碰撞造山期的范围,部分位于造山前期。

石炭纪侵入岩多为小型岩体,早期以石英闪长岩、二云母花岗岩为主,中期以黑云母花岗岩、红色钾长花岗岩为主,此外还发育碱性花岗岩或偏碱性花岗岩,其 K_2O/Na_2O 值平均为 1.15,在 R_1-R_2 图解中投点于造山晚期(后碰撞期)区间。该岛弧早奥陶世时为拉张期,中奥陶世出现洋壳并开始俯冲形成陆缘弧,志留纪陆缘弧开始拼贴于陆块边缘并伴有花岗闪长岩等的侵入,晚志留世的类磨拉石建造,标志早古生代陆缘弧发展历史的结束。

吉尔吉斯-捷尔斯克伊早古生代岛弧(II_{2-1}^5):北与楚伊犁带、肯特克塔斯地块相邻,南以捷尔斯克伊-卡拉套断裂(尼古拉耶夫线)为界与中天山地块相邻,向东延入我国伊犁盆地南缘尖灭。

带内构造极其复杂,前寒武纪变质地块(伊塞克地块、塔拉斯地块等)以及古老变质基底的残片广泛出露。岩浆活动强烈,地层多被切割得支离破碎。出露的最老地层为太古宙变质陆核(伊塞克湖南),其次为元古宙褶皱基底(其中含古老的变质花岗岩类)属基底杂岩残块。

新元古界晚期—早寒武世($Pt_3^3\in_1$)地层保存很差,只有少量超基性岩及蛇绿岩残片,反映当时罗迪尼亚古陆已解体并出现洋盆,寒武纪—奥陶纪下部为安山岩-玄武岩建造的岛弧型沉积,中部多为碧石或硬砂岩沉积,上部为类复理石建造,为岛弧发展阶段。志留纪为主碰撞期的红色磨拉石建造,并有同造山期花岗岩侵入。泥盆纪为陆相安山-英安-玄武岩及红色磨拉石建造(火山磨拉石建造);石炭纪为上叠火山-沉积盆地(下部为火山-沉积建造,上部为陆相-滨海相磨拉石),早-中二叠世为陆相安山-英安岩大陆裂谷沉积,晚二叠世为磨拉石建造。晚奥陶世花岗岩为同碰撞花岗岩,泥盆纪—石炭纪花岗岩为后碰撞花岗岩,二叠纪的碱性及富碱花岗岩为后碰撞-后造山期花岗岩。

(2)前寒武纪地块(II_{2-2}):该微板块的前寒武纪地块,主要分布在西部哈萨克斯坦及南哈—吉尔吉斯一带,属哈萨克斯坦-北天山古陆,向东延入新疆的伊犁地区及中天山一带,如北部的科克切塔夫地块(II_{2-2}^1),南部的乌鲁套地块(II_{2-2}^2)、阿克巴斯套地块(II_{2-2}^3)、肯德克塔斯地块(II_{2-2}^4)、伊塞克地块(II_{2-2}^5)、卡拉套-塔拉兹地块(II_{2-2}^6)和大卡拉套地块(II_{2-2}^7)等。

据佐年善研究,在北起科克切塔夫,南到吉尔吉斯山,到处都发育有(1 000~900Ma)具盖层特征的纯净石英砂岩,判断至少在此前,哈萨克斯坦-北天山已是统一的稳定陆壳区了。

近年在我国伊犁地块南、北缘反映距今 10 亿年左右格林维尔造山事件的记录(花岗岩)也有所发现(胡蔼琴等,2001;陈义兵等,1999)。后来的研究证明,距今 10 亿年左右的伊塞东(格林维尔)造山事件中,统一的哈萨克斯坦-北天山-伊犁古陆已经形成(罗迪尼亚超大陆的组成部分)。后来经历了早古生代阶段的伸展及一定程度的解体,形成了吉尔吉斯-捷尔斯克伊-那拉提等早古生代岛弧带及晚古生代的上叠盆地及裂谷带,出露于新疆地区的主要为伊犁石炭纪—二叠纪裂谷,早古生代岛弧已被缝合带破坏。

科克切塔夫地块(II_{2-2}^1):呈断块状分布于科克切塔夫山一带,主要由前寒武纪变质岩组成基底岩系。未分的太古宇称泽林金岩系,以断块形式出露于科克切塔夫山南部,下部为库姆德库里组,由紫苏辉石-堇青石-矽线石麻粒岩、紫苏辉石片麻岩、结晶片岩、斑花大理岩、榴辉岩等所组成,其上为别尔雷克组不整合,岩性为石榴石-硅线石-黑云母片麻岩、石榴石-矽线石-微晶石英岩夹大理岩,其中的石英-石榴石-白云母片岩中获锆石 U-Pb 年龄大于 2 000Ma。关于泽林金岩系中的榴辉岩等,后查明为540~515Ma 的俯冲增生杂岩,它从大于 200km 深处折返形成了变质金刚石矿床,因此该岩系中含有早-中寒武世的俯冲-增生杂岩组合。

太古宙—元古宙结晶片岩、片麻岩组成变质基底岩系,文德纪开始有具盖层性质的陆源碎屑沉积。早寒武世拉张出现洋盆;中寒武世—早奥陶世为沉积厚度较小的火山岩-硅质岩-陆源碎屑岩系,此后局部褶皱隆起。中-晚奥陶世,在继承性坳陷和新生坳陷内沉积了厚度较大的含砾复理石建造及中性火山岩。奥陶纪末,洋盆封闭,并发生褶皱,伴随有酸性岩浆侵入。泥盆纪(D_{1-2} 或 D_{2-3}),在断陷盆地内发生强烈的火山作用,形成斑岩和火山岩建造。法门期—早石炭世,在田尼兹、热兹卡兹甘等宽阔的上叠盆地内堆积红色陆源粗碎屑岩和海相的陆源岩-碳酸盐岩,以及晚石炭世—二叠纪和早三叠世的火山岩-

磨拉石建造、基底断块与上叠盆地共存。北西向、北东向及近东西向的褶皱与断裂构造发育,奥陶纪末有大型花岗岩-二长花岗岩-花岗闪长岩侵入。

乌鲁套地块(II_{2-2}^2):分布于图尔盖盆地东侧,呈近南北方向延伸,构成一大复背斜。古元古界别克土尔干群,组成乌鲁套复背斜轴部。别克土尔干群下部为角闪岩、角闪片岩,中部云母片岩、斜长片麻岩夹角闪岩,上部云母片岩、云母-钠长石片岩、片麻岩和石英岩。总厚大于 4 000m,其时代可能为太古宙—古元古代晚期。

其上的阿拉尔拜群分布在北乌鲁套背斜西翼。在南乌鲁套该组底部为千枚岩,局部含黄铁矿石墨片岩、绢云母石英变余砂质片岩、石英岩和大理岩。其上为古-中元古界所覆,时代界限为 1 800Ma。

卡尔萨克派群($\text{Pt}_{1-2}Kr$)主要分布于乌鲁套-阿尔加拉钦大背斜,由斑状变质岩、绿片岩、石英-云母片岩、含铁石英岩、大理岩等组成。斑状变质岩和绿片岩由玄武、部分安山玄武岩及其凝灰岩等变质而成。它以绿片岩、含铁石英岩的玄武岩建造为特征,反映大陆基底早期的裂解作用。该群的时代是推测的,因为它与下伏的阿拉尔拜群为连续沉积。

麦丘宾群(Pt_2Mt)不整合于卡尔萨克派群($\text{Pt}_{1-2}Kr$)绿片岩和日依金群(Pt_1)之上,由晶屑凝灰岩、岩屑凝灰及熔岩变质而成的残斑变岩、绢云母-石英片岩、石墨-石英片岩、大理岩夹变质凝灰砾岩、变余砂质石英岩组成,局部可见弱铁化石英岩。麦丘宾群(Pt_2Mt)被 1 800Ma 的花岗片麻岩侵入。

中元古界(下-中里菲统)在乌鲁套称博兹达克群,分布于麦丘宾复背斜与卡尔萨克派复向斜的交会处,并以明显不整合覆于卡尔萨克派群和麦丘宾群之上。

扎依采夫认为博兹达克群,主要是海相火山-陆缘碎屑磨拉石建造和陆缘碎屑-碳酸盐岩建造,根据云母-石英-长石片岩的锆石年龄测定为 1 475±150Ma。属早-中里菲期。

上里菲统科克苏依群(R_3)分布于麦丘宾复背斜西翼与拜科努尔复向斜衔接部位,下部为熔岩、凝灰岩、流纹岩,中部上述岩石与玄武岩互层,上部酸性熔岩、凝灰岩及少量粗面质流纹质熔岩。其中流纹岩年龄(870~760)±80Ma,并为 650±20Ma 的亚碱性花岗岩所侵入,反映大陆地块的裂解。

文德系阿克布拉克群(V)分布于拜科努尔复向斜,它们由阿克布拉克群和乌鲁套群组成。阿克布拉克群不整合于上里菲统科克苏依群之上,为一套火山-沉积岩系,岩性为砾岩、砂岩、粉砂岩、硅质粉砂岩、层凝灰岩、凝灰砂岩等的互层。底砾岩中见下伏地层岩石及亚碱性花岗岩砾石,年龄 650±20Ma,并见大量剥蚀痕迹和滑塌构造。乌鲁套群(V)不整合于阿克布拉克群之上,其上为寒武系覆盖。乌鲁套群下部为碳质-泥质片岩和碳质-硅质片岩,含黄铁矿片岩及含铝磷灰岩和灰岩夹层,含尤多姆组合的微体植物化石。其上为拜科努尔冰碛岩状砾岩及博津根组白云质灰岩、石英砂岩、粉砂岩互层。

寒武系分布于拜科努尔-依希姆大复背斜,属中哈萨克斯坦的第一类型剖面,主要由厚度不大的硅质-陆源碎屑岩和陆源碎屑-碳酸盐岩组成,与下奥陶统形成连续剖面。拜科努尔复向斜的科克塔尔组(未分寒武系)有两类剖面,发育在拜科努尔复向斜中部的剖面,下部硅质页岩、碳质-泥质页岩、碳质-硅质页岩含钒和其他金属矿物,上部为薄层碳质-泥质灰岩和碳质灰岩,含三叶虫化石 *Giyptognostus*,*Pseudgnostus*,*Hedinaspis* 等;分布于拜科努尔复向斜东西两翼和麦丘宾复背斜中的寒武系,碳酸盐岩被杂色硅泥质岩和致密硅质岩替代,见有含钒页岩夹层及重晶石、磷灰岩、铝磷酸盐结核、透镜体和夹层。该地层整合于文德期地层之上并为奥陶系整覆,属稳定陆缘沉积。

阿克巴斯套地块(II_{2-2}^3)及肯德克塔斯地块(II_{2-2}^4):两地块位于楚河大断裂西南、穆云库姆沙漠东北缘,两地块深部可能相连,走向北西,属原称的楚河大地块的一部分。

阿克巴斯套地块(II_{2-2}^3):中-新元古界为角闪岩-片麻岩建造,称卡纳卡梅斯组,其上为文德纪—早寒武世的奥伦拜组的安山岩-流纹岩建造所不整合覆盖。文德系(震旦系)江布尔组为一套稳定的石英-长石砂岩建造,具古老陆壳基底上的盖层性质,早-中寒武世为含磷的硅质-泥质岩建造,早古生代地壳较稳定,志留纪时露出水面,两地块合并为一,泥盆纪为陆缘火山岩带,石炭系主要充填在一个个山间或上叠盆地中。

肯德克塔斯地块（$Ⅱ_{2-2}^4$）：古元古代萨雷布拉克组，由变粒岩、蓝晶石片麻岩和角闪岩相的千枚岩、砂岩、粉砂岩等组成。曾获同位素年龄2 270±250Ma，1 840±70Ma，早-中里菲世的角闪岩、片麻岩和晚里菲世的安山岩、流纹岩组成古老的变质基底。文德纪—寒武纪形成石英-长石砂岩建造；早-中奥陶世形成复理石建造；志留纪早期为海相绿片岩磨拉石建造，晚期为杂色陆源碎屑沉积。

早-中泥盆世发育造山期陆相火山岩-陆源碎屑沉积；石炭纪—二叠纪，在该褶皱带的东南边缘继承性残留盆地中发育陆相火山岩及红色磨拉石建造，北西西向断裂与大型褶皱发育。沿扎拉伊尔-奈曼深断裂和肯德克塔斯深断裂发育辉长岩-橄榄岩带，伴随有斜长花岗岩、石英闪长岩岩株或岩墙侵入，时代以晚奥陶世为主，其次为泥盆纪—石炭纪，属盖层沉积。

伊塞克微地块（$Ⅱ_{2-2}^5$）、卡拉套-塔拉兹地块（$Ⅱ_{2-2}^6$）和大卡拉套地块（$Ⅱ_{2-2}^7$）：分布于伊塞克湖及卡拉套—塔拉兹、大卡拉套一带。

伊塞克微地块（$Ⅱ_{2-2}^5$）：出露于伊塞克湖周围，古老的岩石基底已被后期侵入的花岗岩类及年轻的地层分割为一个个孤立露头。该区出露最老的地层是新太古界的阿尔赫、阿克丘兹群，由片麻岩、角闪岩、黑云母角闪片岩、二云母片岩夹透镜状大理岩组成，同位素年龄为2 800Ma，其中见有图克图古尔基性—超基性杂岩，主要组成岩石为辉长岩、辉长辉绿岩、辉长角闪岩、蛇纹岩、蛇纹石化橄榄岩等，时代被定为古元古代。它们可能是哈萨克斯坦-准噶尔古陆核的组成部分，目前对图克图古尔杂岩的组成和产状尚不清楚，而据阿尔赫、阿克丘兹群的原岩推测为基性—中基性火山岩杂岩，包括产于其周围的古元古代的花岗-花岗闪长岩-斜长花岗岩类也有可能是太古宙绿岩建造。

古元古界出露较多，伊塞克湖以北以片麻岩、角闪岩、黑云母角闪片岩、二云母片岩、混合岩夹大理岩透镜体为主；伊塞克湖以南碳酸盐岩、石英岩成分相对增多，此外尚有石榴石白云母石英片岩、石墨片岩、残斑变岩等。岩浆岩除辉长角闪岩外，尚见有榴辉岩、片麻状斜长花岗岩和花岗岩等。中元古界见于伊塞克湖以南地区，厚度也较大，以千枚状片岩、大理岩、石英岩和碳酸盐岩等组成，布尔汗亚地区尚见有少量玄武岩、凝灰岩等。这个时期的深成侵入岩主要是黑云母花岗岩和浅色花岗岩以及斜长花岗岩等，钾-氩和铷-锶同位素年龄偏新，多在484～452Ma和725～706Ma两个时间段，而铅同位素和铀-铅同位素年龄分别为1 050Ma和1 100Ma。

新元古界在伊塞克湖以北地区下部为辉绿岩、闪长玢岩及其凝灰岩，上部为页岩、粉砂岩、碳质页岩、石英岩及灰岩；伊塞克湖以南地区由砂岩、粉砂岩、石英岩、页岩及灰岩组成，局部地区含砾岩，柯克柯梅尔亚地区还见有中基性火山岩及凝灰岩。新元古代的深成侵入岩十分发育，仍以花岗岩类为主，主要有斜长花岗岩、斑状花岗闪长岩、石英二长岩、闪长岩和角闪花岗岩等，浅色花岗岩同位素年龄为498～435Ma，闪长岩为710～515Ma，花岗闪长岩为706Ma，相对浅色花岗岩年龄，可能是测年方法选择不当（钾-氩法），也可能是后期（奥陶纪?）后碰撞期侵入的产物。

该区下-中寒武统下部为辉绿岩、蛇纹岩、凝灰角砾岩、凝灰岩等，上部为砂岩、粉砂岩、砾岩、硅质岩和灰岩，表明成熟稳定的伊塞克元古代地块发生张裂作用，出现洋壳物质。在东捷尔斯克依地区下寒武统主要由辉绿岩、辉绿玢岩、安山岩、玻安玢岩、凝灰砂岩、页岩等组成，而在另一些地区（南克明亚区、北克明亚区）中寒武统-下奥陶统由杂色砂岩、粉砂岩、灰岩、硅质泥岩、石英岩和砾岩组成，可见拉张作用在各地区是不均衡的。

该区总体为古元古界（Pt_1）固结，中元古界（Pt_2）具盖层性质，新元古代—早古生代早期出现拉张环境。

卡拉套-塔纳兹地块（$Ⅱ_{2-2}^6$）：中元古界（Pt_2）晚期未固结为罗迪尼亚古陆的组成部分，震旦纪及古生代为盖层沉积。

中-上里菲统为粗面流纹岩-粗面玄武岩-硅质岩，上里菲统为陆源-碳酸盐岩；文德系下部为玄武岩-流纹岩-页岩，中部为碳酸盐岩-砂岩-粉砂岩，上部为砾岩-冰碛岩，反映大陆开始裂解；寒武系为稳定的被动陆缘碳酸盐岩-硅质含磷建造；奥陶系为泥岩-硅质岩及砂岩-粉砂岩建造；志留系缺失，下-中泥盆统为中—酸性火山岩，向上吉维特阶—弗拉斯阶为红色陆源碎屑岩；上泥盆统—下石炭世为碳酸盐岩建造,晚石炭世在部分坳陷内形成类复理石和粗碎屑沉积;早二叠世末沉积作用结束,北西向断裂发育,褶皱平缓,志留系遭受剥蚀。奥陶纪—志留纪有小型花岗岩侵入,早-中泥盆世有中—酸性岩浆活动,晚石炭世—二叠纪形成别利套-库拉玛火山岩带(由安山岩、粗面安山岩、流纹岩及粗面流纹岩等组成),具裂谷特征并伴随有闪长岩、花岗闪长岩及碱性花岗岩侵入,是重要的斑岩铜、金矿带。

大卡拉套地块(II_{2-2}^{7}):位于费尔干纳断裂西南侧,晚古生代为陆缘褶皱带,里菲系下部为白云岩、硅质片岩、叠层石灰岩,上部为绢云母-绿泥石片岩、大理岩化灰岩及钠长石化粗面流纹岩。其上为文德系陆缘碎屑岩、冰积岩所不整合覆盖,反映大陆裂解。寒武纪开始发展为被动陆缘的稳定型沉积,以白云岩、灰岩为主,底部含磷灰岩及硅质岩。奥陶系下部以泥岩、硅质泥岩夹灰岩为主,上部砂岩、粉砂岩、砾岩增多,顶部缺失。泥盆系—石炭系为陆缘碎屑岩-碳酸盐岩建造,上泥盆统—下石炭统碳酸盐岩是卡拉套型铅锌矿的重要含矿层位,总体上岩浆活动微弱,偶见少量前里菲系变质岩快。

(3)早古生代及前古生代基底上的上叠盆地(II_{2-3})。

田吉兹盆地(II_{2-3}^{1}):科克切塔夫地块以南的一个晚古生代上叠沉积盆地。是一个很有远景的砂岩型铜矿和岩溶型铝土矿成矿区。

该区有3个主要含铜砂岩层位,由下而上为:产于上石炭统弗拉基米罗夫组的含芦木碎片的砂岩中、产于基马组底部的卡拉米托夫层内、产于绍普蒂库利组(P_2)底部,尤其是在盆地东、中部覆盖区之下是找铜的远景区。目前已发现100多个铜矿点,但只有3个矿床具工业意义。

该盆地还是重要的铝土矿成矿区,产于盆地北部边缘的中-新生代杂色岩层中。属岩溶型(铁-高岭石-三水铝石建造)与白垩纪—古近纪层状盖层有关,可分为两个含铝土矿区,即阿曼格尔德区和切利诺格勒区。前者的铝土矿床群已成为帕夫洛达炼铝厂的原料基地。

热兹卡兹干盆地(II_{2-3}):位于乌鲁套东,乌斯品、卡拉干达以西,北邻田吉兹盆地,是在早古生代及部分前寒武纪基底上发育起来的晚古生代上叠沉积盆地。其东南及南部为楚-萨雷苏盆地的沉积物所超覆。

其中以产砂岩型铜矿为主,热兹卡兹甘铜矿床为该区最大的砂岩型铜矿,铜储量约$350×10^4$ t,此外还有较多的小型矿床及矿点。含矿层位为热兹卡兹干组,由复矿砂岩、粉砂岩、砾岩组成的浅水三角洲-潟湖相沉积整合覆于法门期—纳缪尔期的灰岩、白云岩、砂岩及泥灰岩之上,其上为晚石炭世—早二叠世鲜红色粉砂岩、砂岩覆盖。该区计有300多个矿体和100多个分层,矿石中以铜为主,约占85%,铅占10%,锌占5%;此外还有少量As、Sb、Ag、Re、Bi、Mo、Cd、Co等元素。

萨雷苏-楚河晚古生代—新生代凹陷(II_{2-3}^{3}):位于楚-萨雷苏中新生代洼地内,该洼地形成于中-晚古生代盆地之上,其组成为中-晚古生代准地台陆源沉积物。其上为中-新生代沉积物所覆盖,含两种构造-建造组合:一是台地型白垩纪—古近纪沉积,为铀矿主要含矿层位,并为活化的晚渐新世—新近纪沉积所覆盖;二是中-新生代盆地盖层为单斜构造,向南西卡拉套山系缓倾,并被北西向巨大沉积隆起及局部短轴背斜复杂化。

楚-萨雷苏洼地为一自流盆地,晚白垩世和古新世-始新世为含水杂岩,晚始新世海相黏土岩是区域性的上部不透水储水层。在晚渐新世—新近纪的新构造运动中,自流盆地主要发育了淋滤体制,使含水层中层状氧化带广泛发育,是该区铀矿成矿的重要因素之一。

萨雷苏-田吉兹晚古生代断褶带(复杂马鞍带)(II_{2-3}^{4}):位于田吉兹盆地与热兹卡兹干盆地之间的鞍部带,为一近东西向的地堑—地垒相间的复杂构造带,北西向及近东西向断裂发育,除偶见少量里菲纪及前里菲纪变质基底岩系外,零星分布的早古生代地层以陆缘碎屑岩为主,泥盆系为中、酸性及基性火山岩,具陆缘裂谷火山岩带特征,石炭系—二叠系多为上叠的陆缘碎屑沉积盆地。区内除零星分布有早奥陶世基性—超基性岩外,晚奥陶世花岗闪长岩发育,志留纪发育花岗正长岩,泥盆纪以发育花岗闪长岩-花岗岩-花岗正长岩为主。总体上看,该区具有前寒武纪及早古生代基底上的上叠构造性质。

巴尔喀什盆地(II_{2-3}^{5})及伊犁河盆地(II_{2-3}^{6}):两盆地位于哈萨克斯坦东南部,地跨伊犁和巴尔喀什两盆地,形成于中-新生代后造山发展阶段。伊犁盆地东南和巴尔喀什盆地西北发育早-中侏罗世陆相含煤层。轴部深达 1 500m 或更深,并与我国领土毗邻,在其西南发现 Koldjat 铀-煤矿床。含煤沉积中的铀矿化和伴生的钼矿化形成于该区气候干旱化和构造活化期间,在含氧地下水和层间水的还原障附近,铀矿化在煤层和砂-砾沉积围岩中均有发育。工业钼矿化发育在煤层中铀矿体范围内。

巴尔喀什盆地中的 Nizhne - Ilysky 铀-煤矿床的中-新生代陆源沉积岩宽 400~500m,构成一个被埋藏的地垒构造,长达 100km,宽 15~20km。矿化产在煤层盖层内的超覆的渗透性砂岩和粗砂岩边缘,定位于地下水层间氧化带发育处,是哈萨克斯坦共和国一个大的放射性燃料基地。

伊犁石炭纪—二叠纪裂谷(II_{2-3}^{7}):位于伊塞克地块的东延部分,古元古界构成结晶基底,中-新元古界碎屑岩、碳酸盐岩构成结晶基底上的盖层(成守德等,2000),其中蓟县系以科克苏群含以 Conophton - Baicalia 等为主的叠层石组合,其上为含 Tekesia,Conophyton,Tungussia 等叠层石的青白口系库斯台群不整合或平行不整合覆盖。伊犁石炭纪—二叠纪裂谷即发育于此基底之上。其范围与地理上的伊犁盆地大致相同,总体上呈西宽东窄的喇叭形。盆地内部被中-新生界所覆盖。裂谷的地层层序以昭苏阿克沙克沟剖面(杨蔚华等,1993)为代表,早石炭世早期大哈拉军山组的中—基性火山岩系不整合覆于青白口系或震旦系之上,火山岩系底部为紫色砾岩和含芦木茎干的砂砾岩、砂岩,灰岩中含 Syringopora,Gigatoproductus 等化石;其上的阿克沙克下亚组为冲积平原相之紫红色钙质含砾粗砂岩,砂砾岩与凝灰质砂岩互层,有多条辉绿岩脉顺层侵入,与下伏地层为不整合接触;阿克沙克组上亚组的下部为台地相含锰鲕状灰岩,中部为台地相层状灰岩与块状灰岩互层,含有机碳 0.26%~0.86%;下石炭统上部层位为也列莫顿组,由细砂岩、粉砂岩和泥岩组成的浊流沉积与下伏灰岩整合接触。

裂谷岩系巨厚,仅下石炭统就有 2 000 余米,该区早二叠世仍有玄武岩-流纹岩构成的双峰式火山活动,至晚二叠世才出现红色陆相磨拉石建造,二叠纪有碱性花岗岩侵入,说明该裂谷主要发育于早石炭世,二叠纪早期再次拉张,晚二叠世最后结束。

4. 中天山(木扎尔特-红柳河)缝合带(ZTS - SZ;北为低压-高温带岩浆弧,南为高压-低温榴辉岩、蓝片岩、变质岩)

中天山缝合带为塔里木板块与哈萨克斯坦-准噶尔板块间横贯全区的巨型板块缝合带。北界为纳伦盆地,向东经"尼古拉耶夫"线与我国伊犁盆地南缘大断裂、沙泉子-阿其克库都克大断裂相接,南界为吉尔吉斯斯坦的阿特巴希-伊内利切克大断裂,向东与我国境内的喀拉苏-那拉提大断裂、乌瓦门-卡瓦布拉克-红柳河大断裂相接,西部为塔拉斯-费尔干纳走滑大断裂所切,其范围大致相当于中天山变质带,宽可达数十千米。

缝合带内岩石地层杂乱,线性构造发育,岩石变质程度深,变形期次多,岩浆岩发育,韧性剪切、脆性断裂随处可见,是一个规模宏大、地层杂乱复杂的构造单元。在新疆地区,主要由元古宙变质岩及志留系等组成,石炭系—二叠系已属缝合带形成之后的产物。深成岩浆岩是带内的主要组成物质,其时代自元古宙到二叠纪,甚至印支-燕山期产物。多以花岗岩类为主,成因类型复杂,既有陆壳重熔型也有壳幔混熔型其致幔源型岩体,实际上为一多期复合陆缘深成岩浆岩带。沿该带南侧,断续分布有蛇绿岩、蓝片岩,前者多被肢解,部分成为糜棱岩基质。时代曾定为志留纪或志留纪—泥盆纪。新疆地质矿产局三大队在蛇绿岩块中曾获 358Ma 的同位素年龄数据,对长阿吾子蓝片岩带获得多种同位素年代资料,据王作勋等(1990)报道为 634Ma,肖序常等(1992)报道为 351Ma,郝杰(1993)报道为 634Ma,高俊等(1994)报道为 615Ma。此外,新疆一区调队曾在含蓝片岩的大理岩中发现过晚志留世珊瑚化石,而王宝瑜等(1994)还报道过 1 570Ma 的蓝片岩原岩年龄。对上述相差悬殊的年龄数据,不同学者作了不同的解释,但多数人认为该蛇绿混杂岩和高压变质带可能形成于早古生代—晚古生代早期。汤跃庆(1993)在报道了 398~350Ma 年龄值后认为"该带可能与阿克苏高压变质带相当"。我们认为 1 970Ma 可能为蓝片岩的原岩年龄,代表构造卷入的中元古代岩块与阿克苏群的年龄 1 663Ma 相近,如以 729Ma 作为蓝片岩的形成年龄,它的确相当于阿克苏群的高压变质带,这可能是发生在塔里木板块北缘的一次早期碰撞事件的反映,说明本缝合带中混入了塔里木板块的成分。而本带大量出现的 $415\sim350Ma$ 的数据代表另一期高压变质作用,是哈萨克斯坦-准噶尔板块与塔里木板块碰撞缝合的反映。近来高俊等(2006)又报道了该蓝片岩的峰期变质年龄为 $345Ma$,代表南天山洋的闭合时代。

5. 塔里木板块(Ⅲ)

在新疆地区包括塔里木微板块及柴达木微板块,即包括了两个大陆区及其南、北两个陆缘区。研究区仅属塔里木微板块北缘的一部分。塔里木微板块(Ⅲ₁)由塔里木北缘古生代活动陆缘、塔里木古陆区及塔里木南缘陆缘活动带组成,研究区仅出露其北侧。

塔里木北缘古生代活动陆缘(Ⅲ₁₋₁):包括南天山古生代边缘海盆(南天山古生代陆缘增生楔)(Ⅲ$_{1-1}^1$);艾尔宾山泥盆纪碳酸盐岩台地(艾尔宾山残余盆地)(Ⅲ$_{1-1}^2$)及迈丹套晚古生代陆缘盆地3个次级单元,研究区内仅出露前两个次级单元。

南天山古生代陆缘增生楔(Ⅲ$_{1-1}^1$):早古生代早期作为塔里木古陆边缘,沉积了稳定型震旦系的冰碛岩和早寒武世硅质含磷建造,与扬子古陆陆缘所发育者十分相似。震旦纪的冰川作用及水下喷发说明大陆边缘的裂谷作用已经开始,从库尔干道班附近震旦纪—奥陶纪变质碎屑岩中显示的纹理和鲍马序列,反映了重力流深水沉积特征(刘本培等,1996),说明此时南天山洋正在开裂,在长阿吾子蛇绿岩中获得的 $439.4\pm26.9Ma$(郝杰,1993)年龄值及刘本培等(1996)在黑英山等蛇绿混杂岩中获得的 $420\pm5.9Ma$ 和 $430\pm5.2Ma$ 的形成年龄看,说明南天山洋从奥陶纪—志留纪已发展为相当规模的洋盆。奥陶纪到志留纪多处于较稳定的陆棚沉积环境,志留纪时开始向北(现在方位)俯冲,形成中天山南缘的岛弧型火山岩建造。在穷库什太蓝闪石片岩中,获得的多硅白云母 $Ar-Ar$ 年龄值为 $415.37\pm2.71Ma$(高俊等,1994),反映南天山洋于志留纪—早泥盆世开始闭合。早石炭世早期塔里木板块与哈萨克斯坦-准噶尔板块碰撞,从而形成了南天山古生代陆缘增生楔杂岩。

艾尔宾山残余盆地(泥盆纪碳酸盐岩台地)(Ⅲ$_{1-1}^2$):分布于南天山艾尔宾山一带,以泥盆纪碳酸盐岩为主体,上泥盆统为灰岩、白云岩,东段见有酸性—中性火山岩。灰岩中含丰富的腕足及珊瑚化石,如 *Stringocephalus*,*Natalophyllum*,*Keriophyllum* 等属西欧吉维特阶重要分子,似属残余洋盆中古陆基底上的碳酸盐岩台地,其中还保留了部分中-晚奥陶世的远洋深水盆地的沉积及蛇绿岩残片。早石炭世为大洋封闭后的残余海盆沉积。泥盆纪花岗岩属俯冲期弧花岗岩类,石炭纪花岗岩多属同碰撞花岗岩类,早二叠世为后碰撞碱性花岗岩类或碱性岩。近年来的研究发现,南天山构造极为复杂,既发育志留纪—泥盆纪的弧前增生楔杂岩,又有奥陶纪的残余洋盆(奥陶纪蛇绿岩残块及深水沉积)、泥盆纪碳酸盐岩台地,还有孔雀河流域(柳树沟)泥盆纪钙碱性岛弧型火山岩、霍拉山的陆缘裂谷等。这些不同构造背景下形成的块体聚集一起,反映了南天山弧前增生混杂岩带的特殊性质。从早石炭世维宪期及其之后的石炭纪地层多为陆表海的碎屑岩、碳酸盐岩建造不整合于下伏地层上看,也证实了南天山洋此时已封闭,使北部的哈萨克斯坦-准噶尔板块与塔里木板块碰撞拼合。

第二节　区域地球物理场及地球化学特征

一、区域磁场特征

区域地球物理场的研究范围涵盖了哈萨克斯坦的环巴尔喀什湖以西、吉尔吉斯斯坦东北部和新疆北部地区。

东哈萨克斯坦的区域地层平均磁化率:未固结或弱固结沉积岩地层(中新生界)磁化率为 $50.4\times$

10^{-6}SI 单位,中晚古生代沉积岩地层磁化率$(0\sim200)\times10^{-5}$SI 单位,花岗岩-变质岩地层磁化率 0 到数千$\times10^{-5}$SI 单位。

北疆地层磁性特征:中、新元古界变质程度较深的变质岩系,主要为片岩、片麻岩及混合岩,平均磁化率为$(0\sim200)\times10^{-6}\times4\pi$SI,且大部分为 $n\times10^{-6}\times4\pi$SI;早古生代以中酸性火山岩和正常沉积碎屑岩建造为主,平均磁化率为$(0\sim n)\times10^{-6}\times4\pi$SI;上古生界出露地层较广,正常沉积岩为无磁性或弱磁性,片岩、板岩、大理岩、石英岩等变质岩平均磁化率为$(0\sim148)\times10^{-6}\times4\pi$SI;中、新生界以正常碎屑沉积为主,一般磁性较弱,平均磁化率为$(0\sim n)\times10^{-6}\times4\pi$SI。

北疆岩浆岩磁性特征:基性—超基性岩具有很强的磁性,平均磁化率为$(n\times10^{2}\sim n\times10^{3})\times10^{-6}\times4\pi$SI,能引起很高的磁异常;火山岩类磁性变化较大,一般随基性程度的降低而减弱。中基性喷出岩(玄武岩、安山岩等)磁性较强,平均磁化率为$(n\times10^{3})\times10^{-6}\times4\pi$SI。

自巴尔喀什至准噶尔,区域上的航磁分布表现为一巨型半环形正磁异常带,环口指向准噶尔阿拉套,异常带分 4 个分环带,并延入新疆。磁异常环带的长轴方向为北西西向,长轴长 1 851km,短轴方向为北北东向,轴长 510km,包括面积 90×10^{4}km² 的扁圆形环带高磁异常。这个环带高磁异常的哈萨克斯坦部分叫滨巴尔喀什-伊犁弧形高磁异常,开口向东,它分别与中国新疆的乌伦古和北天山伊宁-觉罗塔格环形高磁异常带相接。西部回转端在哈萨克斯坦科恩纳德一带,东部回转端在新疆下马崖地区,由此构成一个完整的扁圆形的环带磁异常,有学者称之为"巴尔喀什-准噶尔大环磁异常"。同时对高磁异常磁场特征,从外而内划分出高磁外环、低磁内环、高磁内环 3 个部分,分别推论其引起异常的地质因素和与布格重力异常的关系,并将航磁上延进行变换计算(图 1-4)。

图 1-4　环巴尔喀什—伊犁区域正磁异常示意图

(李明等,2007)

1991 年,新疆地质矿产局物化探队综合研究队发表了《新疆北部地区航空磁力异常编图成果》,对"巴尔喀什—准噶尔大环磁异常所反映的地质单元基本轮廓及地质意义"进行了研究(图 1-5)。将大环磁异常由外向内分为高磁外环、低磁内环及高磁内环并分别作出进一步描述：①高磁外环，由滨巴尔喀什-伊犁弧形高磁异常和新疆北天山伊宁那拉提高磁异常、觉罗塔格-康古尔塔格高磁异常向北回转与乌伦古高磁异常闭合组成，该带是由地块两侧深断裂和火山-侵入岩建造合并引起；②低磁内环，环高磁异常内侧是一条低负磁异常带，由准噶尔北缘低负磁异常、哈尔里克和北天山负磁异常带组成，东半环带十分清楚，西半环内带即哈萨克斯坦部分因无详细资料，其低负异常特征不明。

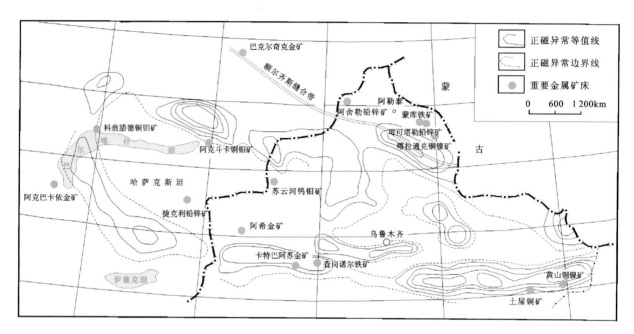

图 1-5　研究区航磁异常分布示意图

（李明等，2007）

哈萨克斯坦巨型磁异常环带是中亚磁异常场一个最显著的特征。这一巨大磁异常环的北天山正磁异常场、内环带和中内环带北翼均延伸到中国境内，可与西天山的正磁异常场、负磁异常场和唐巴勒一带的负磁异常场对应。

延入到新疆西天山的正磁异常在阿吾拉勒山和伊什基里克山呈北西向展布的西宽东窄的椭圆状磁场高等值线束，高值异常区呈串珠状分布。

据新疆北部航空磁力异常（ΔT）等值线平面图显示，新疆北部区域磁场比较复杂，有大片正磁场、负磁场以及磁场变化的梯级带，并有正负相间、紧密排列的条带状磁场，磁场强度变化较大，有强度高的陡变磁场，也有强度较弱的平缓磁场。正磁异常强度高的达几千纳特，一般为几十到几百纳特。负磁场强度一般为负的几百纳特，最低可达负的几千纳特。

新疆北部区域磁力异常等值线平面形态大体为：北部的阿尔泰山和南部的天山为磁异常强度较高的条带状正磁异常带，环绕着中部的准噶尔盆地负磁异常或弱正磁异常区，其特征与环巴尔喀什巨型磁异常环带延入新疆的趋势特征一致。这个区域正磁异常带实质就是环巴尔喀什-伊犁区域火山岩带分布的反映。除火山岩带分布的因素外，在新疆西天山经钻孔查证，深部的大规模中基性杂岩体也是引起大规模航磁异常的主要因素。

吉尔吉斯斯坦东北部区域以宽缓的负弱磁异常分布为主，从伊赛克湖以南，呈一向南凸出的弧形宽大的负磁异常场，长 1 万余米，宽 250～350km，这一负异常场向东延伸至中国塔里木盆地北部的负磁异常场。

二、区域布格重力场特征

北疆地区地壳平均密度为$(2.84\sim2.86)\times10^3\,kg/m^3$，上地幔介质密度为$(3.28\sim3.32)\times10^3\,kg/m^3$，莫氏界面剩余密度为$(0.44\sim0.47)\times10^3\,kg/m^3$，康氏面剩余密度为$(0.20\sim0.23)\times10^3\,kg/m^3$。

中亚地区重力场以梯度变化大、走向分区明显为特征。异常等值线以北西向、东西向、北东向为主，并伴有北北西向、北东东向和南北向异常。全区重力值均为负值，最大值为$-65\times10^{-5}\,m/s^2$，最小值为$-290\times10^{-5}\,m/s^2$，重力值变化达$225\times10^{-5}\,m/s^2$。重力值变化最大处每千米为$6\times10^{-5}\,m/s^2$，均分布于重力高或重力低边缘的梯度带上；重力值变化最小处每千米为$0.1\times10^{-5}\,m/s^2$，分布于重力等值线局部膨胀部分。一般梯度变化每千米均小于$1\times10^{-5}\,m/s^2$。

从布格重力等值线分布上大体可见，哈萨克斯坦北部—中部为重力高异常区，布格重力异常等值线较为稀疏，无一定延伸方向，形成相互镶嵌的块状异常区。异常区之间均有明显的重力梯级带作为分界线。吉尔吉斯斯坦北、准噶尔、伊犁盆地-西天山为重力低区，阿尔泰山、东天山为中等重力异常区。

布格重力异常基本反映莫氏面的起伏和结晶基底特点，由上地幔不均匀性或莫氏面大规模起伏的重力效应所引起，如哈萨克斯坦异常区。

据中亚莫氏面等深线图（图1-6），研究区内地壳厚度最小不足40km，最大超过65km。根据莫氏面的分布形态特征大致可分为3个区域。

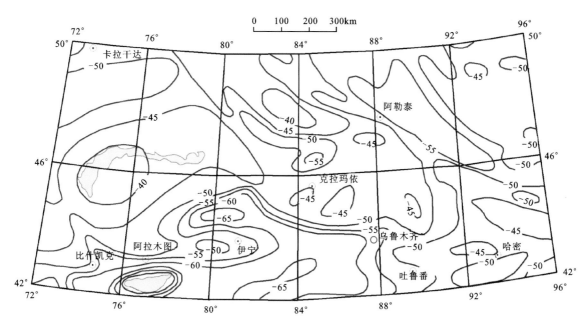

图1-6 研究区地壳莫氏面等厚线略图

（1）哈萨克斯坦幔隆区：包括环巴尔喀什湖和大部分哈萨克斯坦低山丘陵区，区内地壳厚度40～45km，是研究区内地壳厚度最小的地区。区内莫氏面形态简单，起伏较小，由数个规模大且方向各异的幔凸、幔凹块体组成，如巴尔喀什幔凸厚度小于4km。

（2）天山幔坳区：包括中亚天山、西准噶尔盆地，区内地壳厚度多数大于60km，最大在65km以上，是研究区内地壳厚度最大的地区。变化趋势是北部渐薄，南部渐厚。

（3）成吉斯-阿尔泰地幔斜坡区：区内地壳厚度变化较大，从小于40km到大于55km，此区内莫氏面形态构造的最大特点是具有明显的方向性，所有构造均呈北西-南东向延伸。

三、区域地球化学特征

1. 哈萨克斯坦东部典型地区区域地球化学元素背景特征

据公开的哈萨克斯坦东部楚伊犁地区化探分析成果资料，该地区在 70 000km² 面积内进行了 1∶100 万化探，分析了 39 个元素（表 1-7）。该区域元素的分布特征如下。

表 1-7　哈萨克斯坦东部楚伊地区地球化学元素背景表（王学求等，2007）

元素及氧化物	最小值	最大值	平均值	背景值	地壳丰度	富集系数
SiO_2	28.89%	73.26%	55.7%	56.2%	59%	0.95
Al_2O_3	1.19%	17.09%	11.8%	11.8%	12.8%	0.9
MgO	0.62%	34.13%	2.62%	2.38%	2.15%	1.2
CaO	0.54%	28.34%	6.52%	6.32%	6.18%	1.0
Na_2O	0.08%	4.46%	2.12%	2.24%	3.5%	0.6
K_2O	0.24%	4.46%	2.58%	2.67%	2.33%	1.1
Fe_2O_3	1.22%	17.55%	4.4%	4.17%	4.7%	0.9
Mn	99μg/g	5 543μg/g	759μg/g	683μg/g	560μg/g	1.4
Co	2.2μg/g	658.3μg/g	14.2μg/g	11.1μg/g	9.1μg/g	1.55
Cr	6μg/g	5 026μg/g	86.1μg/g	64.3μg/g	42μg/g	2
Ti	321μg/g	13 573μg/g	3 328μg/g	3 270μg/g	2 880μg/g	1.2
Ni	2.3μg/g	8 338μg/g	52.8μg/g	29.4μg/g	22μg/g	2.4
Au	0.15μg/g	3 085μg/g	11.62μg/g	1.66μg/g	0.8μg/g	14.5
Ag	11μg/g	1 858.5μg/g	100.2μg/g	78.8μg/g	60μg/g	1.7
As	1.1μg/g	2 538μg/g	23.4μg/g	8.5μg/g	4.3μg/g	5.4
Sb	0.024μg/g	228.22μg/g	1.53μg/g	0.84μg/g	0.33μg/g	4.6
Hg	4μg/g	514.3μg/g	16.2μg/g	12.3μg/g	13μg/g	1.25
Cu	2.4μg/g	215.6μg/g	27.99μg/g	23.7μg/g	15μg/g	1.9
Pb	7μg/g	1 406μg/g	27μg/g	22.4μg/g	18μg/g	1.5
Zn	14.9μg/g	523.7μg/g	69.4μg/g	66.2μg/g	63μg/g	1.1
Pt	0.2μg/g	12.64μg/g	0.75μg/g	0.5μg/g	0.25μg/g	3
Pd	0.12μg/g	28.18μg/g	0.82μg/g	0.4μg/g	0.27μg/g	3
W	0.33μg/g	56.09μg/g	1.9μg/g	1.51μg/g	0.91μg/g	2.1
Mo	0.38μg/g	219.43μg/g	1.89μg/g	1.01μg/g	0.62μg/g	3
U	0.475μg/g	246.6μg/g	4.26μg/g	2.47μg/g	2.2μg/g	1.9
Th	1μg/g	94.5μg/g	11.5μg/g	10.5μg/g	10μg/g	1.1
Ba	78μg/g	5 265μg/g	577μg/g	555μg/g	577μg/g	1
Sr	50μg/g	2 206μg/g	277μg/g	223μg/g	232μg/g	1.2

续表 1-7

元素及氧化物	最小值	最大值	平均值	背景值	地壳丰度	富集系数
La	3μg/g	95.9μg/g	31.7μg/g	36.9μg/g	36μg/g	0.9
Ce	8μg/g	158μg/g	62.1μg/g	60.3μg/g	69μg/g	0.9
Li	5μg/g	91μg/g	27.4μg/g	26.3μg/g	21μg/g	1.3
Nb	3.9μg/g	7 547μg/g	41.7μg/g	27.9μg/g	31μg/g	1.4
Y	4μg/g	276.7μg/g	27.6μg/g	25μg/g	19μg/g	1.5
P	117μg/g	8 671μg/g	775μg/g	727μg/g	514μg/g	1.5

（1）与地壳丰度相比，该区富集系数都大于 2 倍的元素有 Au、As、Sb、Pt、Pd。该区分别与背景值相比，富集系数大于 2 倍的元素在哈萨克斯坦楚伊犁地区有 Au、As、Pd、U。从元素的富集程度来看，楚伊犁地区 Au、As、Mo、Ni、Pt、Pd、U 元素成矿更为有利。

（2）造岩氧化物（Al_2O_3、CaO、MgO、K_2O、NaO_2、SiO_2），铁族元素或氧化物（Fe_2O_3、Ti、Mn、Co、Cr）和稀有、稀土、分散元素（Ba、Sr、La、Li、Y、Ce）的含量富集程度与地壳接近。

（3）亲铜元素（Cu、Pb、Zn、Au、Ag、As、Sb、Hg）、贵金属元素 Au 的含量平均值和富集程度与地壳丰度值存在差异。在楚伊犁地区 Au 的平均含量达到 11.62×10^{-9}，富集系数达到 14.5；Ag 富集系数 1.7；As 和 Sb 在楚伊犁地区的富集程度明显高于地壳丰度值，Hg 接近地壳丰度值；有色金属元素（Cu、Pb、Zn）富集系数为 1.1～1.9，略高于地壳丰度值。从比较结果可以看出，Au 及其伴生元素 As 和 Sb 在楚伊犁地区要显著大于地壳丰度值。

（4）铂族元素的平均含量高于地壳丰度值，富集系数 3.0。

（5）钨钼族元素（W、Mo）平均含量高于地壳丰度值，富集系数 2.1～3.0。这可能与楚伊犁地区有大片花岗岩发育有关。

（6）放射性元素（U、Th）等在这一地区接近地壳丰度值，U 在楚伊犁地区的富集程度略高，可能与楚伊犁地区有大片花岗岩发育有关。

2. 北疆地区区域地球化学元素背景特征

北疆地区地理景观主要有高山高寒区、干旱荒漠区、半干旱荒漠区等类别，前人根据已有大量化探数据成果对这一区域地球化学参数的特征做过许多研究，新疆地区主要元素的背景平均值见表 1-8。

表 1-8　新疆北疆基岩区主要地理单元 39 种元素背景值（任天祥，1996）

序号	元素	新疆基岩区 算术平均值 N=132 106	北疆基岩区 算术平均值	新疆主要地理地质单元算术平均值			上陆壳克拉克值 S.（1985）
				阿尔泰 N=69 299	准噶尔 N=69 299	天山 N=69 299	
1	Ag	67.00	70.0	74.00	70.00	66.00	50.00
2	As	10.00	8.7	5.10	11.80	9.30	1.50
3	Au	1.40	1.5	1.30	1.70	1.50	1.80
4	B	34.00	36.3	44.00	34.00	31.00	15.00
5	Ba	558.00	506.7	375.00	556.00	589.00	550.00
6	Be	1.90	2.0	2.50	1.80	1.80	3.00

续表 1 - 8

序号	元素及氧化物	新疆基岩区算术平均值 N=132 106	北疆基岩区算术平均值	新疆主要地理地质单元算术平均值			上陆壳克拉克值 S.(1985)
				阿尔泰 N=69 299	准噶尔 N=69 299	天山 N=69 299	
7	Bi	0.29	0.3	0.53	0.21	0.27	0.13
8	Cd	139.00	557.7	1 390.00	143.00	140.00	98.00
9	Co	10.90	11.9	12.70	12.70	10.30	10.00
10	Cr	50.00	55.0	68.00	50.00	47.00	35.00
11	Cu	25.00	27.0	25.00	33.00	23.00	25.00
12	F	474.00	496.7	576.00	444.00	470.00	470.00
13	Hg	22.00	19.0	17.00	21.00	19.00	80.00
14	La	29.00	30.3	37.00	26.00	28.00	30.00
15	Li	25.00	26.0	32.00	23.00	23.00	20.00
16	Mn	719.00	784.7	811.00	875.00	668.00	600.00
17	Mo	1.00	1.1	0.80	1.50	1.10	1.50
18	Nb	11.30	11.7	13.00	10.90	11.20	25.00
19	Ni	24.00	26.7	33.00	26.00	21.00	20.00
20	P	701.00	852.0	950.00	984.00	622.00	200.00
21	Pb	17.00	16.0	18.00	14.00	16.00	20.00
22	Sb	0.71	0.6	0.52	0.61	0.69	0.20
23	Sn	2.10	2.3	2.90	2.20	1.90	5.50
24	Sr	282.00	258.3	168.00	314.00	293.00	350.00
25	Th	8.80	9.4	12.50	6.90	8.70	10.70
26	Ti	3 316.00	3 726.3	3 747.00	4 237.00	3 195.00	3 000.00
27	U	2.30	2.9	4.40	2.10	2.10	2.80
28	V	76.00	87.3	90.00	99.00	73.00	60.00
29	W	1.50	1.9	3.00	1.20	1.40	2.00
30	Y	23.00	26.3	31.00	25.00	23.00	22.00
31	Zn	65.00	69.3	72.00	74.00	62.00	71.00
32	Zr	166.00	187.0	214.00	182.00	165.00	190.00
33	SiO_2	58.00	60.3	64.00	62.00	55.00	66.00
34	Al_2O_3	11.50	12.4	12.80	13.30	11.00	15.20
35	Fe_2O_3	4.30	4.7	4.90	5.30	4.00	4.50
36	K_2O	2.30	2.4	2.30	2.40	2.40	3.40
37	Na_2O	2.50	2.6	2.30	2.90	2.50	3.90
38	CaO	7.00	4.9	2.40	4.00	8.30	4.20
39	MgO	2.30	2.2	2.00	2.20	2.40	2.20

注：Au、Hg、Ag、Cd 单位为 $\times 10^{-9}$，其余为 $\times 10^{-6}$。

新疆北疆地区元素分布主要有以下几个特点:与陆壳相比,近地表地质体明显亏损的元素有 Hg、Sn、Ni,相对亏损的有 W、Mo、Pb、Au、Be、Sr、Th、U、P 和 Zr 等,富集的元素有 As、Sb、B、Bi、Ag、V、Li、Mn、Ti 和 Co 等。

新疆北部某些主要成矿元素的含量变化系数相对较大,变化系数大于 0.5 的元素有 Au、Cu、As、Cr、Ni、W、Cd、Sb、Hg、B 等,Au、Cu 平均含量不高,但变化系数较大,表明呈分异型分布,在局部单元内的成矿地球化学条件有利。

元素的空间分布规律如下。

稀有、稀土及放射性元素 Li、Nb、La、Y、Be、Zr、U、Th 的高背景及异常主要分布于阿尔泰花岗岩分布区及西天山一带博罗科努断裂带和那拉提断裂带的花岗岩分布区。

铁族元素 Fe、Co、Cr、Ni、V、Mn、Ti 的高背景及异常主要沿深大断裂展布,并受中、基性火山岩分布区影响。明显的异常带与巴尔鲁克断裂、达拉布特断裂、克拉麦里断裂、恰乌卡尔-托让格库都克断裂、额尔齐斯断裂等分布有关。

Au、Ag、As、Sb、Hg 的高背景大面积分布于西准噶尔、西天山及北阿尔泰一带,东天山也有呈团块状异常分布。

亲铜元素 Cu、Pb、Zn、Cd 中 Cu 受基性—超基性岩控制,其异常和高背景区大面积分布于东、西准噶尔一带和博格达一带,在阿尔泰及东、西天山呈断续的带状展布;Pb、Zn、Cd 的高背景大面积分布于阿尔泰、西天山、西准噶尔地区。

钨钼族元素 W、Sn、Mo、Bi 分布受酸性岩的影响,在西天山、阿尔泰有大面积的高背景分布。

造岩元素 Si、Al、K、Na、Ca、Mg、Sr、Ba 高背景主要分布于东天山、东准噶尔及西准噶尔北部。

3. 重要地球化学富集带

1)哈萨克斯坦矿区阿尔泰异常富集区(带)

对矿区阿尔泰的区域性和详细的研究资料进行分析表明,在该区的地球化学史中有两个大的阶段:①拉张沉积阶段,矿区阿尔泰型同生火山沉积矿床与该阶段有关;②碰撞造山阶段,伴生有热液变质交代矿床(主要是金矿床)和第一阶段矿石再生的矿床。第一阶段地球化学异常,其特点是 Fe 和 Zn 之间呈正相关;第二阶段地球化学异常的特点是 Cu、Mo、Ag、Au 之间呈正相关。经研究表明,第二阶段异常对区域普查有意义。

2)北疆阿尔泰陆缘活动带地球化学异常区

明显高分布的元素有 Cu、Ni、F、B、W、Y、La、Li、Nb、Be、B 等,低分布的有 As、Sb、Ba、Sr 等。此异常区包含 3 个主要的异常带。

(1)诺尔特 Pb、Zn、Ag、Cu、Au 异常带。位于阿尔泰山区东北部,异常元素有 Au、As、Sb、Cu、Pb、Zn、W、Cd、Ag、Cr、Ni、Co 等,呈线性带状分布特征明显,异常组分复杂,集中分布,强度高衬度大,总面积达 800km²。该异常元素组分复杂,是我国区域化探发现的异常面积最大、元素组合复杂、主成矿元素含量高的异常集中区之一。

(2)阿尔泰 Au、Cu、Pb、Zn、Sb 异常带。位于琼库尔—阿勒泰—富蕴一带,主要组分异常有 Au、Ag、As、Sb、Cu、Pb、Zn、Cr、Ni、Co 等,其中 As、Sb 在这一带呈高强度和衬度的线形异常群,这类异常与岩浆火山热液活动产生的矿化蚀变有关。另也有与花岗伟晶岩有关的 Li、Ba、Nb、Bi、U、La、F 等组分异常分布。

(3)哈巴河 Au、Cu、Zn、Cd 异常区。以富集 Au、Cu、Zn 等元素为特征,伴生有 Ag、W、Mo、Sb、Pb 等,并沿多拉纳萨依-吉拉拜呈北西带状断续分布;其中 Au 富集主要与下泥盆统火山岩-碎屑岩-碳酸盐岩建造和韧性剪切带有关,并在托库孜巴依形成明显的 Au 元素富集区。异常主要组分有 Au、Cu、Zn、Ag、Cd、Mo、Sb、Pb、As 等,异常呈现点状成群分布,异常强度除 Au 外都不高,与火山活动和断裂活动有关。

3)北疆准噶尔板块地球化学异常区

与阿尔泰陆缘活动带地球化学异常区相比,该区域 Au、As、Sb、Ba、Sr、Cu、Co、Cr 等背景含量较高,包含了以下几个异常带。

(1)喀拉通克-卡拉先格尔 Cu、Ni、Au 异常带。异常带沿阿尔泰山南缘呈线状分布,主要组分异常有 Au、As、Sb、Cu、Pb、Zn、Ag、Cr 等,局部有 Ni、Co、Cr 条带状异常。此带的 Cu、Ni、Co、Cr 异常与超基性岩有关,Au、Ag、As、Sb 等元素的集中主要与断裂构造和侵入岩的热液活动有关。该异常带内有与基性—超基性杂岩有关的熔离型铜镍矿多处,也有与超浅成侵入岩有关的似斑岩铜矿及接触交代型铜钼矿矿床。

(2)阿尔曼特 Cu、Cr、Au、As 异常带。异常沿阿尔曼特断裂呈北西向线性带状分布,异常组分是 Cu、Ni、Cr、Co、Au、As、Hg 等元素,长约 350km,异常组分特征与该带内蛇绿岩套和中基性火山岩发育有关。

(3)卡拉麦里 Au、Cu、Cr、Hg、Sn 异常带。呈北西向分布于卡拉麦里一带,为线性高值带,异常组分有 Au、As、Sb、Cu、Ni、Co、Cr、Ti、W、Sn 等,北侧 W、Sn,南侧 Cu、Ni、Cr,形成一连续延伸的异常带,异常带内 W、Sn 局部生成高强度异常,这与花岗岩类高温热液活动有关,Cu、Ni、Co、Cr 则由发育完整的蛇绿岩带引起,而穿插其间的 Au、Ag、As、Hg、Sb 由断裂破碎带活动的中低温热液活动产生。

(4)萨吾尔 Au、Cu 异常带。分布于和什托洛盖县以北一带,呈东西向展布,主要异常元素有 Au、Ag、Cu、As、Sb、Co、Ni 等,Au、Cu 局部衬度大,异常呈带状分布趋势明显。

(5)巴尔鲁克山异常带。位于和什托洛盖—托里西南,主要有 Cu、Ni、Co、Cr、Au、Ag、Hg、Cd、Mg。其中 Cu、Co、As 衬度较高,强度较大。异常组分复杂,呈群带分布,受北东向构造控制,在西南的玛依勒地区,叠瓦状断裂十分发育,已育的多条蛇绿岩带引起该区域 Cu、Ni、Co、Cr 线性强异常。

(6)萨尔托海 Au、As、Ni、Cr 异常带。分布于达拉布特河至萨尔托海一带,Au 异常呈密集群聚集,强度高,集中分布于庙儿沟岩体和阿克巴斯套岩体两个碱性岩体周边,又受北东向达拉布特断裂带控制,总体上呈北东向带状分布,长约 200km,发育大、中、小型金矿十多处。此外,沿断裂分布蛇绿岩套,形成线性 Cr 异常,成为一条重要的铬铁矿成矿带。

4)北疆伊犁微型地块地球化学异常区

天山西段的伊犁微型地块的地球化学元素特征明显地表现为 As、Sb、Bi、Cd、Pb、Zn、W、Sn、U、Th 等元素的高分布和 Ni、Co、Fe 元素的强分异。内部异常带总体上呈北西向和北东向展布,向东呈收敛,向西呈散发状趋势,大体上由 4 个地球化学异常带组成。

(1)伊连哈比尔尕 Au、Cu、As 异常带。分布于精河县至乌鲁木齐后峡一带,主要组分有 Cu、Ni、Co、Au、Ag、As、Hg、Mg 等元素,其中 Cu、Ni、Co、Au、Ag 强度高,相关性明显,线性异常带呈北西向连续分布。长度约 300km,包括却兰达坂 Au、Cu、Ag 元素富集区和吉尔图河 Au、Cu、Ag 元素富集区等。异常在构造上处于伊连哈比尔尕晚古生代残余洋盆,从成因上看 Cu、Ni、Co 等元素高背景可能与基性—超基性岩分布有关;Au、Ag、Hg 等多元素高背景可能与韧性剪切带及构造热液活动有关。

(2)博罗科努 Au、Cu、Pb、W 异常带。是新疆最重要的金、铜多元素高背景带之一,富集元素多,成分复杂,主要分布于赛里木湖西沿博罗科努山到乔尔玛,向东收敛于胜利达坂,异常密集呈群分布,总体呈北西走向,线性展布,该带是新疆重要的矿化异常带,异常主要组分有 Au、Ag、As、Sb、Hg、Cu、Pb、Zn、U、Th、W、Sn、Ba、Co、Mo、Cd、La、V 等,其中 Au、As、Sb、Hg、Ag 的异常分布范围较宽,Cu、Pb、Zn、Ni、Co、V 异常区域范围稍窄,多数元素异常受古生代火山-碎屑岩建造的影响,海西早期大量花岗岩体的侵入影响了部分元素的异常分布,该带是新疆金矿的密集分布带。

(3)伊什基里克-阿吾拉勒 Au、Cu、Fe、Pb 异常带。分布于伊犁河谷两侧的昭苏到新源一带,异常元素主要有 Pb、Zn、Ag、Cu、Fe、Mn、V、Co、Ti、W、As、Sb、Cd 等,异常呈带状集中分布,其背景是前寒武纪基底之上发育起来的晚古生代上叠裂谷盆地,以火山岩建造为主,还有基性-超基性岩带。异常带内

V、Ti、Fe、Mn、Co 等的线性集中与基性杂岩体的分布有关,Pb、Zn、Ag、Cu、As、Sb 的富集受火山沉积建造和侵入中酸性岩影响。由此分别形成了察布查尔山 Au、Cu、Ag、Zn 富集区,阿克乔克山 Au、Ag、Pb、Zn 富集区,特克斯达坂 Cu、Mo 富集区,式可布台铁矿 Cu、Mo 多元素富集区,特克斯-新源 Cu、Au、Fe 富集区和尼勒克 Mo、Fe、V、Co 富集区等。

(4)菁布拉克-那拉提 Cu、Ni、W、Sn 异常带。以 Cu、Ni、Co、Cr、Fe、V 等基性—超基性岩特征元素组合与 W、Sn、U 等酸性岩特征元素组合组成相互排列的异常带,该带西侧 Cu、Ni、Co 异常集中且强度高,与超基性岩发育有关,北侧 W、Sn、Bi、U、Th 异常是受岛弧花岗岩侵入作用的影响。

第三节　区域成矿特征

一、成矿带划分方案

研究区南北地跨 3 个大地构造板块,大地构造环境相复杂多样,与各种不同大地构造环境成因相关的金属矿产种类繁多,包括黑色、有色、贵金属、稀有、稀土等矿床星罗棋布,数个矿床规模达超大型。

根据金属矿产在研究区所处的不同大地构造环境,将全区金属矿产的单元划分为 4 个成矿省,26 个成矿带(图 1-7)。

成矿带中包括了多个矿带,矿带中包括了多个矿集区,具体划分如下。

(一)阿尔泰成矿省(Ⅰ)

1. 山区阿尔泰-可可托海早古生代陆缘活动带 RM-Pb-Zn-Cu-Ni-W-Mo 成矿带(Ⅰ$_1$)

成矿环境以晚古生代—中生代花岗岩系列有关的岩浆热液和花岗伟晶岩型矿化为显著特点,如云英岩-石英脉型的钨锡钼矿和伟晶岩型的稀有元素、云母矿等。该成矿带仅占山区阿尔泰的一小部分,共划分出 3 个矿带:①科克库里-喀纳斯早古生代隆起上的晚古生代花岗岩 W-Mo-Au-Cu 矿带(Ⅰ$_{1-1}$);②哈龙-青河后碰撞-后造山花岗岩 RM(含宝石)-白云母 Au-Cu-Ni 矿带(Ⅰ$_{1-2}$);③诺尔特泥盆纪—石炭纪上叠盆地 Pb-Zn-Au 矿带(Ⅰ$_{1-3}$)。

2. 矿区阿尔泰-南阿尔泰晚古生代陆缘活动带 Cu-Pb-Zn-Au-W-Mo-Fe-RM 成矿带(Ⅰ$_2$)

成矿环境主要以泥盆纪—石炭纪为主成矿期的弧后火山盆地-岩浆弧,以多金属矿、贵金属矿为主,成矿易受火山岩建造、断裂和韧性剪切带控制,共划分出 4 个矿带:①霍尔尊-萨雷姆萨克京弧后挤压带 Fe-Pb-Zn-Au-W 矿带(Ⅰ$_{2-1}$);②矿区阿尔泰-克兰弧后拉伸盆地 Cu-Pb-Zn-Au-Fe 矿带(Ⅰ$_{2-2}$);③卡尔巴-纳雷姆晚古生代岩浆弧 W-Sn-RM-Cu-Pb-Zn-Au-Fe 矿带(Ⅰ$_{2-3}$);④西卡尔巴晚古生代弧前盆地 Au-Sn-W-Cu 矿带(Ⅰ$_{2-4}$)。

3. 恰尔斯克-斋桑-额尔齐斯缝合带 Au-Cu-Ti-Cr-Ni-Co-Hg 成矿带(Ⅰ$_3$)

以晚古生代的与黑色岩系相关的金-硫化物建造和韧性剪切带中的金矿为特征。

(二)巴尔喀什-准噶尔成矿省(Ⅱ)

1. 扎尔玛-萨吾尔泥盆纪—石炭纪岛弧 Au-Cu-Ni-W-Mo-RM 成矿带(Ⅱ$_1$)

为泥盆纪—石炭纪岛弧带,以 Au、Cu、W、Mo、Ni 为主要矿产。成因类型主要有:①斑岩型 Au、

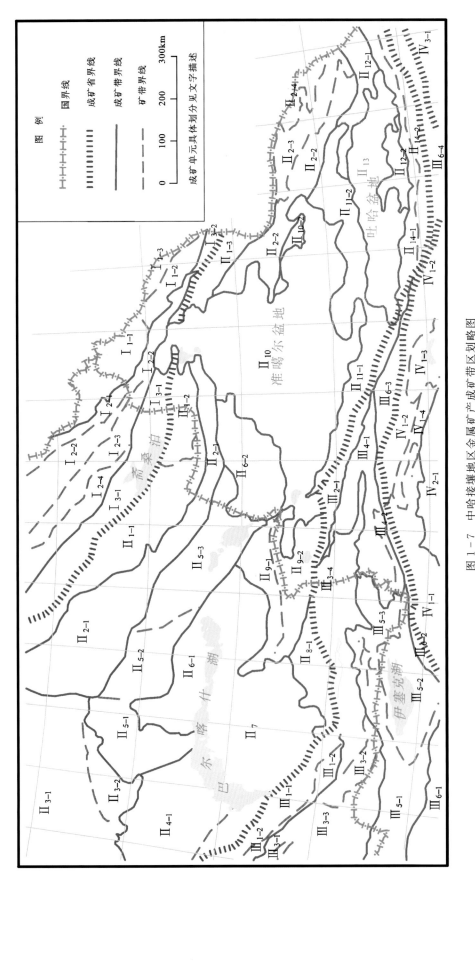

图 1 - 7　中哈接壤地区金属矿产成矿带区划略图

Au-Cu、Au-W 以及 Cu-Mo 矿床;②破碎蚀变岩型和与岩浆热液有关的金矿和钨金矿;③与辉长岩-苏长岩有关的铜镍矿。

2. 成吉斯-塔尔巴哈台古生代复合岛弧带 Au-Cu-Pb-Zn-Cr-Fe-Mo-Au 成矿带(Ⅱ$_2$)

以早古生代火山沉积型 Au、Cu、Pb、Zn 矿床最重要,其他有与晚古生代后碰撞碱性花岗岩有关的锡矿,韧性剪切带控矿的破碎蚀变岩型 Au 矿等,共划分出了 3 个矿带:①成吉斯-塔尔巴哈台早古生代岛弧 Au-Cu-Pb-Zn-Cr-Fe 矿带(Ⅱ$_{2-1}$);②北塔山-双峰山古生代复合岛弧带 Au-Cu-Sn-Cr 矿带(Ⅱ$_{2-2}$);③老爷庙-琼河坝古生代复合岛弧带 Fe-Cu-Au 矿带(Ⅱ$_{2-4}$)。

3. 乌斯品-捷克图尔玛斯泥盆纪—石炭纪裂谷-裂陷槽 Pb-Zn-Cu-W-Mo-Sn-Fe-U 成矿带(Ⅱ$_3$)

晚古生代裂谷、裂陷槽内,重要的有与碳质-硅质-火山岩建造有关的火山沉积型层控矿床,斑岩-次火山型的 Cu-Pb-Zn-Au-Mo 矿。

4. 阿克套-莫因特微地块 Pb-Zn-Cu-Mo-Fe-RM 成矿区(带)(Ⅱ$_4$)

具有前寒武纪基底,海西期发育有构造岩浆活化及裂谷、裂陷槽,因此成矿时代和成矿作用类型比较多,以多金属矿、铁锰矿为主。

5. 巴尔喀什托克劳-巴卡纳斯陆缘火山岩带 Cu-Mo-Au-Ag-W-Be 成矿带(Ⅱ$_5$)

以斑岩型的铜钼矿发育为显著特征,共划分出 3 个矿带:①托克劳-科翁腊德石炭纪—二叠纪陆缘火山岩带 Cu-Mo-Au-Ag-W-Be 矿带(Ⅱ$_{5-1}$);②卡尔玛克艾买利晚古生代陆缘火山岩 Au-Ag-Mo-Cu 矿带(Ⅱ$_{5-2}$);③巴卡纳斯-阿克斗卡晚古生代陆缘火山岩及后碰撞岩浆岩 Cu-Mo(Au-Ag-Co)矿带(Ⅱ$_{5-3}$)。

6. 巴尔喀什(依特木楞德)-西准噶尔残余洋盆 Cu-Mo-Au-Cr-Fe-Zn-Co 成矿带(Ⅱ$_6$)

成矿类型多样,有火山沉积型、岩浆热液型、矽卡岩型、超基性岩岩浆型,主要矿床种类有 Au、Cu、Mo、Cr 等,共划分为 2 个矿带:①依特木楞德古生代残余洋盆 Cu-Mo-Zn-Au 矿带(Ⅱ$_{6-1}$);②西准噶尔古生代残余洋盆 Au-Cu-Mo-Cr-Fe-Co 矿带(Ⅱ$_{6-2}$)。

7. 巴尔喀什盆地 Cu-U 成矿带(Ⅱ$_7$)

以斑岩型铜矿和沉积层控型铀矿为主。

8. 萨雷奥泽克陆缘火山岩带 Cu-Mo-Au-Ag-Pb-Zn 成矿带(Ⅱ$_8$)

以晚古生代斑岩-矽卡岩 Cu、Mo、Pb、Zn 矿为主。

9. 赛里木微地块 Pb-Zn-Cu-W-Sn-Au-Hg-RM 成矿区(带)(Ⅱ$_9$)

成矿期为古生代,以岩浆高温热液 W、Mo、Sn 矿床及层控火山喷气沉积铅锌矿为重要成矿特征,共划分为 2 个矿带:①准噶尔-阿拉套陆缘盆地 W-Au-Hg-(Pb-Zn-Cu-Mo-Sb)矿带(Ⅱ$_{9-1}$);②捷克利-赛里木地块 Pb-Zn-Cu-W-Sn-Au-Ag-RM 矿带(Ⅱ$_{9-2}$)。

10. 准噶尔隐伏地块 Fe-Au(煤、膨润土)成矿区(带)(Ⅱ$_{10}$)

以中-新生代的沉积型矿床为特征。

11. 伊连哈比尔尕-博格达晚古生代裂谷、裂陷槽 Cu - Cr - V - Ti - Au - Fe 成矿带（II_{11}）

以石炭纪——二叠纪裂陷槽内与基性杂岩有关的钒钛磁铁矿为主，共划分为 2 个矿带：①伊连哈比尔尕泥盆纪—石炭纪残余洋盆 Cu - Cr - Fe - Au 矿带（II_{11-1}）；②博格达石炭纪——二叠纪裂陷槽 Cu - V - Ti - Fe 矿带（II_{11-2}）。

12. 哈尔里克-大南湖古生代复合岛弧带 Cu - Mo - W 成矿带（II_{12}）

以晚古生代斑岩-矽卡岩型的铜、钼矿为主，共划分为 2 个矿带：①哈尔里克古生代复合岛弧带 Cu - Mo - W 矿带（II_{12-1}）；②大南湖古生代复合岛弧 Cu 矿带（II_{12-2}）。

13. 吐哈地块上覆盖层 Fe（煤、盐类）成矿带（II_{13}）

14. 觉罗塔格石炭纪裂陷槽 Cu - Mo - Ni - Au - Fe - Ti - Ag - Nb - Ta 成矿带（II_{14}）

成矿类型复杂多样，主要有火山沉积和岩浆热液改造型的铜锌矿，与韧性剪切带有关的金矿，斑岩型 Cu、Mo 矿，岩浆熔离 Ni、Cu 矿和火山沉积型铁矿等。

（三）伊塞克-伊犁-中天山成矿省（III）

1. 扎拉伊尔-奈曼早古生代陆缘弧 Au - Cu - Cr - Ti - Pb - Zn - Mo - W - Hg - U 成矿带（III_1）

以古生代碳质岩系容矿的岩浆热液型金矿为特征，还有次火山热液铀矿，与基性—超基性岩体有关的铬矿、钛磁铁矿，共划分为 2 个矿带：①热尔套山古生代弧沟盆带 Au - U - Pb - Zn - Fe - Mn - Mo - Sn - W - Hg 矿带（III_{1-1}）；②汉陶-特姆莱早古生代蛇绿岩带 Cr - Ti - Ni - Fe - V（Au - W - U）矿带（III_{1-2}）。

2. 博罗科努-可可乃克早古生代陆缘弧 Cu - Pb - Zn - Au - Mo - W 成矿带（III_2）

主要有陆相火山岩 Au 矿、矽卡岩型铅锌矿、斑岩型钼矿、韧性剪切带破碎蚀变岩 Au 矿等，共划分为 2 个矿带：①博罗科努早古生代陆缘弧 Au - Cu - Pb - Zn - Mo 矿带（III_{2-1}）；②胜利达坂-可可乃克早古生代陆缘弧 Au - Fe - Cu 矿带（III_{2-2}）。

3. 楚河-伊犁前寒武纪基底及上叠盆地 Cu - Mo - Au - Pb - Zn - RM - U 成矿带（III_3）

斑岩型铜钼矿床较多，还有岩浆热液 Pb - Zn 及岩浆岩 RM 矿，层控的砂岩铀矿发育，共划分为 3 个矿带：①肯德克塔斯地块 Cu - Mo - Au - Pb - Zn - RM - Sn - Fe 矿带（III_{3-1}）；②萨雷苏-楚河坳陷盆地中新生代 U（Se）矿带（III_{3-3}）；③伊犁河盆地中-新生代 U -煤矿带（III_{3-4}）。

4. 伊犁石炭纪——二叠纪裂谷 Cu - Au - Fe - Mn 成矿带（III_4）

矽卡岩-斑岩 Cu 矿，矽卡岩型及火山沉积型铁、铜矿较发育，共划分为 2 个矿带：①阿吾拉勒-伊什基里克石炭纪——二叠纪裂谷 Cu - Fe - Au - Fe、Au、U 矿带（III_{4-1}）；②琼喀拉峻-夏特前寒纪基底上的石炭纪裂岩 W - Mn 矿带（III_{4-2}）。

5. 吉尔吉斯-捷尔斯科依早古生代岛弧 Pb - Zn - Cu - Au - W - Mo - Sn - Fe - U 成矿带（III_5）

以与花岗岩和花岗闪长岩建造有关的矽卡岩、斑岩型和岩浆热液型 Pb、Zn、Cu、Au 矿床为主，共划分 3 个矿带：①吉尔吉斯-捷尔斯科依早古生代岛带岛弧 Au - Cu - Pb - Zn - Au 矿带（III_{5-1}）；②伊塞克湖地块早古生代花岗岩 W－Mo－Fe－Pb－Zn－Au－U 矿带（Ⅲ$_{5-2}$）；③克特缅石炭纪—二叠纪上叠火山盆地 Fe－Sn－Cu－Pb－Zn－W 矿带（Ⅲ$_{5-3}$）。

6.中天山缝合带 Au－Cu－Ni－Pb－Zn－V－W－Fe 成矿带（Ⅲ$_6$）

以黑色岩系中岩浆热液型金矿为特征,其他有基性—超基性岩浆岩中的 V 矿、铜镍矿、多成因铁矿。

（四）塔里木成矿省（Ⅳ）

1.南天山陆缘活动带 Cu－Pb－Zn－Sn－W－Sb－Fe－Mn－RM 成矿带（Ⅳ$_1$）

有晚古生代岩浆热液 Sn－W 矿,碱性花岗岩 Zr－Nb－Ta 矿,矽卡岩型钨、锡矿,层控铁矿等,共划分为 2 个矿带:①阿莱-哈尔克山陆缘增生楔 Au－Cu－Pb－Zn－Sb－RM 矿带（Ⅳ$_{1-1}$）;②艾尔宾山泥盆纪残余洋盆 Fe－Mn－Au－Cu－W 矿带（Ⅳ$_{1-2}$）。

2.塔里木（中央地块）Cu－Pb－Zn（油、煤、盐）成矿区（带）（Ⅳ$_2$）

有中生代砂岩铜矿。

3.北山石炭纪—二叠纪裂谷 Fe－Mn（Cu－Ni－Au）成矿带（Ⅳ$_3$）

有个别的寒武纪沉积的及风化残积的锰矿床。

二、主要矿产特征

中哈接壤地区金属矿产资源十分丰富。矿化规模在小型以上的矿产地有 800 处以上。黑色金属矿产主要有铁、锰、铬和钒,有色金属矿产主要有铜、铅、锌、钼、镍、钨、汞、锡和锑等,贵金属矿产主要有金和银,稀有元素矿产主要有铌、钽、锂、铍和锆等,还有放射性元素矿产铀。规模达超大型的矿床有 6 处,其矿种有金、铜、钼、铅和锌,大型矿床 54 处。

主要金属矿产的成因特征如下。

（1）金矿:研究区内分布有超大型规模的有 3 处,大型的有 9 处以上。在矿区阿尔泰-南阿尔泰晚古生代陆缘活动带和恰尔斯克-斋桑-额尔齐斯缝合带中集中分布,在西准噶尔古生代残余洋盆、热尔套山早古生代弧沟盆带和萨雷贾兹早古生代弧沟盆中有少量分布,在斋桑-萨吾尔石炭纪—二叠纪上叠盆地等单元中有零星分布。与金共生的主要有铜、银矿,其次有钨矿。主要成因类型为岩浆热液型,其次为与韧性剪切带有关的热液蚀变型,其他少量类型有火山—次火山热液型、矽卡岩型、斑岩型和砂矿型等。

（2）铜矿:多分布在环巴尔喀什湖周边的矿带中,延入新疆的多分布在矿区阿尔泰-南阿尔泰晚古生代陆缘活动带,阿吾拉勒-伊什基里克石炭纪—二叠纪裂谷矿带中。全区分布有超大型规模 1 处,大型至少 12 处。铜矿多与钼矿共生,少量与镍、金、铅锌矿共生,规模大的矿床多为铜钼矿,单一铜矿多为小型规模。铜钼矿主要成因类型为斑岩型,其次为矽卡岩型。铜镍矿主要成因类型为超基性岩浆岩型。铜多金属矿主要成因类型多样,有海相火山沉积热液型、矽卡岩型、斑岩型等。铜金矿的成因类型多为斑岩型。单一铜矿的成因类型多样,有斑岩型、矽卡岩型、海相火山块状硫化物型（VHMS）、火山—次火山沉积热液型等。

（3）铅锌矿:在矿区阿尔泰-南阿尔泰晚古生代陆缘活动带集中分布,部分分布在环巴尔喀什湖周边的矿带中。有超大型规模 1 处,大型至少 9 处。以铅锌矿共生最多,其次为单一铅矿,少量的为铅铜矿等矿。成因类型复杂多样,最常见的为海相火山块状硫化物型（VHMS）,其次为岩浆热液型、沉积岩喷流成因型(Sedex),少数为矽卡岩型、海相火山—次火山热液型等。

(4)铁矿:在哈萨克斯坦境内的成矿带中零星状分布,规模均小。规模较大的矿床均分布在新疆地区的矿区阿尔泰-南阿尔泰晚古生代陆缘活动带、阿吾拉勒-伊什基里克石炭纪—二叠纪裂谷 Cu-Fe-Au 矿带中。大型规模的至少4处。成因类型主要有海相火山沉积型、矽卡岩型、沉积变质型等。

(5)其他稀有金属矿:各类稀有稀土矿规模在大型的有至少8处,以钨、锡、锂、铍、铌钽矿占绝大多数。钨、锡矿大多数分布在哈萨克斯坦境内,锂、铍矿多分布在新疆境内,铌钽矿两边都有。钨、锡多单独成矿,或钨锡矿共生,或钨钼矿共生。成因类型绝大多数为花岗岩浆高温热液型,部分为伟晶岩或碱性花岗岩热液型。

(6)放射性铀矿:多分布在哈萨克斯坦境内,规模多为中小型,成因类型以次火山热液型为主。

第二章　阿尔泰成矿省优势矿产成矿特征

第一节　成矿带划分

哈萨克斯坦和中国阿尔泰成矿带划分方案较多,本次成矿带划分方案见表2－1。阿尔泰成矿省包括两部分,其中山区阿尔泰早古生代陆缘活动带成矿带主体分布在俄罗斯山区阿尔泰,哈萨克斯坦和新疆北部的山区阿尔泰仅为其南西缘的一部分,并向南东延入蒙古阿尔泰。本次研究工作的成矿带划分(表2－1)方案如下:

I_1　山区阿尔泰-可可托海早古生代陆缘活动带成矿带

　　I_{1-1}　科克库里-喀纳斯早古生代隆起上的晚古生代花岗岩 W－Mo－Au－Cu 矿带

　　　　I_{1-1}^1　科克坎二叠纪—三叠纪 W－Mo 矿集区

　　I_{1-2}　哈龙-青河后碰撞-后造山花岗岩稀有金属(RM)及 Au－Cu－Ni 矿带

　　I_{1-3}　诺尔特泥盆纪—石炭纪上叠火山盆地 Pb－Zn－Au 矿带

I_2　矿区阿尔泰-南阿尔泰成矿带

　　I_{2-1}　霍尔宗-萨雷姆萨克特及别洛乌巴弧后挤压带 Fe－Pb－Zn－W－Au 矿带

　　　　I_{2-1}^1　霍尔宗-萨雷姆萨克特泥盆纪火山沉积 Fe－Pb－Zn－Cu 及二叠纪 W 矿集区

　　　　I_{2-1}^2　尼基京泥盆纪火山沉积 Pb－Zn 及晚古生代矽卡岩 Fe 矿集区

　　I_{2-2}　冲乎尔-麦兹泥盆纪火山沉积盆地 Pb－Zn－Fe－Au 矿带

　　I_{2-3}　列宁诺戈尔斯克-阿列伊-阿舍勒泥盆纪—石炭纪 Cu－Pb－Zn－Au 矿带

　　　　I_{2-3}^1　阿列伊-滨额尔齐斯泥盆纪火山沉积 Cu－Pb－Zn 矿集区

　　　　I_{2-3}^2　列宁诺戈尔斯克泥盆纪火山沉积 Pb－Zn 矿集区

　　　　I_{2-3}^3　济良诺夫斯克泥盆纪火山沉积 Pb－Zn－Au 矿集区

　　　　I_{2-3}^4　布赫塔尔马晚古生代次火山热液 Cu－Pb－Zn 矿集区

　　　　I_{2-3}^5　阿舍勒泥盆纪火山沉积 Cu－Zn－Au 多金属矿集区

　　I_{2-4}　卡尔巴-纳雷姆晚古生代岩浆弧 W－Sn－RM－Cu－Au 矿带

　　　　I_{2-4}^1　瓦维隆晚泥盆世—早石炭世火山沉积 Cu 矿集区

　　　　I_{2-4}^2　北西卡尔巴花岗岩高温热液 W－Sn 矿集区

　　　　I_{2-4}^3　中卡尔巴(巴肯-别洛戈尔)二叠纪后碰撞花岗岩 Sn－W－RM 矿集区

　　　　I_{2-4}^4　纳雷姆晚古生代 W－Sn 及马拉利哈-多纳拉萨依 Au－Cu 矿集区

　　I_{2-5}　西卡尔巴晚古生代弧前盆地 Au－Sn－W－Cu 矿带

　　　　I_{2-5}^1　巴克尔奇克晚古生代岩浆热液 Au 矿集区

　　　　I_{2-5}^2　库卢准晚古生代岩浆热液 Au 矿集区

I_3　恰尔斯克-斋桑-额尔齐斯缝合带 Au 及基性—超基性岩和风化壳 Cr－Ni－Co－Hg 成矿带

表 2-1　哈萨克斯坦和中国新疆阿尔泰成矿省、带的划分方案对比

代表性矿床	成矿大带	成矿带	成矿亚带	Б.A.季亚奇科夫(2009)大阿尔泰矿带及近景评估〔геология рудных месторождений.2009,51(3):222-239〕			杨富全等.哈萨克斯坦巨型成矿带的地质特征和成矿模式[J].地质学报.2006.80(7):963-982			本次工作划分方案	
霍尔宗,因斯克(Fe),科克玖(W,Mo)	Ⅰ裿尔宗-哈纳斯-丘伊多金属成矿带			西伯利亚成矿域,阿尔泰成矿省		Ⅰ 山区阿尔泰成矿省			Ⅰ 山区阿尔泰铁、稀有金属矿带	Ⅰ₁ 山区阿尔泰成矿亚省（Ⅰ）	I₁-1 科克库里-喀纳斯早古生代隆起上的晚古生代花岗岩 W-Mo-Au-Cu 矿带
可可托海 Be、Li;阿鲁姆特 Li蒙库(Fe),可可塔勒铁,多金属,稀有金属铁,多金属成矿带	XK霍尔宗-可可托海铁、多金属,稀有金属大矿带	Ⅱ喀龙-科克玉依稀有金属成矿亚带Ⅱ₂可可塔勒铁、多金属成矿亚带									I₁-2 哈龙-青河三碰撞-后造山花岗岩稀有金属(Rm)及诺尔特盆纪-石炭纪上叠火山盆地 Pb-Zn-Au 矿带
阿巴宫(Fe、Pb、Zn)、铁木尔特(Pb、Zn)		Ⅱ₃阿巴宫多金属,铁、多金属成矿亚带									I₁-3 诺尔特泥盆纪-石炭纪上叠火山盆地 Pb-Zn-Au 矿带
小喀拉苏(Be、Nb、Ta)		Ⅱ₄切木尔切克稀有金属成矿亚带									I₂-1 霍尔宗-萨姆斯克及别洛乌巴阿尔孤后弧压后 Fe-Pb-Zn-W-Au 矿带
克朗布拉克(Cu,Zn)		Ⅱ₅冲乎尔多金属成矿亚带								Ⅰ₂ 矿区阿尔泰成矿省	I₂-2 冲乎尔-麦兹泥盆纪火山沉积盆地 Pb-Zn-Fe-Au 矿带
古斯利亚科夫、普里王尼基京;南阿尔泰(Pb、Zn)		Ⅲ₁霍尔宗-萨雷姆萨克京多金属成矿亚带		霍尔-萨雷姆萨克京铁、多金属矿带 I²₁ 矿区阿尔泰铅锌多金属成矿带			I²₁ 矿区阿尔泰铅锌多金属矿带		大阿尔泰成矿大带（省）		I₂-3 列宁诺戈尔克-阿列伊-阿舍勒泥盆纪-石炭纪 Cu-Pb-Zn-Au 矿带
玛依梅尔(Au)	Ⅲ别洛乌巴-南阿尔泰以 Pb、Zn 为主的多金属成矿带	Ⅲ₂别洛乌巴-玛伊梅尔 Au 成矿亚带		别洛乌巴-萨雷姆萨克特(库尔东)成矿带							南阿尔泰成矿带 Au-Sn-W-Cu矿带 I₂-4 卡尔巴-纳雷姆晚古生代岩浆弧 W-Sn-Rm-Cu-Au矿带
季申-里杰杰夫-素利(多金属)、玛列那夫-济良诺夫、列甫尼柯夫斯克(Pb、Zn)	PA 矿区阿尔泰金属大矿带	Ⅳ₁列宁戈尔斯克-济良诺夫斯克多金属成矿亚带		I³₁ 列宁诺戈尔克-济良诺夫斯克 Pb、Zn 多金属铁及铁矿带			I³₁ 列宁诺戈尔克-济良诺夫斯克铅锌多金属铁矿带				I₂-5 西卡尔巴晚古生代岛弧前盆地 Au-Sn-W-Cu矿带
阿克捷别(Cu、Zn)、额尔齐斯、别洛乌素夫(Cu,Zn)	Ⅳ矿区阿尔泰以铜锌(Cu、Zn)铜锌的多金属成矿带	Ⅳ₂阿列伊铜多金属成矿亚带		I³₂ 阿列伊-切尔克阿尔泰多金属亚矿带及金矿带		矿区阿尔泰-(阿舍勒)矿带	I³₂ 阿列伊-切尔克亚多金属及铁矿带			Ⅰ₃ 哈萨克斯坦-斋桑-额尔齐斯缝合带成矿亚省（Ⅰ）	I₃-1 哈萨克斯坦-斋桑缝合带 Au-Cu-Ni-Co 带
阿鲁勒(Cu,Zn)		Ⅳ₃阿舍勒铜多金属成矿亚带		I³₃ 额尔齐斯多金属亚矿带			I³₃ 额尔齐斯金属亚矿带				I₃-2 阿尔泰-额尔齐斯基性-超基性岩和风化壳 Cr-Ni-Co-Hg 成矿带
马拉利哈(Au)、博尔奇奇加(Cu)	BF卡尔巴-富蕴镍铜稀有金属大矿带	Ⅴ东卡尔巴 Cu,稀有金属 Au,铜多金属成矿带	Ⅴ₁额尔齐斯 Cu、Au成矿亚带			古亚洲洋成矿域,巴尔喀什堆噶尔成矿省（Ⅱ）				I₃-3 额尔齐斯后根后疆花岗岩 Rm-Au带
瓦维隆(Cu)			Ⅴ₂卡尔巴-纳雷姆稀有金属成矿亚带	卡尔巴-纳雷姆稀有金属 Ta,Nb,Be,Li,Cs,Sn,W 成矿带			西卡尔巴-纳雷姆稀土稀有金属矿带				Ⅱ₁扎尔马-萨吾尔石炭纪岛弧 Au-Cu-Ni-W-Mo 成矿带
巴克尔奇(Au)								Ⅱ₁ 东卡尔巴-纳雷姆稀有金属矿带	Ⅱ₁ 扎尔马-萨吾尔石炭纪岛弧 Au-Cu-Ni-W-Mo 矿带（Ⅱ）		Ⅱ₁-1 斋桑-萨吾尔石炭纪岛弧 Cu-Mo-Au矿带
别洛戈尔(Ni、Co)、季那(Au)、博尔乌维克(Au)		Ⅵ二台合 铜镍成矿带				哈尔斯克吉木乃 Cr,Ni,Hg,Au矿带扎尔马-萨吾吾克喀拉通克 Ni,Au矿带					
南马克斯喀拉通克(Cu,Mo)、扎南(Au)						锡列克特布克通喀萨布克赞科布克 Au-Cu稀金属矿带		Ⅱ₂ 扎尔马-萨吾尔稀有金属亚矿带			Ⅱ₁-2 青河泥盆纪-石炭纪 Cu-Ni-Mo-Au带
基什基内(W,Mo)、上埃斯潘(Nb、Zr)、耶金德布拉克(W)										

I_{3-1} 恰尔斯克-斋桑缝合带 Au - Cu - Ni - Co 矿带

I_{3-1}^1 苏兹达利晚古生代韧性剪切带 Au 矿集区

I_{3-1}^2 恰尔斯克基性—超基性岩 Cr 及风化壳 Ni - Co 和 Hg 矿集区

I_{3-2} 新疆额尔齐斯-布尔根后碰撞花岗岩 RM - Au 矿带

古亚洲洋成矿域:巴尔喀什-准噶尔成矿省

II_1 扎尔马-萨吾尔泥盆纪—石炭纪岛弧 Au - Cu - Ni - W - Mo 成矿带

II_{1-1} 斋桑-萨吾尔石炭纪—二叠纪上叠盆地 Cu - Mo - Au 矿带

II_{1-1}^1 克孜尔卡因-肯赛晚古生代斑岩 Cu - Mo 矿集区

II_{1-1}^2 托斯特晚古生代 Cu - Au 矿集区

II_{1-2} 青河泥盆纪—石炭纪 Cu - Ni - Mo - Au 矿带

II_{1-2}^1 喀拉通克晚古生代基性—超基性岩 Cu - Ni 矿集区

II_{1-2}^2 哈拉苏-卡拉先格尔晚古生代斑岩 Cu(Au) 矿集区

II_{1-2}^3 马热勒铁泥盆纪火山沉积 Au 矿集区

第二节　区域优势矿产分布特征

一、山区阿尔泰-可可托海早古生代陆缘活动带成矿带（I_1）

1. 铅锌矿和金矿

铅锌矿产于诺尔特泥盆纪—石炭纪上叠火山盆地 Pb - Zn - Au 矿带（I_{1-3}）。含矿围岩为下石炭统红山嘴组的碳酸盐岩、碎屑岩及火山岩,矿化带呈层状、似层状、长达20km,宽1～3km。围岩蚀变发育,与铅锌矿化关系密切的主要有硅化和重晶石化。矿石品位:Pb 含量一般为 2.02%～3.54%,Zn 2.02%～3.54%,Cu 含量一般为 0.52%～1.34%。另外在诺尔特盆地南东部的切格勒台河东岸还有胡乐伦拜斯铜矿点,容矿地层为下石炭统的晶屑凝灰岩和凝灰质角砾岩。铜矿化似层状,呈北西-南东向,断续长约1 000m,宽50～180m。据随机拣块取样分析:矿石含 Cu 0.58%～2.67%,Pb 0.32%～0.81%,Zn 0.05%～0.67%。诺尔特地区的铅锌矿与俄罗斯山区阿尔泰的铅锌矿相比,成矿时代相对较晚。俄罗斯山区阿尔泰 Pb - Zn - Cu 矿主要产于阿努依-丘亚矿带、泥盆世艾菲尔期的火山-沉积岩内。如大—中型的希尔盖塔铜、铅、锌多金属矿床,即属于中泥盆世的火山-沉积型矿床。

金矿床有砂金矿和岩金矿。砂金矿分布较广,如西岔河、阿克沙拉、库尔木图等矿床。岩金矿主要见于诺尔特泥盆纪—石炭纪上叠盆地矿带（I_{1-3}）,以阿克提什坎金矿床为代表。该矿床产于下石炭统红山嘴组。矿带长大于2km,宽1km左右,由3条带状矿化层组成。矿体受次级断裂及层间断裂破碎带控制,为蚀变岩型和石英脉型矿化。矿体围岩蚀变强烈,主要有黄铁绢英岩化、硅化、冰长石化、碳酸盐化和青磐岩化,平面上具分带特征。该矿床石英样品的 $^{40}Ar - ^{39}Ar$ 坪年龄为 138.5±21Ma,成矿作用为燕山期,可能与矿区内燕山期的二长花岗岩相关。但金矿石中微量元素及 S、Pb、H、O 同位素的研究结果表明,成矿物质主要来源于围岩(袁峰等,2002;周发涛等,2000)。

2. 钨钼矿

研究区的钨钼矿主要见于哈萨克斯坦,在科克坎二叠纪—三叠纪 W - Mo 矿集区（I_{1-1}^1）有伊万诺夫 W - Mo(Be、Cu)、科克坎 W - Mo(Be、Bi)和钦达加图依 W - Mo(Be、Bi)3 个小型矿床,均为云英岩型和石英脉型 W 或 Mo-W 建造,它们一般分布在哈-俄边境一带。钦达加图依钨矿床更是俄罗斯同类矿床的延伸,成矿时代为晚二叠世—三叠纪。

山区阿尔泰的钨钼矿也延伸到蒙古阿尔泰,距新疆最近的有努林河(努林戈尔)钨矿床和萨格赛钼钨矿床。

新疆境内尚未发现成型的钨、钼矿床,但有一定的找矿远景。王中刚(1994)研究认为重熔花岗岩出现钠长石云英岩或黄玉化时,可形成钠长石化花岗岩、云英岩化花岗岩或云英岩型 Be、W 矿床,在有些矿床中有伴生的 W、Mo 矿,如尚可兰铍矿床中有伴生钨、青河县阿斯喀尔特铍矿床中伴生 Mo 等。

3. 稀有金属 Li、Be、Nb、Ta 矿

主要分布于新疆哈龙-青河后碰撞-后造山花岗岩稀有金属矿带(I_{1-2}),矿化类型主要是花岗伟晶岩型,有超大型的可可托海 Be、Li 矿床,大型的柯鲁木特 Li 矿床,五矿 Be、Nb、Ta 矿床等。区内有大小伟晶岩脉近万条,其中长度达 20m 以上的约有 4 000 条。产自不同围岩的伟晶岩脉,其稀有金属矿化特征及含量有差异,围岩为中—基性岩(变质辉长岩、辉长闪长岩)时,伟晶岩脉的规模一般较大,易于形成稀有金属矿化伟晶岩脉。

稀有金属矿床绝大多数分布于元古宇地层中,产在深变质作用或超变质作用地区。伟晶岩往往出现在岩体内外接触带,其类型可划分为白云母型伟晶岩、宝石型伟晶岩和稀有金属伟晶岩,后者细分为铌-铀-稀土型矿化伟晶岩、铍-云母型矿化伟晶岩、铍-铌型矿化伟晶岩、锂-钽型矿化伟晶岩、锂-铍型矿化伟晶岩、铌-钽型矿化伟晶岩和铯-钽型综合稀有金属矿化伟晶岩(栾世伟等,1995)。伟晶岩型矿床的成因分为变质成因,如库威、那森恰一带的伟晶岩型矿床;岩浆结晶分异成因,如可可托海 3 号矿脉。当围岩是各类结晶片岩时,伟晶岩熔融体常沿片理贯入,故岩脉数量多,但规模小,结晶分异作用差,这类矿脉中,以 Be、Nb、Ta 矿化及白云母、宝石矿化为主,而 Li、Rb、Cs 矿化较弱;当围岩为花岗岩和混合岩类时,虽然岩脉规模也可能较大,但稀有金属矿化一般较差(陈毓川等,2003)。

依据矿床的产出特点稀有金属矿床分为 3 类(王登红等,2000):①产于基性岩体(或碱性岩)内部或边部的综合性稀有金属矿床,富含铌、钽、锂、铍等,重要矿床主要有可可托海、库吉尔特、库威等;②产于花岗岩内部及其接触带的稀有金属或宝石矿床,重要矿床主要有大喀拉苏、小喀拉苏、阿祖拜、巴寨、葫芦宫、虎斯特、琼库一号、琼库二号、阿尔沙特等;③产于变质岩中的稀有金属白云母矿床,一般以白云母为主,重要矿床主要有也拉曼、那森恰、库卡拉盖、那森恰等。

区内还有少量花岗岩型稀有金属矿,如阿斯喀尔特 Be 矿床,系由岩株顶部的似伟晶岩型绿柱石(含海蓝宝石)矿体和下部花岗岩型绿柱石矿体组成的铍矿床。

二、矿区阿尔泰-南阿尔泰成矿带(I_2)

(一)霍尔宗-萨雷姆萨克特及别洛乌巴弧后挤压带 Fe-Pb-Zn-W-Au 矿带(I_{2-1})

该带北东以洛克捷夫-喀拉额尔齐斯断裂为界,南西以别洛列茨克-马尔卡科利断裂为界。主要矿产为火山沉积型铁、铅锌矿床,次有岩浆热液型 Au 和 W 矿。

1. 火山沉积型铁、铅锌矿

主要产于下泥盆统艾姆斯阶和中泥盆统吉维特阶的玄武岩-安山岩-流纹岩(火山系列)-钙质陆源岩建造中。在霍尔宗-萨雷姆萨克特矿集区(I_{2-1}^1),其铁矿以霍尔宗大型铁矿床为代表,产于含矿建造上部酸性火山岩内的海相硅质-赤铁矿和陆源岩相中,矿体透镜状和似层状,与围岩的走向和倾向一致。成矿时代 394～390Ma,在尼基京矿集区(I_{2-1}^2)还有罗季奥诺夫中型铁矿及科罗比欣小型铁矿。该火山

岩系建造中,还有铅锌矿,如普涅大Pb矿,矿体产于下泥盆统艾姆斯阶切尔涅温组(陆源碎屑岩夹碳酸盐岩及酸性火山岩)中,矿体为层状及脉状和巢状,矿体长几十米至500m,厚数十米,矿石含Pb<5%、Zn为0.7%~1%,此外在北西部有古斯利亚科夫、斯塔尔科夫、博尔舍列琴,南东部有尼基京、南阿尔泰等铅锌矿床或铅锌多金属矿床。

2.火山热液W、Au矿

金矿主要见于下石炭统安山岩-玄武岩-(陆源岩)建造,如马蒙托夫小型Au矿床,伴生Ag和Pb。

霍尔宗-萨雷姆萨克特的钨(钼)矿,见有高温热液型的切尔涅文斯、佩特罗列琴等小型矿床及矽卡岩型的图尔贡松W(Mo、Cu)小型矿床。该地区域上有列宁诺戈尔杂岩之花岗岩与花岗正长岩建造。该杂岩前人定为中-晚二叠世,故认为钨矿床亦形成于二叠纪,但近来罗瑟普诺伊别洛克岩块的花岗岩年龄据U-Pb法测定为194Ma,因此W矿床的成矿时代有可能比较新。

(二)冲乎尔-麦兹泥盆纪火山沉积盆地Pb-Zn-Fe-Au矿带(I_{2-2})

该矿带主要为火山沉积型铁、铅锌矿,次有花岗岩伟晶岩型的Be、Nb、Ta等稀有金属及个别金矿化。

1.火山沉积型铁、铅锌矿

该矿带含3个泥盆纪的火山沉积盆地,即克兰、麦兹及冲乎尔盆地,含矿层主要为下泥盆统康布铁堡组,而中泥盆统阿勒泰组则很少矿化。现按含矿层位叙述如下。

1)康布铁堡组下亚组铁矿化

仅见于麦兹复向斜北东翼的北西部。康布铁堡组下亚组为一套石英角斑岩-角斑岩-碎屑岩-碳酸盐岩组合,其主要岩性为变粒岩、浅粒岩、斜长角闪片岩、角闪更长片麻岩、黑云片岩及大理岩,厚200~870m(李嘉兴等,2003),铁矿主要产于下亚组第二岩性段。以蒙库大型铁矿床为代表,矿体呈似层状、不规则透镜状、扁豆状和脉状,产于火山碎屑岩与碳酸盐岩的过渡带中,矿体产状与围岩在整体上基本一致。该矿床成因复杂,党延霞等(2010)认为蒙库铁矿属喷流沉积-区域变质-热液交代等多期多成因叠加而成的铁矿床。与蒙库铁矿相似的还有乌吐布拉克铁矿床,产于康布铁堡组下亚组第二岩性段,矿层呈似层状、透镜状,与围岩产状一致,火山沉积对矿化起着重要作用。由于在矿体及周围广泛发育矽卡岩矿物,张志欣等(2011)认为成矿类型为矽卡岩型,成矿时代晚于388~386Ma,属中泥盆世早期艾菲尔期成矿。其他还有巴拉巴克布拉克、巴利尔斯、阿什勒萨依等铁矿床(点)。

2)康布铁堡组上亚组铅锌铁矿化

康布铁堡组上亚组可分3个岩性段,每一个岩性段包括一个沉积亚旋回,由一套火山熔岩-火山碎屑岩-碳酸盐岩组成,铅锌矿主要产于第二岩性段。在阿勒泰复向斜见有阿巴宫、铁木尔特、大东沟及乌拉斯沟等铅锌矿。以大东沟铅锌矿床为代表,矿床产于大东沟背斜两翼的康布铁堡组上亚组第二岩性段内,赋矿岩性为矽卡岩化钙质砂岩和不纯大理岩,矿体呈层状、似层状、透镜状,基本为顺层产出,大致平行,沿走向有膨大、缩小现象。目前共见5个矿体,矿体一般长100~600m,厚2~12m,垂深35~590m(刘敏等,2008)。矿床伴有典型的喷流沉积岩,普遍发育硅质岩,局部硅化较发育。

麦兹复向斜第二岩性段见有可可塔勒大型铅锌矿床及唐巴拉、萨热克萨依、阿什勒萨依、大桥、萨吾斯等铅锌矿床。以可可塔勒矿床为代表,产于康布铁堡组上亚组第二岩性段。铅锌矿化层(硫化物矿体、片岩、变粉砂岩、大理岩)夹纹层状磁铁硅质岩和条带状微晶石英片岩(喷流岩),其下为变酸性熔岩、变角砾晶屑凝灰岩。矿体呈似层状、透镜状,与地层产状基本一致,而下盘(北东倒转翼),在酸性火山岩中,发育交切的浸染状和不规则细脉状矿化,但不具工业价值。该矿床属于火山-沉积岩容矿的块状硫化物矿床,是海底火山喷流-沉积成矿的产物。矿层下部有层状钾化(硅化)带、绿色蚀变带和蚀变岩筒,矿区外围发育有钠化带,共同构成流体对流循环过程中的水-岩作用带。铅锌高含量集中在层状含矿层中,而矿层下盘的火山岩中铅锌多贫化。

康布铁堡组上亚组第三岩性段也有少量矿化。麦兹复向斜有萤石方铅矿型的阿克恰仁铅锌矿,其特征是铅远大于锌,贫黄铁矿、闪锌矿,而富萤石、重晶石。阿勒泰复向斜见有铁矿化,其层位较铅锌矿层位略高。托木尔特铁矿层产于康布铁堡组第二岩性段中—上部;阿巴宫铁矿层则位于阿巴宫铅锌矿层的上部,中间被次火山岩相的微晶花岗岩岩体分隔,很可能位于第三岩性段。含矿层一般见有热水沉积岩,如硅质岩类(微晶石英片岩、条带状磁铁石英岩、钾微斜长石石英岩等)及层状的矽卡岩类。

从阿勒泰复向斜及麦兹复向斜的铁、铅、锌矿产的成因等来看,基本可与霍尔宗-萨雷姆萨克特及别洛乌巴-南阿泰矿带对比,但含矿层位偏低。从一些同位素年龄来看,阿巴宫Pb、Zn矿Pb模式年龄为390~385Ma,而普涅夫铅锌矿与霍尔宗铁矿的同位素年龄为394~390Ma。

冲乎尔地区的康布铁堡组见有达开依布拉克铅锌矿、克因布拉克铜锌矿。其中克因布拉克铜锌矿矿体产于康布铁堡组变质石英砂岩、变质凝灰岩和大理岩透镜体中,矿化受破碎带控制,矿体呈似层状、透镜状、脉状,矿化带长140~600m,宽4~15m,控制最大斜深307m。该矿区既有火山沉积型的铜锌矿,也有铅锌矿,但尚未见铁矿。从成矿方面来看,似与列宁诺戈尔斯克-济良诺夫斯克矿集区的成矿类似。

3)中泥盆统阿勒泰组

该组由于火山岩不太发育,少见火山沉积型矿床。仅在阿勒泰复向斜南部,见有小型红墩铅锌矿床,产于中泥盆统阿勒泰组下亚组的上部(尹意求等,2005)。容矿层岩性主要为巨厚的粉砂岩、泥质碎屑岩建造变质的千枚岩、片岩。在含铅锌矿岩系的下部层位发现了多层基性火山岩,并主要对称发育在铅锌含矿岩系的两侧。矿体呈似层状,明显受层位控制,产状与围岩基本一致。厚度沿走向和倾向均较稳定,品位相对均匀,锌多于铅(Zn>Pb),矿体上盘发育较稳定的薄层硅质岩,下盘常见微层理十分发育的薄层状铁锰质碳酸盐岩(尹意求等,2005)。

2. 伟晶岩型稀有金属矿化

该矿带的稀有金属矿仅见于克兰(阿勒泰复向斜)地区。如大喀拉苏和小喀拉苏稀有金属矿床,它们受喀拉苏断裂控制的花岗岩及花岗伟晶岩控制,为花岗伟晶岩型稀有金属矿。

大喀拉苏Nb、Ta、Be矿床位于喀拉苏断裂与阿巴宫断裂之间,包括4条含矿主脉,其中1号脉最大,长200m,倾深400m,平均厚5m。由内而外可分:中心块状伟晶岩带,中间钠长石-白云母-石英集合体,边缘细—中粒伟晶岩带。含矿均匀,主要有用矿物有绿柱石、铌铁矿、钽铁矿、钽铌铁矿、钛钽铁矿、重钛铁矿、硅铍石、金绿宝石等。小喀拉苏Nb、Ta、Be、Li矿床位于喀拉苏大断裂与西延分支断裂之间,矿床由12条矿脉构成,最重要的208号脉产于十字黑云石英片岩中,地表长300m,厚1~15m,为不规则脉状,分带不清,但交代强烈。从上盘到下盘可分出6个结构带:细粒石英白云母边缘带、石英-微斜长石块状带、钠长石化中粗粒石英微斜长石带、钠长石化白云母-微斜长石-锂云母带、石英-白云母-叶钠长石带、糖粒状钠长石集合体,各带间均呈相变关系,矿床成矿时代为印支期(三叠纪)。大喀拉苏矿床、白云母^{40}Ar-^{39}Ar坪年龄为248.4Ma,等时线年龄为240.86±3.53Ma,小喀拉苏地表伟晶岩白云母^{40}Ar-^{39}Ar坪年龄为233.98Ma,等时线年龄227.08±6.53Ma(王登红等,2003)。

此外还有阿巴宫Nb、Ta、Be小型矿床,有4条矿脉,长110~235m,厚1~3m,延深150m,含BeO 0.04%~0.02%,含(Nb、Ta)$_2$O$_5$ 0.2%~0.4%。

3. 其他矿产

1)金矿

仅见于可兰阿勒泰复向斜,已知萨热阔布金矿床(小型),其容矿地层为下泥盆统绿泥石英片岩、大理岩、变质粉砂岩。金矿体为脉状、透镜状石英脉及蚀变岩型金矿化。主要金属矿物有黄铁矿、黄铜矿、毒砂。矿石具浸染状、细脉浸染状构造。围岩蚀变有硅化、绿泥石化、碳酸盐化。关于金矿床的成因，邵会文等(2009)获矿石 Ar-Ar 年龄 320Ma，认为主要为变质热液成矿，而李华芹等(2004)报道萨热阔布金矿的时代为 395Ma 左右，认为与早泥盆世的火山作用有关。综上所述，早泥盆世的火山作用可能提供了成矿物质，而主要的成矿作用是石炭纪(320Ma)。

此外还发现第四系的红墩砂金矿。

2)矽卡岩型 Cu(Fe)矿

已知恰夏(又名萨拉河布)小型铜(铁)矿，该矿床产于下石炭统与石炭纪花岗岩的接触带，为矽卡岩型，矿石矿物主要为黄铜矿、磁铁矿。含铜品位 0.25%～2.99%，平均 1.0%，全铁品位 50%。

(三)列宁诺戈尔斯克-阿列伊-阿舍勒泥盆纪——石炭纪 Cu-Pb-Zn-Au 矿带（I_{2-3}）

该矿带北东以别洛列茨克-玛尔卡库里断裂为界，南西以额尔齐斯-玛尔卡库里-特斯巴汗断裂为界。向北西延入俄罗斯鲁布佐夫斯克，而后消失于库伦达盆地新生界沉积物之下，向东南延伸至新疆阿舍勒地区。该矿带主要为火山沉积型铜、铅锌多金属矿。

1. 火山沉积铜、铅锌多金属矿

该类型矿化产于泥盆纪玄武岩-流纹岩(火山系列)-陆源岩建造，在大地构造上属于裂谷环境。在哈萨克斯坦大致可分为 3 个矿集区。其中列宁诺戈尔斯克和济良诺夫斯克矿集区以铅锌为主。

1)列宁诺戈尔斯克泥盆纪火山沉积 Pb-Zn 矿集区（I_{2-3}^2）

矿床均分布于锡纽申复背斜，北西向和近纬向断裂发育。背斜中部被东西向的列宁诺戈尔地堑构造复杂化。矿化层产于下泥盆统埃姆斯阶克留科夫组、伊利因组和中泥盆统索科利组的玄武岩-流纹岩的火山旋回中。主要矿床有里杰尔-索科里、季申、舒巴、新列宁诺戈尔斯克、切克马里、斯特列然、斯涅基里哈等矿床。

最大的里杰尔-索库里铅锌大型矿床，产于被横向地堑构造复杂化了的锡纽申复背斜。含矿层为下泥盆统克留科夫组的碎屑岩建造，向东、向西碎屑岩被火山岩替代，成矿时代为 394～390Ma(中泥盆世)，略晚于容矿层时代。矿床包括 20 多个矿体。

矿化在平面上长超过 1 000m，宽 300～600m。上部矿体为石英-重晶石和重晶石铅锌矿，为致密块状多金属矿床，矿石平均品位：Pb 4.0%、Zn 6.0%、Cu 0.3%，另外伴生 Au 3g/t、Ag 8g/t，矿体下部为穿入微粒石英岩中的含金石英脉，为细脉浸染状和网脉状矿化，厚 120m，矿石平均品位 Pb 0.9%、Zn 2.2%、Cu 0.4%，伴生 Au 5g/t、Ag 20g/t。

该矿集区大型的季申铅锌矿床，产于下泥盆统伊利因组(中—基性火山岩)和中泥盆统索科利组(硅质岩、灰岩、泥岩)的交界处。主矿体位于索科利组底部，成矿时代为 394～387Ma，为中泥盆世晚期。矿床主矿体呈层状-透镜状，总体与围岩协调产出，矿体长达 1km，中部厚度达 60m。矿体边部和深部及矿体的底部，亦分布有细脉浸染型的矿石。矿石中黄铁矿含量超过 30%，在总储量中 Pb：Zn：Cu 为 2：11.5：1。

2)济良诺夫斯克泥盆纪火山沉积 Pb-An-Au 矿集区（I_{2-3}^3）

位于列夫纽申复背斜，该复背斜是一个产于变质基底上的复杂的火山穹隆构造，断裂发育，见有济良诺夫、格列霍夫、马列耶夫、普京采夫等多个矿床，其中格列霍夫大型铅锌矿为低品位矿床。

济良诺夫铅锌矿床产于同名的纬向地垒-背斜构造中，容矿地层为中泥盆统马斯良组蚀变粉砂岩，成矿时代为 394～387Ma。矿体沿地垒-背斜延伸长 1 000～1 200m，宽 250～700m，矿层厚 50m。主矿体呈条带状—透镜状和层状，由致密块状矿石组成。在近矿体下部，在蚀变的列夫纽申组中，发育裂隙脉和细脉浸染状矿石。在致密块状矿石中，Pb、Zn 和 Cu 的总含量超过 12%，三者的比例为 1：1.65：0.1；在

网脉状矿石中,Pb、Zn、Cu 总含量为 2%～12%,以含较高的 Fe 和 Cu 的硫化物为特征。

马列耶夫大型铅锌矿床虽然发现很早,1954 年即进行了规模不大的勘探和开采,但直到 20 世纪 80 年代重新进行勘探工作,发现了罗德尼科夫含矿带后,才成为大型矿床。罗德尼科夫含矿带长 900m,深约 700m,厚 5～10m,铜储量 $102×10^4$t,占矿床总储量的 80%,该矿床储量可保障济良诺夫联合矿山选矿厂的矿石供应。马列耶夫矿床产于中泥盆统马斯良组,该组中发育流纹质和基性的次火山岩。矿化有 3 个层位,以上部的含矿层位最重要,矿体为层状或透镜状,与容矿层产状一致;中和下部的矿层为细脉浸染状和脉状的贫矿。成矿时代为 387～380Ma,为中-晚泥盆世。

3)阿列伊-滨额尔齐斯泥盆纪火山沉积 Cu-Pb-Zn 矿集区(I^4_{2-3})

主要产于阿列伊复背斜,如奥尔洛夫、尼科拉耶夫、阿尔捷米耶夫等大型铅锌矿床,中型的卡梅中 Cu 矿床等,在滨额尔齐斯有大型的别洛乌索夫、中型的额尔齐斯科耶 Pb、Zn 多金属矿床及若干小型矿床。别洛乌索夫 Pb、Zn、Cu 矿床已知有 10 个矿体,容矿地层为中泥盆统希普林组,矿床产于北西向和近纬向断裂的交叉部位。矿石为致密块状,平均品位 Pb 2.49%、Zn 9.2%、Cu 2.6%,伴生的 Au 2g/t、Ag 119g/t。成矿时代为 394～387Ma。矿床遭受强动力变质和水热蚀变作用,但局部地段仍有残留的微层理和韵律构造。

阿列伊复背斜泥盆系的含矿层位有 3 层:奥尔洛夫 Cu、Zn 矿床产于中泥盆统艾菲尔阶的洛西申组,成矿时代为 387～380Ma;大型的阿尔捷米耶夫 Cu、Zn 矿床产于中泥盆统吉维特阶的塔洛夫组顶部;尼科拉耶夫 Cu、Zn 矿床产于上泥盆统的斯涅基列夫组的下部,成矿时代为 380～374Ma,为晚泥盆世。

该矿集区的尼科拉耶夫矿床发现最早,主要为隐伏矿床,有中部和西部两个大的矿层,其延伸沿走向 100～280m,沿倾向 100～335m,厚 8～90m,两矿层向南,在深部连在一起,并形成统一的"克列先矿层"。矿体透镜状,与围岩产状基本一致。矿石以 Cu、Zn 为主,Cu∶Zn∶Pb=5.2∶8∶1。矿石有益组分及平均品位为 Cu 2.52%、Zn 3.83%、Pb 0.49%,伴生矿 Au 33g/t、Cd173g/t、Bi 63g/t。中部矿层在横断面上呈现分带,自下而上,细脉浸染状矿石→致密黄铁矿和含铜黄铁矿矿石→角砾化结晶粒状铜锌矿石→偏胶质铜锌、锌和多金属矿石。

发现最晚的阿尔捷米耶夫大型 Cu、Zn 矿床,大致有 3 个矿体群,矿体呈层状、透镜状、板状,下部为网脉状。矿石含铜 0.5%～3.83%、Zn 0.33%～13.83%、Pb 0.17%～3.67%,另伴生有 Au 0.17～1.75g/t、Ag 6.7～200g/t。

4)阿舍勒泥盆纪火山沉积 Cu-Zn-多金属 Au 矿集区(I^5_{2-3})

该矿集区火山沉积型矿化主要有大型的阿舍勒 Cu、Zn 矿床。矿体产于下-中泥盆统阿舍勒组第二岩性段,其下部角砾质凝灰岩、含砾沉凝灰岩中有浸染状和网脉状矿化,上部和顶部为块状硫化物矿层,夹硅质岩、重晶石和灰岩透镜体。矿区已发现各类矿化蚀变带 14 条。阿舍勒 I 号矿床由 4 个矿体组成。

矿体南北向展布,沿走向长 843m,沿枢纽倾伏长 1 250m,埋深 25～1 015m,厚 5～120m,控制斜深 800m(张良臣等,2006)。矿体透镜状,与地层整合产出,同步褶曲。矿体具双层结构,上部为似层状块状硫化物矿体,与围岩整合产出;下部为细脉状、网脉状矿体,与地层斜交产出。

矿集区内还有桦树沟、多拉纳勒铜矿床(点),也与泥盆纪的火山沉积作用有关。

2. 其他成因类型矿产

1)次火山岩 Cu、Pb、Zn 矿

主要分布于布赫塔尔马矿集区(I^4_{2-3}),已知有次火山成因的萨扎耶夫、布赫塔尔马铜(铅锌)矿床和扎沃德 Pb(Cu、Zn)矿床,规模不大,均为小型。以布赫塔尔马铜矿为例,矿床与早石炭世(?)的布赫塔尔马杂岩之斜长花岗岩-斑岩建造有关,该建造形成于地块间的挤压带,矿体产于沿斑状侵入体轴部分布的裂隙和角砾岩化的斑岩带,斑岩体遭受了硅化和绿泥石化,矿石为细脉浸染状矿石。含铜品位高达1.2%,可能是次火山或斑岩铜矿形成后,又受到后期的热液改造富集作用。

2)矽卡岩型铜矿

哈萨克斯坦矿区阿尔泰该矿带仅见阿列克桑德诺夫小型铜矿床1处。除铜外,尚伴生 Mo、P、Zn、Sn、W 等有益元素。

3)金矿

该矿带金矿很丰富,资源量有 2 000～2 500t(B.B.波波夫,1998),主要为泥盆纪火山沉积块状硫化物矿床的伴生金,独立的金矿仅在哈萨克斯坦济良诺夫斯克地区见玛伊梅尔小型金矿,为岩浆热液石英脉型,其中谢基索夫矿床很独特,金矿体是热液蚀变的爆破角砾岩,有 4 类特色的成矿构造角砾岩,构成金-铁-稀有金属组合和金-多金属组合。新疆阿舍勒地区有恰奔布拉克、萨热朔克等小型金矿床,其中恰奔布拉克金矿与晚古生代的花岗岩有关,为岩浆热液石英脉型。萨热朔克金矿床赋矿围岩为下-中泥盆统阿舍勒组,金矿产于黄铁绢英岩化流纹斑岩内,受北北西向张性、压性多期活动断裂的控制,共圈出 18 条矿脉,矿体形态呈脉状、透镜状。矿石中的有用组分除 Au 外,还有 Cu 和 Ag。矿石类型可分为含金蚀变岩型和含金黄(褐)铁矿石英脉型。金主要为自然金,原生矿石中 Au 以超显微形式赋存于硫化物中,赋存状态以包裹金为主,裂隙金和粒间金次之。王小兵等(2001)认为该矿床的成因是萨热朔克金矿属中—低温火山—次火山热液型金矿床,成矿物质来源于下-中泥盆统阿舍勒组中酸性火山岩。在早期火山—次火山热液细脉浸染型金矿化的基础上,后期又叠加有岩浆热液活动,从而形成了富含金的矿石类型。

(四)卡尔巴-纳雷姆晚古生代岩浆弧 W－Sn－RM－Cu－Au 矿带(Ⅱ₂₋₄)

该矿带北东以额尔齐斯-马尔卡科利-特斯巴汗断裂与列宁诺戈尔斯克-阿列伊-阿舍勒矿带为界,南西以捷列克京-乌伦古断裂与西卡尔巴矿带相邻。

该矿带最重要的矿产为花岗岩高温热液云英岩-石英脉型锡、钨矿和花岗伟晶岩型 Ta、Nb、Be 等稀有金属矿,其次还有岩浆热液或变质热液金矿床及火山沉积型铜矿床。

1. 花岗岩高温热液及花岗伟晶岩型 Sn、W、稀有金属矿

这是该矿带最重要的矿产矿化与广泛发育的卡尔巴杂岩之多相花岗岩有关。花岗岩的年龄用Rb－Sr 和 U－Pb 法测定为 290～283Ma,可分两个相,第一相为花岗闪长岩-花岗岩,含钛铁矿副矿物,富含Li、Sn(6～7 倍克拉克值)和 Ta、Nb(2～3 倍克拉克值);第二相花岗岩占杂岩体积的 30%～40%,该相有变花岗岩型 Ta、Sn,伟晶岩型 Ta、Nb、Li、Sn 等和云英岩-石英脉型 Sn、W 矿化。用 Ar－Ar 法测得的Ⅰ相花岗岩为 281Ma,Ⅱ相花岗岩为 267Ma,所以成矿年龄大致应为二叠纪,矿带在面上可分 3 个矿集区(或亚矿带)。

1)北西卡尔巴花岗岩高温热液 W－Sn 矿集区(Ⅰ²₂₋₄)

主要为花岗岩高温热液型云英岩-石英脉型钨、锡矿,如小型的乌巴、小卡因金 W(Sn)矿、卡拉乌泽克锡矿床等。花岗伟晶岩矿化不发育。

2)中卡尔巴(巴肯-别洛戈尔)二叠纪后碰撞花岗岩 Sn－W－RM 矿集区(Ⅰ³₂₋₄)

该矿集区花岗伟晶岩型矿化较发育。大、中型的有别洛戈尔 Ta(Sn、Nb、Be、Li)矿,巴肯 Sn、Ta(Nb、Be、Li)矿,梅德韦德卡 Ta、Nb 矿床,以及小型的切布泰、库克赛等 Ta、Nb 矿床。以别洛戈尔钽矿床为例,矿化产于与卡尔巴花岗岩相邻的花岗伟晶岩中,为绿柱石-钽铁矿型矿床。伟晶岩在空间上有一定的分带性,由北而南可分为 A 带(铌铁矿-绿柱石伟晶岩)、B 带(绿柱石-钽铁矿伟晶岩)、C 带(锂辉石伟晶岩)(杨富全等,2006)。已圈出约 250 条伟晶岩,伟晶岩体呈等轴状、透镜状和脉状。其中 15 条为具有工业价值的钽矿脉,工业矿体主要赋存在脉状伟晶岩中,少数矿体可长达 1km,厚几厘米到 16～18m,伟晶岩脉向下延伸 500～700m。伟晶岩脉主要由钠长石、少量钠长石云英岩组成,石英-叶钠长

石-锂辉石-铯榴石组合出现在部分脉的上部。主要矿石矿物为钽铁矿、绿柱石和锡石。矿石平均品位：Ta 0.0087%、Sn 0.011%。巴肯稀有金属 Sn、Ta(Nb、Be、Li)矿床成矿时代为 292～280Ma，该类型具有重要的工业意义。

此外有与花岗岩浆高温热液有关的云英岩-石英脉型 Sn、W 矿床。矿床点较多，但一般均为小型，如奥格涅夫、卡拉戈因、格列米阿钦 Sn、W 矿床及卡尔巴、帕拉特瑟 W(Sn)矿床。

3)纳雷姆晚古生代 Sn - W 及马拉利哈-多纳拉萨依 Au - Cu 矿集区（I_{2-4}^{4}）

该矿集区成因类型较多。Sn - W 矿化主要为与卡尔巴花岗岩有关的高温热液钨锡矿床，除大、中型的布兰季、卡拉苏、切布金 Sn - W 矿床外，其他主要为小型矿床，如奥尔洛夫、莱年 W(Sn)矿床及卡茨金、切尔达亚克、奥依-捷列克、布拉拜 Sn(W)矿床、捷列克季 W - Sn 矿床，其中卡拉苏 Sn - W 矿床产于深成花岗岩体顶部，为沉积岩中的网脉矿体，与钠长花岗岩有关，为有远景的一种类型。有的矿体产于花岗岩体边缘及周围的变质岩中，如切尔达亚克 Sn(W)矿床，位于帕拉特瑟花岗岩体(P)南缘，矿体产于花岗岩体顶部的裂隙带中，为含 Sn - W 的云英岩-石英脉。裂隙带发育云英岩化、硅化、电气石化和萤石化。

2. 火山沉积型铜矿床

1)瓦维隆（泥盆纪—石炭纪）火山沉积 Cu(Pb、Zn)矿集区（I_{2-4}^{1}）

见瓦维隆铜矿田，该矿田很早即被发现，于 1814～1817 年进行了勘探和开采。矿体产于上泥盆统—下石炭统的塔克尔组千枚岩、石英云母片岩、石英堇青直闪石片岩，属辉长辉绿岩-辉绿岩建造。矿石同位素年龄为 360～352Ma，成矿时代为晚泥盆世-早石炭世，矿床包括 9 个层状和透镜状矿体，与围岩片理一致。矿体沿走向延伸 250～1 100m，平均 5～550m，沿倾向延伸 100～200m，厚 0.5～25m 不等，平均厚 7m。矿石主要为致密块状矿石，其次为浸染状矿石。主要金属矿物有磁黄铁矿、黄铁矿、黄铜矿，次有闪锌矿、胶黄铁矿-黄铁矿。主要有用组分及平均含量：Cu 0.85%、Co 0.02%、Mo 0.0036%、As 0.014%、Pb 0.034%、Zn 0.027%、Se 2.2g/t、Au 0.05g/t、Ag 2.23g/t。由于矿石品位低，主要为表外储量。目前获得铂(Pt)元素含量偏高，这有助于提高矿床的价值。

2)马拉利哈-多纳拉萨依 Au - Cu 矿集区（I_{2-4}^{4}）

其中的铜矿产于库尔丘姆-卡利吉尔复背斜，容矿地层为元古宇石英片岩、石英黑云堇青石片岩、石英绿泥绿帘石片岩、角闪岩，包括卡尔切金、卡尔奇加等小型矿床。以卡尔奇加 Cu 矿床为例，其矿化时代早于 1000Ma，应为中-新元古代成矿，矿体呈带状和透镜状，分布于主矿带和东部矿带中。主矿带包括 9 个矿体，赋存于钠长斑岩上部，为浸染状矿石，其中有雁行状分布的致密块状矿体，在深部产状变缓，矿带倾向与围岩变质片岩倾向一致。该矿带长 240～1 300m，平均 750m，矿层沿倾向延伸 150～300m，矿体厚度 0.28～21m，平均 2.8m。东部矿带赋存于产状平缓的钠长斑岩体底板，有 4 个薄层透镜状浸染和细脉浸染状矿体，该矿带长 200～400m，平均 300m，沿倾向延伸 100～250m，厚 0.3～15m，平均 5m。矿石主要矿物有黄铜矿、黄铁矿、磁黄铁矿，次有胶黄铁矿、闪锌矿等。矿石主要有用组分及平均含量 Cu 2.78%、Zn 0.38%、Co 0.013%、Au 0.8g/t、Ag 5.48g/t、Cd 0.002g/t、Mo 0.0005%、S 11.2%、Fe15.5% 等，其他伴生元素还有 Sn、As、Ga、Ni、Se、Te 等。

矿石在主矿带中部主要为块状铜-磁铁矿矿石，向边缘首先变为稠密浸染状黄铜矿、黄铁矿矿石，然后是黄铁矿矿石。围岩蚀变不发育，主要有绿泥石化、绢云母化、阳起石化、绿帘石化等。

3. 金矿化

主要见于马拉利哈-多纳拉萨依 Au - Cu 矿集区（I_{2-4}^{4}）。也有学者称额尔齐斯金亚矿带（杨富金，等 2006），额尔齐斯 Cu、Au 成矿亚带（李天德等，1994）。额尔齐斯断裂带为一条韧性剪切带或走滑带，金矿化沿该断裂带呈带状分布,该带在哈萨克斯坦形成于晚石炭世—二叠纪,剪切带变余糜棱岩中的黑云母、白云母、角闪石和阳起石的 Ar-Ar 同位素年龄集在 283～276Ma 和 273～265Ma,代表左行韧性变形时代(Travi et al,2001;Laurent-charvet et al,2002;Windley et al,2002),金矿主要有剪切带变质热液金矿和海西期花岗岩类有关的岩浆热液型金矿。已知金矿床点较多,北侧有波克罗夫、马拉利哈、捷克延等金矿,南侧有斯捷凡尼耶夫、克斯塔夫-库尔丘姆、下库尔丘姆等金矿床,向新疆方向还有热兰德、巴特帕克布拉克、阿勒卡别克等金矿床。其中马拉利哈金矿床可达中型,该矿床位于卡利吉尔元古宇结晶隆起断块的西部,结晶基底断块由结晶片岩、片麻岩、角闪岩组成,并分布有规模不大的蛇纹石化超基性岩、滑石菱镁片岩和辉长岩类岩体。金矿体产于滑石菱镁片岩中,为浸染状金-硫化物矿体和含金石英脉。金在硫化物中呈次显微状产出,少量为自然金。次生氧化带 Au 的含量高于原生带。成矿与偏基性花岗岩类侵入体有关。

该矿集区向南东延入新疆,有多拉纳萨依-托库孜巴依金矿区。该矿区构造上位于额尔齐斯大断裂北侧,有北西向、长达数千米的玛尔卡库里深断裂及其分枝断裂,其性质属韧性剪切变形带,片理化、劈理化、糜棱岩化发育。已知金矿化为受韧性剪切带控制的含金蚀变岩(糜棱岩)型金矿床。赋矿地层为早-中泥盆世托克萨雷组。已知的多拉纳萨依金矿床,位于近南北向的阿克萨依向斜,因受强烈挤压和局部引张,碎裂岩化、糜棱岩化显著,矿化呈南北向展布,总长度大于 10km,宽 50～200m。已圈出两个主要矿体,长 1 000～1 100m,厚 0.24～23.34m,延深 100～430m。矿体形态较复杂,多呈不规则脉状,局部膨胀或收缩,沿走向或倾向常有分叉变薄现象。矿石主要有含金石英脉和含金蚀变岩型。金含量(品位)不稳定,一般为 1.05×10^{-6}～19.8×10^{-6},平均 5.88×10^{-6}。金主要为自然金和碲金矿,少量为针碲金银矿、铋叶碲金矿。主要载金矿物为黄铁矿、石英,次为黄铜矿、方铅矿、闪锌矿、白钨矿等。围岩蚀变主要为黄铁矿化、硅化、绢云母化和钠长石化。成矿时代据云母 Ar-Ar 年龄为 292.8Ma(闫升好等,2004)。

托库孜巴依(赛都)金矿床位于玛尔卡库里韧性剪切带。矿石主要为蚀变碎屑岩型,石英脉型次之。近矿围岩蚀变主要为硅化、绢云母化、绿泥石化和黄铁矿化。含金石英脉石英流体包裹体 Rb-Sr 年龄为 308±18Ma,另外还有产于花岗岩体边部片理化带中的白色粗粒块状含金石英脉,其石英流体包裹体 Rb-Sr 等时线年龄为 281±17Ma(李华芹等,2004)。

(五)西卡尔巴晚古生代弧前盆地 Au-Sn-W-Cu 矿带(I_{2-5})

西卡尔巴矿带北东以捷列克京-乌伦古大断裂与卡尔巴-纳雷姆矿带分界,南西大致以恰尔斯克-吉木乃断裂与恰尔斯克成矿带相邻。但不同作者的划分尚有出入,如有的作者将部分恰尔斯克杂岩的超基性岩也划入该矿带。

该矿带主要矿产为韧性剪切带控矿的变质热液和岩浆热液金矿床,其次尚有岩浆热液 Sn、W 矿。

1. 金矿

金矿是该矿带最重要、分布最广、有重要工业价值的矿产。据报道,该矿带已知有 450 余个金矿床和矿点,主要分布于巴克尔奇克、库卢准(库卢德尊斯基)两个矿集区。

1)巴克尔奇克晚古生代韧性剪切带 Au 矿集区(I_{2-5}^{1})

矿床较多,如埃斯佩、埃斯佩北、卡赞钦库尔、塔马拉希、奇伊利等小型金矿床。最大的是巴克尔奇克金矿床,该矿床位于克济洛夫纬向挤压带,受韧性剪切带控制,容矿地层为上石炭统布孔组,岩性为灰色陆源磨拉石、冰水湖积和沼泽相碳质黑色片岩,为富含碳质-泥质和腐殖质的沉积。矿床为世界著名的黑色片岩型金矿,成矿时代为 300～290Ma(晚石炭世—早二叠世)。矿床位于布孔组上部,共有 4 个含矿层,已圈定的一个最大的矿体长 400m,厚 1～4m,延深 500～600m。矿体透镜状和带状,为蚀变粉砂岩、页岩和砂岩中的细脉浸染状金-砷-硫化物矿化。

2)库卢准晚古生代岩浆热液金矿集区(I^2_{2-5})

含矿地层为下石炭统阿加纳克金组,含少量碳质的杂砂砾岩。主要为金-硫化物石英脉型,多小型矿床,如申塔斯、弗多罗-伊万诺夫、捷列克季、朱姆巴、乌鲁斯拜等小型矿床及库卢准中型矿床。

以库卢准金矿为代表。矿区出露下-中石炭统,为砂页岩互层,并有晚石炭世斜长花岗岩、花岗闪长岩类岩体(库鲁准杂岩)侵位于其中。矿体呈脉状产于岩体构造破碎带内,长数十米至数百米,厚 0.5~3m,延深大于 200m。矿石为浸染状、细脉状,金属矿物有黄铁矿、自然金、辉银矿、毒砂、方铅矿、黄铜矿等。脉石矿物主要为石英。围岩蚀变以硅化、黄铁矿化较发育。成矿时代为 320Ma。可能为岩浆热液成矿。

2. 岩浆热液锡钨矿

矿化不多,主要见于与卡尔巴—纳雷姆矿带相邻地带,特别是与中卡尔巴矿集区相邻地区。如米罗柳鲍夫 Sn、W 矿床,该矿床位于帕拉特瑟姆花岗岩的边缘,南北、东西、北西 3 组断裂的交会处,花岗岩岩枝的顶部。矿体为含 Sn、W 的云英岩-石英脉,与二叠纪花岗有关。而紧靠中卡尔巴矿集区的博尔舍维茨 W 矿床的成矿年龄为 240~220Ma。

三、恰尔斯克-斋桑-额尔齐斯缝合带 Au 及基性—超基性岩 Cr 和风化壳 Ni、Co、Hg 成矿带(I_3)

该成矿带北东以戈尔诺-斯塔耶夫-恰尔斯克逆掩断裂与西卡尔巴矿带相接,南西以拜古兹-布拉克断裂与扎尔马-萨吾尔成矿带相邻。北西部延入俄罗斯被库伦达盆地第四系覆盖,向南东经斋桑泊进入新疆境内,多被第四系覆盖。

该成矿带主要矿产为金矿,成矿作用与西卡尔巴的金矿化基本相同。其次为与超基性岩有关的 Cr、Ni、Co 等矿化。

1. 金矿床

该成矿带的金矿化与西卡尔巴矿带相似,亦分剪切带控矿型和岩浆热液型金矿床两类。

1)剪切带型金矿

主要见于北西部的苏兹达利晚古生代韧性剪切带金矿集区(I^1_{3-1}),有穆库尔、米拉日、苏兹达利、杰列克等矿床,为沉积岩容矿,受韧性剪切带控制的金矿床,均为小型。其中苏兹达利金矿床的成矿时代为 365~335Ma(Б. А. Дьячков и др,2009),亦有资料认为属 304~290Ma,与巴克尔奇克金矿基本同期,可能属于早期岩浆热液和后期韧性剪切带变质热液两期成矿。此外,与西卡尔巴矿带、巴克尔奇克矿集区相邻地带,有大型的博尔舍维克金矿床,亦为受韧性剪切带控矿,产于沉积岩内的金矿化。其成矿类型和成因与巴克尔奇克矿床类似。

2)岩浆热液型金矿

已知矿床点较多,但除热列克金矿可达中型外,多数为小型,如然塔斯、穆亚基、奥克图阿布尔、巴勒德扎尔、耶捷卡里娜、拉兹多尔、道拜、阿萨雷、安托年等。常伴生 Pb、Ag、Cu,均与岩浆热液作用或火山热液作用有关。该成矿带发育晚石炭世的岩浆岩,有斜长花岗岩-花岗闪长岩等小型岩体和一些浅成岩浆岩组成的萨尔德马尔杂岩,在其围岩中可能有石英脉型和金-硫化物型的矿化。

2. 与超基性岩相关的 Cr、Co、Ni 矿床

恰尔斯克成矿带发育超基性岩,有恰尔斯克-戈尔诺斯塔耶夫和拜古津-布拉克超基性岩带,其形成可能与深部的幔源断裂有关,但具体时代尚有争论。

与该超基性岩直接相关的矿产是铬铁矿,但不太发育,规模也不大。已知有安德列耶夫、贾兰德等小型矿床或矿点。矿化为局部浸染状的香肠状透镜体,规模约为 $8 \times (4 \sim 5)m$。矿石为致密块状和浸染状。Cr_2O_3 含量小于 40%。

超基性岩在后期的水热蚀变中有菱镁矿、滑石、石棉等成矿作用。其中较重要的是在中生代形成的风化壳中,有残积-富集形成的镍、钴矿。早在 1945 年,И. И. 博克根据蛇纹岩古风化壳中发现水硅质岩镍钴矿石,预测在这里有风化壳型硅酸盐镍矿床。1950~1951 年在蛇纹岩中共查明 12 个含镍风化壳地段,其中有 3 处为镍钴矿床,但均为小型。该类矿床发育在恰尔斯克复背斜北东翼的深断裂带上。超基性岩为强烈蛇纹石化的纯橄岩、橄榄岩和辉长岩,它们于中生代沿断裂带形成线性裂隙性风化壳。风化壳具带状结构:中部为滑石菱镁片岩,形成长达 $3 \sim 4km$ 的陡倾脉状岩体,厚度有时达 $50 \sim 60m$;向两侧变为风化的滑石化蛇纹岩,带宽达 20m,延深可达 200m;绿高岭石岩带为镍钴矿的主体;淋滤蛇纹岩,厚 $1 \sim 30m$。在风化壳中,Ni、Co 含量最高的是绿高岭岩和绿高岭石化蛇纹岩,平均含 Ni 1.38%、Co 0.08%,以别洛戈尔镍钴矿床为代表,该矿床矿体厚 $1 \sim 26m$,平均厚 8.6m,镍的品位变化在 $0.5\% \sim 6.76\%$ 之间,平均 1.05%,钴的品位平均为 0.046%。

另外还有一些由碳酸盐岩层控型的汞矿床,如季耶斯、克孜勒-恰尔等汞矿床。这些含矿建造分布于恰尔斯克-戈尔诺斯塔耶夫断裂带,与沿断裂带分布的超基性岩有密切关系,也与沿断裂发育的辉绿玢岩岩墙(T_1)有共生关系。汞矿化一般产于北东向的恰尔斯克-戈尔诺斯塔耶夫深断裂与横向深断裂的交会部位。以克孜勒恰尔汞矿床为代表,该矿床于 1955 年发现,它位于恰尔斯克地垒复背斜,产于早石炭世早维宪期的硅质-碳酸盐岩-陆源岩-火山岩建造中,其上被稍晚的辉绿玢岩覆盖,并被早石炭世的蛇绿岩侵入。矿化受断裂控制,有 4 个矿体,分布在同一走向的延伸方向上,彼此间隔为 $25 \sim 40m$。矿体形态是复杂的陡倾交错裂隙脉,厚度由几厘米至几米,沿走向延伸达 100m,沿倾向延伸 40m。矿石为角砾化的热液蚀变岩(滑石菱镁片岩、玢岩,少数为超基性岩、片岩),矿石中汞的品位:1 号矿体 0.39%、2 号矿体 0.40%、3 号矿为 0.32%。

3. 其他矿产

成矿带还有一些中-新生代的砂矿床。如卡拉奥特科尔钛锆矿床,产于第四纪山间洼地。区域上,在洼地周围发育晚二叠世的花岗岩-花岗正长岩建造(普列奥布拉然杂岩),为偏碱性的花岗岩类,副矿物中具锆石-钛铁矿的专属性。在中生代风化壳中,富含锆石、钛铁矿和长石原料,它们可能为 Ti、Zr 砂矿床的矿源层。卡拉奥特科尔砂矿的矿石年龄为 $260 \sim 240$? Ma(Б. А. Дьяиков И Др,2009)。

恰尔斯克-斋桑-额尔齐斯缝合带延入新疆,则多被第四系覆盖。主要有一些砂金矿,如克孜勒卡因砂金矿点,此外有产于石炭系铁硅质岩建造中的阿克西克金矿点。而东部则有库尔契米克小型 Li、Be、Nb、Ta 矿床。

四、扎尔马-萨吾尔泥盆纪—石炭纪岛弧 Au - Cu - Ni - W - Mo - RM 成矿带(II₁)

该成矿带北东以拜古兹-布拉克断裂与恰尔斯克-吉木乃成矿带相邻,南西以成吉斯-萨吾尔断裂与成吉斯-塔尔巴哈台早古生代岛弧成矿带相接。该带北西向延入俄罗斯,被库伦达盆地第四系覆盖,向南东方向经乌伦古盆地-喀拉通克(二台)进入蒙古境内。扎尔马-萨吾尔成矿带属于古亚洲洋成矿域,但与西伯利亚成矿域的阿尔泰成矿省毗邻,哈萨克斯坦的学者将其并入"大阿尔泰成矿带(Б. А. Дьяиков И Др,2009),因此,它也成为研究阿尔泰成矿作用必不可少的部分,研究区主要有岩浆熔离型 Cu、Ni 矿,斑岩型 Cu - Mo 和 Au、W 矿,韧性剪切带金矿、钨钼和稀有金属矿。

1. 岩浆熔离型 Cu、Ni 矿

哈萨克斯坦境内已知有南马克苏特铜镍矿。该矿床是在 1973 年进行综合型地质物探工作时发现的。构造上位于科扬迪-阿尔卡内克地垒-复背斜的扎尔塔斯向斜内。与成矿相关的马克苏特基性岩体,侵位于下石炭统科克佩克特组粉砂岩、砂岩中。岩体规模不大,约 2.5km²,为结构复杂的岩盆。岩体由辉长辉绿岩、辉长岩、辉长苏长岩、苏长岩、斜长橄榄岩组成。硫化物铜镍矿床分布在岩体东南部,称南马克苏特岩体。含矿带内共划分出 4 个矿体,矿体形态复杂,呈透镜状和似层状,在轴部的厚度增大。其中第 3 个矿体规模最大,产于岩体底部,沿倾伏方向长超过 1 000m。为一盲矿体,埋深在岩体顶板以下 47m(东部)和 470m(西部)。矿石中硫化物含量:在稀疏浸染状矿石中为 30%,稠密浸染状矿石为 30%～80%,而致密块状矿石含硫化物达 80%～90%,成矿时代为晚二叠世—早三叠世。

与该矿床成因、成矿时代均可以类比的是新疆喀拉通克 Cu、Ni 矿,它们相距较远,但有可能为同一矿带。喀拉通克 Cu、Ni 矿位于额尔齐斯-玛因鄂博断裂的南侧,已知超镁铁-镁铁质岩体 40 余个,均侵位于蕴都卡拉组和南明水组等泥盆系—石炭系中。其中喀拉通克矿区见有 13 个岩体,矿体主要见于 Y_1、Y_2、Y_3 3 个超镁铁-镁铁质岩体内,而以 Ⅰ 号岩体为最大。该岩体为不规则透镜状,长 695m,宽 39～289m。岩体在平面上的分带:边缘为闪长岩相,呈不规则环带;中心为辉长苏长岩相,呈椭圆形,由黑云母角闪苏长岩,混合苏长岩,含石英角闪苏长岩组成。在垂向上由上而下依次为黑云母辉石闪长岩相,黑云母角闪苏长岩相,黑云母角闪橄榄苏长岩相,黑云母角闪辉绿辉长岩相,各相带间为渐变过渡。主要含矿岩石为橄榄苏长岩及苏长岩,m/f 均值大于 2.45。工业矿石分为特富镍矿石,富镍铜矿石,富铜贫镍矿石及含铜矿石,矿石主要为块状和浸染状。Ni 和 Cu 的平均品位分别为 0.8% 和 1.3%,其规模为大型。矿石除 Ni 和 Cu 外,伴生的有益元素有铂(Pt)、钯(Pd)和银(Ag)等,其储量均可达中型。喀拉通克铜镍矿床的成矿时代为早二叠世。矿区的 3 个岩体的同位素年龄:1 号岩体为 282.5±4.8～287±5Ma,2 号岩体为 290.2±6.9Ma,3 号岩体为 299.1Ma(王润民等,1991;韩宝福,2004;张作衡等,2005)。它们可能为同源岩浆不同期次的产物,其原始岩浆为含 MgO 9.3% 的高镁玄武质岩浆(贾志永等,2009)。

南马克苏特和喀拉通克铜镍矿之间有很大的空间,在这区间有较大的找矿空间。

2. 斑岩型金钨、铜钼矿化

1)桑德克塔斯晚古生代(石炭纪—二叠纪)斑岩金铜钨矿集区

已知有桑德克塔斯、昌格等 Au、W 矿床,阿尔谢尼耶夫、阿尔卡雷克 Au、Cu 矿床及辛聂皮里扎、扎纳扎尔、卡拉布加等铜矿点,矿化可能与早石炭世的辉长闪长岩-花岗闪长岩建造(萨吾尔杂岩)有关,该建造为贫铜的斑岩矿化,如桑德克塔斯斑岩 Au、W 矿床的矿化。

2)在斋桑-萨吾尔石炭纪—二叠纪上叠盆地 Cu－Mo－Au 矿带($Ⅱ_{1-1}$)

有克孜尔卡因-肯赛晚古生代斑岩铜钼矿集区($Ⅱ_{1-1}$)。已知 3 个铜钼矿床。以克孜尔卡因矿床为代表,矿区地层主要为下石炭统杜内阶的库尔容拜组,为基性和中性玢岩及其凝灰岩,夹少量凝灰砂岩,成矿的侵入岩为侵位于库尔容拜组的萨吾尔杂岩,其初始相为辉长闪长岩、辉长岩、闪长岩;第二相为花岗闪长岩、石英闪长岩、花岗岩、花岗正长岩,构造上位于肯赛背斜南翼。热液蚀变作用主要有钠长石化、绿泥石化、碳酸盐化、绢云母化和黄铁矿化,而泥化带控制了铜矿带的展布。共圈出 2 个矿段,其中一个面积为 100m×300m,受北西向断裂(长 500m～600m)控制;另一个面积为 30m×200m,受东西向断裂(延伸 500m)控制。矿化作用在地表的边界品位 0.3%,深部在 200m 处达到 0.5%,而在 400m 深处达到 0.8%。已知储量为小型,但根据稀疏钻孔网,按平均含铜 0.3%,边界品位 0.2% 计算,矿床可达大型。

该矿集区肯赛 Cu、Mo 矿床矿石 Pb 同位素年龄为 318～321Ma,而肯赛 Ⅱ Cu、Mo 矿的 Pb 模式年龄为 340Ma。所以成矿时代主要为早石炭世。

该矿带延入新疆在吉木乃地区见有布尔克斯岱金矿,主要与石英钠长斑岩脉有关,有些石英钠长斑岩本身就是金矿体,其成矿时代为晚石炭世—早二叠世。

在新疆青河泥盆纪—石炭纪 Cu－Ni－Mo－Au 矿带($Ⅱ_{1-2}$),有哈腊苏-卡拉先格尔晚古生代斑岩铜（金）矿集区（Ⅱ$_{1-2}^2$），见有哈腊苏和希勒库都克铜矿床，以及卡拉先格尔、玉勒肯哈腊苏、希勒克特哈腊苏铜矿（床）点。其中哈腊苏斑岩铜矿位于额尔齐斯-玛因鄂博大断裂与北北西向的可可托海-二台断裂的交会处，其332＋333级资源量可达中型。矿床矿化体见于花岗闪长斑岩和石英闪长斑岩及接触带的围岩。已控制5个矿体，以Ⅰ$_2$号规模最大，工业矿体沿走向约750m。矿体呈透镜状、不规则脉状、分支脉状，与围岩呈渐变关系。矿石构造有浸染状、细脉-浸染状、网脉状和团块状构造。矿石含金属矿物以黄铜矿、黄铁矿为主，次为斑铜矿、磁铁矿、辉钼矿、黝铜矿、钛磁铁矿等。工业矿体铜的平均品位0.45％～0.56％，低品位矿体Cu平均品位0.25％～0.26％，矿石中伴生金的品位一般为0.17～0.83g/t，最高2.21g/t。与该矿有成因关系的花岗闪长斑岩SHRIMP U－Pb年龄为381±6Ma（Zhang et al，2006）和375.2±8.7Ma（吴淦国等，2008），而矿床辉钼矿Re－Os年龄为378.3±5.6Ma（杨富全等，2010）和376.9±2.2Ma（呈淦国等，2008）。此外玉勒肯哈腊苏斑岩铜矿辉钼矿Re－Os年龄为373.9±2.2Ma（杨富全，2008），总的来看，成矿时代主要为晚泥盆世。但是哈腊苏斑岩铜矿区的石英闪长斑岩的SHRIMP锆石U－Pb年龄为215.8±4.6Ma（薛春纪等，2010），如果可靠，则可能还有更晚的一期成矿作用。此外，该矿还有中型的索尔库都克矽卡岩-斑岩铜矿。

3. 韧性剪切带变质热液和岩浆热液金矿床

1）韧性剪切带型金矿床

主要见于成矿带北西部，扎南-巴尔德克尔晚古生代韧性剪切带金矿集区。已知有巴尔德克尔、克姆皮尔、阿利姆别特、扎南等金矿床。它们均为沉积岩容矿，受韧性剪切带控矿的金矿床。

2）岩浆热液型金矿床

主要见于邻近的恰尔斯克-额尔齐斯挤压带（缝合带），如瓦西里耶夫、博克、纳霍德卡等金矿床，其矿化与交代变质斜长花岗岩-花岗闪长岩和斜长花岗斑岩-花岗闪长斑岩岩墙有共生关系。主要为金-石英脉型矿化，如博克岩浆热液型金矿床，除Au外，还伴生有益元素Sb、As、Cu等。

新疆境内金矿床，在西部托斯特晚古生代Cu－Au矿集区（Ⅱ$_{1-1}^2$），有阔尔真阔拉金矿床，容矿岩石为中泥盆统玄武-安山质隐爆角砾岩，成矿时代为石炭纪（含金硅化石英岩流体包裹体Rb－Sr等时线年龄341±30Ma，李华芹等，2004）。托斯特金矿的容矿地层为石炭系钙碱性玄武-安山岩建造，与二叠纪碱性花岗岩有关。在东部马热勒铁泥盆纪火山沉积金矿集区（Ⅱ$_{1-2}^3$）也有一些金矿床。如马热勒铁小型金矿床，与泥盆纪火山岩有关，因含有冰长石，故认为有可能为陆相火山岩型。另外还有破碎蚀变岩型的科克萨依金矿床，成矿时代较晚，据含金石英脉石英包体的Rb－Sr同位素年龄227±24Ma（李华芹等，2004），成矿期上限应为三叠纪。

4. 钨、钼及稀有金属Nb、Zr等矿床

主要见于"锡列克塔斯-萨尔萨赞-科布克W－Mo稀有金属"矿集区。

1）钨钼矿床

该类型包括矽卡岩型和岩浆热液型两类。矽卡岩型以耶金德布拉克钨矿床为代表。矿化产于侵入岩外接触带和侵入岩之上的角岩化和矽卡岩化的碳酸盐岩和陆源岩中。矿体为含白钨矿的石榴石矽卡岩、石榴石-绿帘石矽卡岩、角闪石-辉石矽卡岩、硅灰石矽卡岩等。该矿床与早二叠世的扎尔马杂岩之花岗岩有成因联系，成矿时代为286±230Ma。

岩浆热液型Mo、W矿为云英岩-石英脉型。主要与正常或偏高碱性的花岗岩类（扎尔马杂岩）有关。如扎曼-科伊塔斯Mo、W矿床和基什基内Mo矿床，它们的成矿时代为301～270Ma，应为晚石炭世-早二叠世。

2）稀有金属矿

以大型的上埃斯佩Nb、Zr稀土元素矿床为代表。该矿床是1955年在地质测量工作中发现的，于

1957—1962 年进行了普查勘探工作。该矿床产于侵位于下石炭统陆源碎屑岩中的阿克扎依劳（又名阿克扎伊利）多相花岗岩体，为结构复杂的正长花岗岩、浅色花岗岩和碱性花岗岩。花岗岩和伟晶岩均遭受了碱性变质作用（钠长石化、钠闪石化）。矿体产于次碱性花岗岩顶部，外接触带蚀变岩烧绿石-锆石-钠闪石花岗岩中，呈不规则板状或透镜体，厚几米至数十米，长数百米。主要矿石矿物为锆石、烧绿石、氟钠钙石，其次有磷钇矿、氟碳铈矿、金红石、方铅矿。在细粒交代岩中，矿石矿物呈浸染状，大小一般不到 1mm，而在被交代的伟晶岩中，颗粒较粗。

矿石中除 Zr、Nb、Y 和稀土等主要有用组分外，锡、锌、铅含量也较高。在一些大的矿体中，往往出现独立的锡矿物（锡石）。Sn 含量介于 0.03%～0.10%（Ⅰ号矿体），甚至高达 0.5%（13 号矿体），已达工业开采品位。但在其他矿体，锡含量很低，不超过 0.01%～0.02%，铅和锌既可呈独立矿物（方铅矿、闪锌矿），也可呈类质同相杂质赋存于矿石中。

第三节　典型矿床研究

一、尼古拉耶夫矿床

（一）区域地质特征

该矿床位于哈萨克斯坦境内的矿区阿尔泰构造成矿带的西南边缘，属于额尔齐斯挤压带尼古拉耶夫-鲁利哈矿结。该矿结分布范围是一条从鲁利哈矿床到乌巴河呈北西向延伸、长约 15km 的含矿带，其西南界沿着额尔齐斯挤压带伸展，而东北界则以麦若夫斯克花岗岩体为界。含矿带内已有尼古拉耶夫和塔洛夫-鲁利哈 2 个工业矿床和 10 个以上的矿（化）点。

区域地层出露有中-上泥盆统的别列佐夫组、塔洛夫组、卡梅涅夫组、斯涅吉列夫组及皮赫托夫组，小部分面积由晚古生代陆相含煤沉积-小乌利巴组组成。在构造方面，该区占据阿列伊复背斜西南翼，地层呈北西走向、向南西倾斜。全区被近南北向断裂分割成一系列大的断块，彼此相对位移一米至数千米。这些断裂具平移特点，与额尔齐斯挤压带相连接，起着重要的导矿通道作用。在大断块内部，发育着第三级和第四级更小的断裂，形成复杂的构造格架，它们起着控矿和容矿作用。该区的断裂往往也决定了小侵入体的分布，因此，断裂形成时代是侵入活动和成矿作用发生之前的，其中最大的一些断裂早在泥盆纪时就已独立形成和发育。

本区的褶皱构造不太发育，为断裂牵引的小褶皱。构造的一般特点及不同类型矿化的关系表示在图 2-1 上。

尼古拉耶夫-鲁利哈矿结内的矿化属于铜、铜-锌、多金属类型，而且在总厚度不小于 4 000m 的整个泥盆系火山沉积岩剖面中均有矿化，但绝大部分金属储量集中在中泥盆统和上泥盆统下部地层（别列佐夫组、塔洛夫组、卡梅涅夫组）中。

在成因方面，本区的矿化各不相同。根据已进行的研究，可划分出几个矿石建造，它们在矿物成分和时代上与岩浆杂岩和构造的关系均有所不同。这些矿石建造是：与泥盆纪火山作用有关的以黄铁矿为主的分散矿化建造，斑岩铜矿建造，矽卡岩型铜、铜-锌、多金属建造，硫铁矿型多金属建造。

与泥盆纪火山作用有关的以黄铁矿为主的分散矿化建造的特征是，发育很宽的热液蚀变晕（绢云母化、硅化、钠长石化），而且中泥盆统火山岩中有均匀的黄铁矿化，蚀变岩中金属含量不高。其总量不超过 0.1%～0.2%。蚀变岩石和黄铁矿化晕总是与塔洛夫组的斑岩和角砾状熔岩有关。在上泥盆统卡梅涅夫组中，这种类型的矿化出现在凝灰质集块岩中。

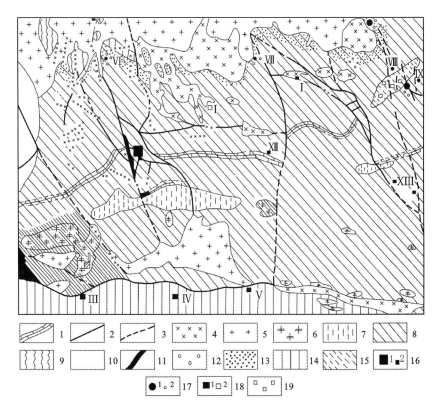

图 2-1　尼古拉耶夫-鲁利哈矿构造-成矿略图

1.尼古拉耶夫灰岩;2.查明的断裂;3.推测的断裂;4.斑岩和玢岩(晚期小侵入体杂岩);5.兹麦伊诺戈尔斯克杂岩的花岗岩类;6.岩基形成以前(萨乌尔期)的斑岩;区域变质区;7.晚古生代;8.中、晚古生代;9.早古生代;10.与早期(岩基形成以前)斑岩有关的自变质晕;11.晚期阶段(小侵入体时期)热液变质晕;12.矽卡岩和矽卡岩类;13.角页岩晕;14.强烈变质区;15.与泥盆纪火山活动有关的自变质晕;16.硫铁矿型铜-锌和多金属矿床 1 和矿点 2;17.矽卡岩型铜和多金属矿床 1 和矿点 2;18.斑岩铜矿型矿床 1 和矿点 2;19.与泥盆纪火山作用有关的分散矿化
Ⅰ-ⅩⅢ.其他矿点及编号

　　斑岩铜矿化建造在空间上趋向于阿列伊复背斜与额尔齐斯挤压带的接合部,它们总是与石英-长石斑岩侵入体有关,或者呈分散矿化形式出现,或者为含黄铁矿、黄铜矿、少量闪锌矿和方铅矿的硅化带和石英脉带。

　　出现在角页岩和矽卡岩中的矿化,较为广泛地见于麦若夫斯克花岗岩类岩体的外接触带。属于这种类型的有塔洛夫矿床、鲁利哈矿床及一系列矿点。矽卡岩种类有石榴石矽卡岩、石榴石-辉石矽卡岩、石榴石-角闪石矽卡岩、绿帘石矽卡岩、绿帘石-阳起石矽卡岩等。

　　硫铁矿型多金属建造,无论从类型或者以近矿变质作用特点上,均与上述类型有明显差别。尼古拉耶夫矿床和Ⅹ-ⅩⅢ号矿点的石英-铜矿化属于这种类型。这种矿石建造的主要矿石类型是硫铁矿矿石(黄铁矿和黄铁矿-白铁矿矿石)、含硫铁矿的铜和铜-锌矿石、多金属矿石等。典型的近矿变质作用是硅化、绿泥石化、绢云母化、碳酸盐化和黄铁矿化。

（二）矿床地质特征

　　尼古拉耶夫矿床分布在经济发达和人口稠密的舍莫奈哈地区,距离乌巴河不远。该矿床早在 18 世纪就已开采,1955 年建成尼古拉耶夫斯克矿山,进行露天开采。

　　矿床地段属于阿列伊复背斜西南翼的一部分,由中、上泥盆统组成,这套地层被晚古生代局部含煤沉积不整合覆盖。地层主要为向南西倾斜的单斜层,倾角中等和平缓。泥盆系成层的沉积火山剖面的总厚度大于2 500m(图2-2)。该剖面下伏是固结度较高的、成分较均一的奥陶系基底,而上覆是发育在矿床以南的晚古生代含煤岩系。

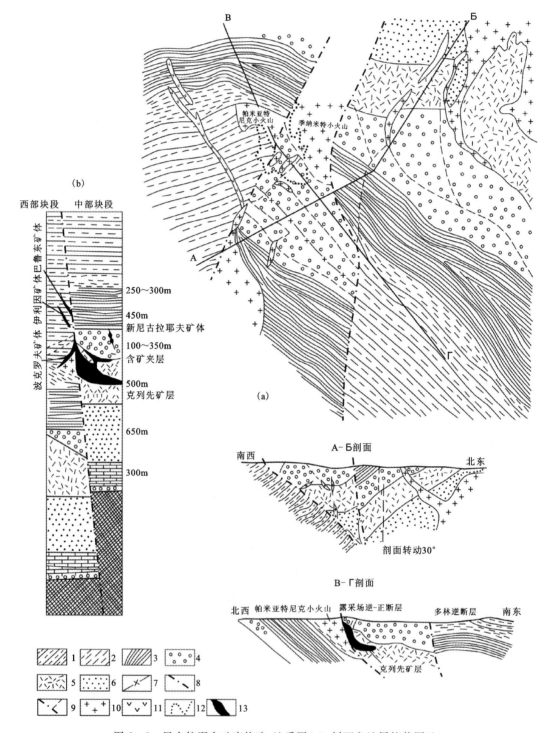

图2-2　尼古拉耶夫矿床构造-地质图(a)、剖面和地层柱状图(b)

1.斯涅吉列夫组(与硅质-黏土质粉砂岩和凝灰粉砂岩交互成层的石英斑岩质凝灰岩和凝灰熔岩);2.尼古拉耶夫动物化石层位(硅质-黏土质粉砂岩,部分凝灰岩、层凝灰岩和砂岩,并含灰岩层和透镜体);3.卡梅涅夫组(玻基晶屑石英斑岩质凝灰岩,含硅质-黏土质粉砂岩相凝灰砂岩夹层);4.戈尼阿季托夫上亚组(含粉砂岩夹层和灰岩透镜体的基性喷发岩、凝灰岩和层凝灰岩);5.塔洛夫组(砾状凝灰岩,部分石英角斑质凝灰角砾岩和凝灰熔岩,含稀少的硅质-黏土质粉砂岩和层凝灰岩夹层);6.戈尼阿季托夫下亚组(与厚的绿色层凝灰岩层交互成层的基性喷发岩、凝灰岩,以及硅质-黏土质粉砂岩);7.向斜轴;8.背斜轴;9.逆-平移断层;10.石英斑岩;11.辉绿玢岩;12.克列先硫化物矿层的水平投影;13.矿层

　　最主要的构造是两条北东向断裂-卡里耶尔和多林逆-平移断层。它们破坏了泥盆系的所有岩层，并分割成3个断块，彼此相对位移达1600m（平面上）。位于两条断裂之间的中部断块具有极为复杂的结构，包括该矿床的大部分矿体。在该断块内岩层向南西倾斜的背景上，发育不和谐的褶皱，尤其在矿体以上部分更为强烈，这类褶皱是由于沿断裂带分布的断块差异性位移产生的，空间上受断裂所限制。已褶皱的中部断块又被更小的共轭断裂分割，这些小断裂具不同走向和倾向，在空间上形成复杂的构造格架。主断裂和次级断裂形成于海西早期和中期，因而控制了各种侵入岩的侵入和热液活动。在矿床的这一地段，已查明10个以上的斑岩和玢岩侵入体。斑岩形成岩株，含有大量岩枝、岩墙、岩床和岩盖状岩体。这些侵入体常沿断裂分布，部分产于层间剥离带内。侵入时代较晚的辉绿玢岩形成岩墙，充填在卡里耶尔断裂的羽状裂隙中。

　　尼古拉耶夫矿床实质上为隐伏矿床，地表仅沿断裂出露一些小的侧向含矿岩枝，而主要矿体产于戈尼阿季托夫组地层之下，埋深150～200m。地表矿体露头断续分布在一条长650～700m，宽20～80m的地带内，到深部矿层形态较复杂（图2-3）。矿层西北部最简单，埋深最大，是一个很厚的层间岩枝，厚度40～50m，沿倾向迅速尖灭，在斑岩接触带上矿体于断裂毗邻处急剧地尖灭，该断裂是卡里耶尔主断层带下盘一侧的羽状断裂之一。到南部，该岩枝倾角30°，在350m深度穿过这个断裂带，沿倾伏方向，岩枝长400m，沿倾向不大于350m。它产在西部构造断块内的弗兰期岩石中。

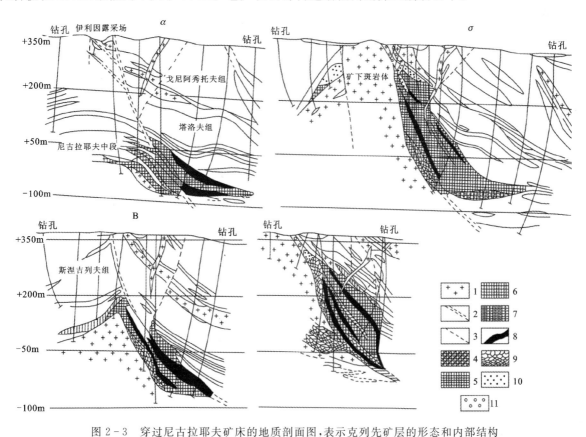

图2-3　穿过尼古拉耶夫矿床的地质剖面图，表示克列先矿层的形态和内部结构

1.石英钠长斑岩；2.卡里耶尔逆-平移断层带；3.第三级断裂带；4.硫铁矿矿体（多呈碎裂状）；5、6.含硫铁矿的铜-锌矿体；7.含硫铁矿的锌矿体；8.多金属矿体；9.裂隙化角砾化石英斑岩，含裂隙状和浸染状硫化物矿化（贫矿）；10.次生硫化物矿体；11.氧化矿体

　　矿层中部直接分布在卡里耶尔断裂的构造带内，而且直接分布在其上盘。在这里，厚度大于100m的塔洛夫组（吉维特阶）被破坏的凝灰岩完全被矿石交代。矿层厚度膨大部位，对应于主控矿带上盘二级和三级断裂形成蜂窝状格架的位置。从矿体100～200m垂直厚度等直线来看，矿体为正方形态，其

四面平行于限定断裂,而正方形的角对应于断裂共轭角。在某些成矿前的断裂带附近,硫化物矿体发生如此急剧的钝角尖灭,以致矿体仿佛形成高度大于150m的壁。在断裂带的另一侧,只有稀少的含矿岩枝从这种"壁"中分离出来。总体上,矿展中部块体与周围的层状火山沉积岩组合呈交切关系。矿层南部是一个很厚的层间岩枝,沿塔洛夫组凝灰岩与下伏粉砂岩接触带从350~400m深度的主断裂中分离出来的。岩枝的最大厚度为50~75m,长度150~200m。

上述的克列先矿层产于酸性喷发岩(古维特期)和基性喷发岩(弗兰期)接触带上,该矿层中分布有一个较小的层间矿体,属于中部硫化物块体的岩枝。复杂矿层最重要的控矿因素是凝灰岩、斑岩和粉砂岩的构造角砾岩共轭系统;自卡里耶尔断裂带加入的含矿溶液,沿这些不同方向的构造单元扩散、流向四面八方,并浸透巨大体积的火山沉积岩,最终被硫化物所交代。含有层凝灰岩和硅质-黏土质粉砂岩夹层的主要是酸性集块-砾状凝灰岩,则遭受了完全的交代作用,破碎的斑岩被胶结起来,只是部分被硫化物交代。因此,其中只发育品位较贫的细脉-浸染状矿石。

尼古拉耶夫矿床呈致密厚矿层形式大量聚集的致密硫化物矿石,是在特殊条件下产生的,即在分层良好的、受大量断裂破坏的火山沉积岩中形成的,这些断裂相共轭,形成复杂的"蜂窝状"格架。矿层的水平投影在总的特点上重复了断裂共轭的轮廓,矿石沉淀作用的发展就与这种轮廓有关。

该矿床上分布最广的矿石是硫铁矿矿石、铜矿石、铜-锌矿石、致密的多金属硫化物矿石。

硫铁矿矿石往往是松散的黄铁矿和白铁矿物质,呈杂质形式的矿物是黄铜矿、闪锌矿和方铅矿。在含硫铁矿的铜矿石中,除铁的硫化物外,黄铁矿也具有明显的地位。铅和锌的硫化物作为杂质矿物出现。

铜-锌矿石和锌矿石的矿物成分较复杂,除黄铁矿、白铁矿和黄铜矿外,其中的闪锌矿和纤闪矿也占重要地位,方铅矿数量不多。

多金属矿石成分最为复杂,其中常见的矿物有黄铁矿、白铁矿、胶黄铁矿、黄铜矿、闪锌矿、纤锌矿、方铅矿、石英、重晶石等,往往还有石膏。对矿石中矿物共生组合的研究表明,大量复杂的硫化物矿层,是有顺序地沉积下述矿物组合的:①黄铁矿、石英、白铁矿;②黄铁矿、黝铜矿、闪锌矿、石英、白铁矿、黄铁矿、胶黄铁矿;③闪锌矿、纤锌矿、黝铜矿、黄铜矿、方铅矿、白铁矿、黄铁矿、胶黄铁矿、石英、重晶石、石膏;④黄铁矿、白铁矿、胶黄铁矿、石英、重晶石;⑤石英、石膏。所有组合既呈结晶颗粒形态,亦呈亚胶体形态,但③和④组合主要呈亚胶体形态。

在成矿过程中存在两个构造间断,由此划分为3个主要成矿阶段,即硫铁矿、铜矿、锌矿(或多金属矿)成矿阶段。在晚期阶段,矿物组合的顺序沉积伴随大量铁和铜的再沉积。现已查明并研究了许多矿石构造,最常见的矿石构造有交代火成碎屑岩上的继承构造、硫铁矿的破碎构造、角砾化硫铁矿被第二和第三阶段硫化物交代的构造、胶状构造、细脉状构造等。该矿床的矿石构造类型达19种之多,这是由成矿作用的长期性,以及由于该地段和近地表强烈构造活动性,使成矿溶液的成分和状况发生局部的多次变换所致。经专门计算,该矿床的成矿深度为0.8~1km。硫铁矿矿石、铜-锌矿石和多金属矿石的数量比等于1:84:15,铜-锌矿石中Cu:Zn:Pb约为10:10:1,在多金属矿石中为1:2.3:0.5。

尼古拉耶夫矿床对发展铜矿工业和硫酸生产具有巨大意义。

二、列宁诺戈尔斯克矿床

1. 区域地质特征

该矿床位于哈萨克斯坦境内的矿区阿尔泰构造-成矿带的中部,属于列宁诺戈尔斯克-济良诺夫斯克构造-岩相带及白乌巴-萨雷姆萨克塔构造-岩相带的一部分。主要构造单元是锡纽申复背斜,以及相应分布在复背斜西南和东北的贝斯特鲁申复向斜和白乌巴复向斜(图2-4)。锡纽申复背斜呈北西向,延伸长度大于200km,其核部由古老的绿岩质片岩组成,被海西期花岗岩类侵入体穿切;其翼部由中、晚泥盆世火山沉积岩组成。进入东北挤压带的复背斜陡倾翼遭强烈变位,并被纵向和横向断裂复杂化。挤压带的东、西分支(布塔奇哈-克德罗夫分支和乌斯品-卡林分支)呈北西向延伸到该区之外,其宽度4～5km。第三个分支为白乌巴分支,沿着矿区阿尔泰和山区阿尔泰边界上的白乌巴复向斜东北翼延展。锡纽申复背斜中部由近东西的列宁诺戈尔斯克地堑-向斜组成,构成锡纽申复背斜核部的早古生代变质岩,按变质程度和成分可划分为上、下两部分:上部岩层为变质程度较低的陆源岩(复矿砂岩、钙质砂岩、凝灰质砂岩及千枚岩),其厚度超过1km;下部岩层为强烈变质的火山岩(微晶质钠长石-绿帘石-绿泥石、石英-钠长石-绿泥石、钠长石-绿泥石成分的片岩)。

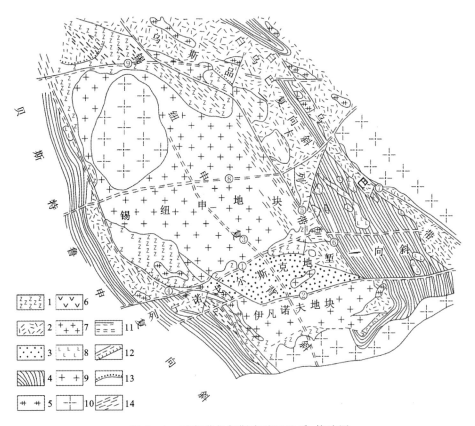

图2-4　列宁诺戈尔斯克矿区地质-构造图

1.下古生界;2.挤压带内中泥盆统火山沉积岩;3.列宁诺戈尔斯克矿田平缓产状的中泥盆世火山沉积岩;4.中、上泥盆统类复理层;5.中泥盆世次火山斑岩侵入体;6.中、晚泥盆世次火山玢岩;7.斑岩侵入体;8.辉长岩类;9.花岗岩类;10.卡尔巴杂岩体的花岗岩;11.早、中古生代形成的深断裂(a.显示在现代侵蚀面上的,σ据地球物理和其他间接资料查明的);12.同11,但规模较小的断裂;13.北部逆掩断裂;14.挤压带的断裂:①列宁诺戈尔斯克断裂;②南部断裂;③中部断裂;④普罗霍德-马里因断裂;⑤勃列克辛断裂;⑥舒宾斯克断裂;⑦白乌巴断裂;⑧戈卢申断裂;⑨斯涅吉里哈断裂

中泥盆统艾菲尔阶和吉维特阶火山沉积岩从下至上划分为:列宁诺戈尔斯克组、克留科夫组、伊利因组、索科利组和乌斯品组。

列宁诺戈尔斯克组(300～700m):以角度不整合超覆在古老岩层之上,其底部为砾岩(成分以火山岩为主,其次为砂岩、粉砂质泥岩)。广泛发育石英斑岩和钠长斑岩、英安岩及各种粒度的凝灰岩和层凝灰岩。

克留科夫组(300～600m):以沉积岩为主,夹部分火山岩,整合于列宁诺戈尔斯克组之上,发育在锡纽申复背斜翼部和列宁诺戈尔斯克地堑-向斜中。该组主要由粉砂岩及较少的细砂岩、灰岩、硅质岩和层凝灰岩组成。近火山口相为酸性喷发岩和火成碎屑岩。

伊利因组(80～1 000m)：由辉绿岩-安山岩成分的喷发岩-火成碎屑岩及较少的英安岩成分的喷发岩和凝灰岩、层凝灰岩和沉积岩组成，是一个具有特征岩性组合的标志层位。

索科利组(30～800m)：以沉积岩为主，其次为流纹岩成分的喷发岩和火成碎屑岩。在乌斯品-卡列林带内，其地层相应为酸性喷发岩，夹有薄层粉砂岩。根据动物化石资料，该组属于晚艾菲尔期。

乌斯品组(400～1 800m)：发育在列宁诺戈尔斯克矿田范围外，几乎无例外地为流纹岩-英安岩成分的喷发-火成碎屑岩，其次为沉积岩。该组时代属于艾菲尔期 吉维特期。

属于吉维特-弗兰期的地层还有白乌巴组(达3 000m)，为千枚岩、粉砂岩和砂岩的复理石层。它整合或局部假整合于乌斯品组之上。

在矿区阿尔泰通用的地层表中，前3个组变为别列佐夫组的亚组，后2个组变为塔洛夫组的亚组。

该区中-晚泥盆世的火山活动造成巨大体积的喷发-火成碎屑物堆积。火山作用主要呈中心式和裂隙式喷发，常具层火山特点。火山作用经历3个主要阶段，均以强烈喷发、堆积巨大体积喷发岩开始，而以火山作用减弱、堆积陆源岩和次火岩侵入结束。第一阶段占据列宁诺戈尔斯克组和克留科夫组形成时期，第二阶段为伊利因组和索科利组下部形成时期，第三阶段为索科利组上部、乌斯品组和白乌巴组下部形成时期。

次火山岩侵入体形成各种规模的(直径几十米、几百米至3km)岩墙、岩株、岩盖和岩床。它们是相应喷发岩的同源岩浆岩。

在列宁诺戈尔斯克矿区中部，每个火山作用阶段已查明4～6个火山作用中心。这些火山中心集中在北西向和近东西向深断裂及与其共轭的、在泥盆纪以前形成在加里东期基底上并长期发育的断裂的交切点上。

该区约80%面积为岩浆岩所占据，其特点是：形成时间范围大，侵入杂岩具多相性。分布最广泛的是兹麦伊诺戈尔斯克多相的侵入杂岩，其中岩墙相为花岗斑岩、文象斑岩、石英斑岩、辉绿玢岩及辉长辉绿岩。

发育不同时代和规模的断块褶皱构造和断裂构造，以及火山构造和挤压带。构造发展包括晚加里东期—早海西期、中-晚海西期及阿尔卑斯期3个主要阶段。锡纽申地垒背斜和使其复杂化的横向的列宁诺戈尔斯克地堑-向斜形成于晚加里东期。在后来的断块-褶皱活动中，又经历了漫长的继承性发展。

列宁诺戈尔斯克地区已知有几个多金属矿床和100多个矿点和矿化点。这些矿床和矿点主要分布在列宁诺戈尔斯克矿田、季申矿田和乌斯品-舒巴矿田。北西向和近东西向深断裂对于矿田和矿床的空间分布起主要作用，矿化具有线性结状特征。几乎所有已知的矿床(点)均产于成分复杂的艾菲阶火山沉积岩中，工业矿化局限在4个主要容矿层位中，即克留科夫组和列宁诺戈尔斯克组上部、索科利组、乌斯品组上部。矿化主要产在沉积岩及由其发育而来的绢云母化、硅化，较少绿泥石化和白云岩化岩石中，也产于沉积岩与火山岩频繁交互地段。在列宁诺戈尔斯克矿田平缓产状的短轴褶皱构造中，伊利因组和索科利组具有对矿化的区域遮挡作用。主要矿床是在距离火山机构不远或在火山机构范围内形成的，总体受同一深度的断裂控制，多金属矿化与中泥盆世的喷发岩有密切的空间关系，这对于整个矿区阿尔泰应是一条完全客观的规律。

2.矿床地质特征

列宁诺戈尔斯克(旧称里杰尔)矿床包括4个矿层，其中最富的里杰尔主矿层在里杰尔山冈西南坡菲利普波夫卡河右岸出露于地表，该矿层西南与里杰尔Ⅱ号矿层相连，西北与"工厂"矿层相连，后两个矿层分布在很深处，还有菲利普波夫铜-锌矿层。

里杰尔矿层是陡倾的透镜状矿体，其中部膨大，翼部尖灭，分布在克留科夫组上部。其上盘一侧受片岩化粉砂泥岩限定，下盘一侧受块集凝灰岩限定(图2-5)。

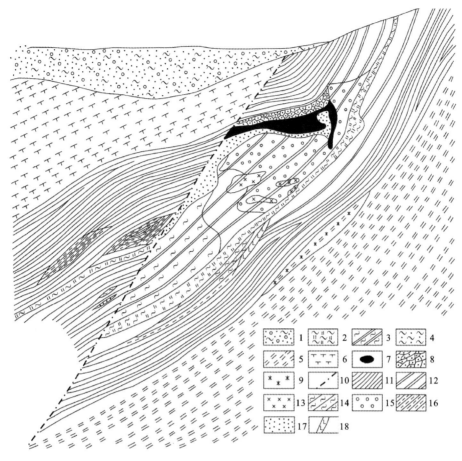

图 2-5　垂直里杰尔主矿层走向的地质剖面

1. 冲积物；2."岩墙"状石英绢云母岩；3. 含非工业矿化的绢云母微晶石英岩；4. 矿化绢云母岩；5. 酸性集
块凝灰岩；6. 伊利因组基性和中性凝灰岩；7. 致密硫化物；8. 矿化片岩；9. 铜-锌矿化；10. 断裂；11. 克留
科夫组黏土片岩；12. 含非工业矿化的微晶石英岩；13. 含金微晶石英岩；14. 绢云母-黏土片岩；15. 工业
矿石；16. 硅化片岩；17. 绢云母-碳酸盐片岩；18. 斜长玢岩

　　主要控床构造是陡倾断层与穹隆状褶皱的连接部位，集中了大量成矿物质。控矿裂隙系统保证了
含矿溶液以广阔的前锋渗透到断裂上盘，直至覆盖矿床的塑性粉砂泥岩遮挡层。岩石的原始成分对含
矿性有极大影响，它们在主要穹隆构造范围内遭受交代作用。矿床的主要工业价值是致密硫化物矿石，
在上部（720～750m）的一个矿层呈北西向延伸，与围岩整合产出，并与上盘粉砂岩接触带平行。到深
部，矿体分支后又复合成厚矿层，在第 8 层位上达最大规模。在这一层位的断面上，矿层呈双月形，内接
直角边为 70×150m。在第 7 层位以下（700m），块状硫化物的主矿体具典型的透镜状结构，逐渐地向第
10 层位（618m）和更低层位急剧尖灭。在上部层位中，矿层陡倾（60°～65°），往下产状变缓（30°），然后重
新变为与围岩产状一致。矿体平伏部分被弯曲，并沿走向倾斜。厚度平均 10m，最大厚度达 30m。在绢
云母-石英岩和绢云母碳酸盐岩中，产有微晶石英岩的透镜体，它含有浸染状和细脉状矿化，其上盘见有
单个的、层状的块状硫化物的矿体。

　　在纵断面（北西-南东向）上，块状硫化物主矿体接近于鞍状矿层，它充填在穹状构造顶部。同时，在
与上盘片岩接触带上保持整体性和连续轮廓的这一矿体，到下部则分成 5～7 个单独尖灭的矿体，其间
被绢云母-碳酸盐物质分开。因此，在单个断面上，就造成交切绢云母-碳酸盐岩的虚假印象。一些最可
能的导矿通道是被石英-绢云母充填的裂隙，控矿通道（在局部地段本身被矿体充填）则离开它一定距
离，后者的实例可能是管状矿化绢云母-碳酸盐岩体。

在矿化微晶石英岩块段范围内,存在块状硫化物管状、巢状复杂形态的矿体。在这种矿床实例中,致密硫化物矿石的结构-形态特点具有下列标志。

(1)致密硫化物矿体形态复杂,平伏透镜状矿层与矿巢剥陡倾分支矿体相结合,分支矿体向下沿倾向尖灭。矿体上部明显的界线由上覆粉砂泥岩(遮挡层)的位置决定。

(2)绢云母岩和碳酸盐-绢云母岩包围矿化微晶石英岩透镜体,其下伏是致密硫化物主透镜状矿体,局部被分成孤立的块段。

列宁诺戈尔斯克矿床的主要储量是矿化微晶石英岩,组成几个孤立的大矿体,其中最大的矿体以细脉-浸染状矿化为特点。微晶石英岩主要是由硅质粉砂质泥岩、硅质岩、较少的其他岩石经交代和变质作用形成的,常常包含有原岩的残余物或继承了原岩的结构-构造特点。由于大量裂隙被较晚的石英、绢云母所充填,产生了矿石的微网脉构造。一些破碎的透镜状岩带一般由绢云母-碳酸盐岩、绢云母-黏土岩和绢云母石英岩组成,它们含有微晶石英岩、致密硫化物矿石,有时为含大量金属浸染体的粉砂泥岩等滚圆状粗碎屑。

列宁诺戈尔斯克矿床范围内,除微晶石英岩矿体由上盘至下盘金属含量增高外,其他矿体从上至下金属含量则降低。

致密硫化物矿石中,Pb 15.2%、Zn 28.8%、Ag 248g/t;浸染矿化的微晶石英岩中,Pb 2.5%、Zn 5.1%、Cu 0.11%、Ag 25.4g/t。

三、巴克尔奇克金矿田

巴克尔奇克金矿田是一个由若干个不同规模矿床组成的矿田,以其同名矿床规模为最大,是目前哈萨克斯坦重要金矿产地之一。

该矿位于哈萨克斯坦东部恰尔斯克城东北。在构造上属斋桑-东北准噶尔-南蒙海西褶皱系。按 Г. H. 谢尔巴(1984)对西南阿尔泰构造-成矿带的划分,它位于最西侧的西卡尔巴构造-成矿亚带。从深部构造来看,西卡尔巴带北部为塞米巴拉金斯克-鲁布佐夫幔凸,南段为斋桑幔凸,中段为卡尔巴幔凹,而矿床位于塞米巴拉金斯克-鲁布佐夫幔凸与卡尔巴幔凹之间过渡带,地壳厚度约46km,莫氏面相对隆起,矿床位于塞米巴拉金斯克凸起的边缘,康氏面深度为24km。从深部断裂位置分析,矿床位于北西向西卡尔巴断裂、东西向济良诺夫断裂与北东向冬加林断裂的交会处。从图2-6所示阿尔泰成矿带主要构造来看,西卡尔巴带由一系列北西向排列的海西期坳陷构成,而矿床位于克兹洛夫坳陷的西南边缘。

在西卡尔巴带海西期坳陷内堆积了巨厚石炭系:下-中石炭统由类复理石建造的砂岩、粉砂岩及其互层组成,含碳质;上石炭统为陆相富含有机质杂色砂岩、泥岩、粉岩,其中多层富含植物化石,并夹有菱铁矿及透镜状煤层。岩层褶皱、断裂发育,褶皱主要呈北西向,断裂以东西向和北西向为主。

巴克尔奇克一带矿床主要沿东西向挤压带分布,矿带长10余千米,已发现有几个矿床。矿带内矿床的金矿化有3种类型:含金石英脉型;黄铁细晶岩化岩墙、岩脉;产于碳质岩层内浸染状硫化物。含金石英脉型多见于早石炭世不同岩层内,而碳质岩不同浸染状硫化物主要产于上石炭统内。前两种矿化规模不大,而最主要矿化属产于碳质岩层内浸染状硫化物。

矿体实际上是含硫化物的、受强烈挤压的碳质粉砂岩、泥岩,内含细小石英脉,脉附近含较多的细粒硫化物,主要是毒砂和黄铁矿。金赋存于毒砂和黄铁矿内,其中80%赋存于毒砂内,20%在黄铁矿内。围岩蚀变较弱,主要有绢云母化、铁白石化、碳酸岩化。

巴克尔奇克矿床已圈定的一个最大矿体长400m,厚1～40m,延深500～600m。在矿带内已控制的矿化深度达1 000m。据地球物理资料,含矿断裂带延深可达5km。现地表矿体多已采尽转入井下开采,矿石品位稳定,地下最低可采金品位为5×10^{-6},平均可达10×10^{-6},局部最高可达100×10^{-6}。

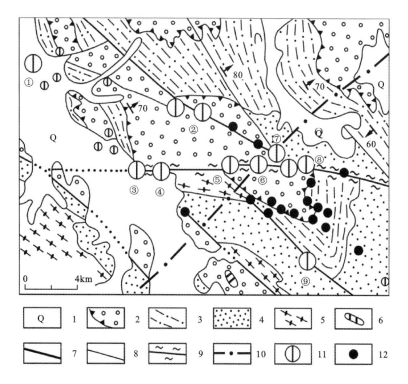

图 2-6　巴克尔奇克金矿田地质图

1.第四系；2.磨拉石淡水含碳质层；3.砂岩-粉砂岩亚建造；4.砂岩亚建造；5.碳酸盐岩-陆源碎屑岩
建造；6.斜长花岗岩、花岗闪长岩；7.断裂；8.羽状断裂及小断裂；9.克济诺夫挤压带；10.推断的隐
伏断裂；11.矿床及编号；12.含金石英脉。矿床名称：①克斯托别；②达利尼Ⅱ；③博利舍维克；④切
洛拜；⑤巴克尔奇克；⑥格卢博克凹地；⑦中间矿；⑧萨尔巴斯；⑨比然

据有关资料报道，此区金矿储量在 260t 以上。

研究认为，该矿床形成于海西造山阶段。泥盆纪—石炭纪基底断裂带及断裂交会处构成沉积盆地，形成巨厚的含碳沉积物是矿源层。造山阶段断裂活化形成岩层强烈挤压、破碎并伴随花岗岩类小侵入体侵入，造成金元素的活化、迁移和富集。哈萨克斯坦 1：150 万成矿图将西卡尔巴带定为海西优地槽造山环境的构造-成矿带。

四、蒙库铁矿床

新疆阿尔泰南缘发现了许多铁矿床（点），如蒙库大型铁矿、阿巴宫铁-铅锌矿（铁为小型，铅锌为中型）、乔夏哈拉铁中型铁铜矿、铁米尔特中型铁矿，以及结别特、巴利尔斯、加尔巴斯岛小型铁矿床等。蒙库铁矿床是典型代表，位于富蕴县境内，据县城北西 67km。

矿床发现于 1953 年，随后的 50 余年多家地质单位对其进行了普查及详查工作，目前探明铁储量 $1.1 \times 10^8 t$，全铁平均品位 44％，远景储量超过 $2.1 \times 10^8 t$，现由八一钢铁集团和紫金矿业共同开发。

（一）成矿地质背景

新疆阿尔泰可划分为北阿尔泰、中阿尔泰和南阿尔泰。北阿尔泰位于红山嘴-诺尔特断裂以北，主要由中-晚泥盆世—早石炭世火山沉积岩组成。中阿尔泰即喀纳斯—可可托海一带，位于红山嘴断裂与阿巴宫断裂、巴寨断裂之间，主要为早古生代变质岩系，出露地层主要有震旦纪至中奥陶世的浅变质巨厚陆源复理石建造、晚奥陶世的火山-磨拉石及陆源碎屑岩建造、中-晚志留世变砂岩。南阿尔泰北以阿巴宫断裂为界,南以克兹加尔断裂为界与额尔齐斯构造带相邻,主要由早泥盆世康布铁堡组和中泥盆世阿尔泰组变质火山沉积岩系组成,其次是石炭纪火山沉积岩系。康布铁堡组、阿尔泰组和中泥盆统阿舍勒组海相火山岩主要分布在北西向4个斜列的火山沉积盆地中,从北西至南东依次为阿舍勒盆地、冲乎尔盆地、克兰盆地和麦兹盆地,与火山岩系有关的铜、铅、锌、铁、金矿床主要分布在上述盆地中。

阿尔泰造山带花岗岩类广泛分布,具有多时代、多类型、多成因、多来源,形成于多种构造环境(芮行健和吴玉金,1984;邹天人等,1988;刘伟,1990;王中刚等,1998;王登红等,2002)。Wang et al(2006)、曾乔松等(2007)统计了近年来利用锆石 SHRIMP U-Pb 法和锆石 LA-ICPMS U-Pb 法精确测定的阿尔泰花岗岩类的形成时代,结果显示岩浆侵入活动存在4个峰值:460Ma、408Ma、375Ma 和 265Ma,特别是早-中古生代花岗岩类分布广泛。

(二)矿床地质特征

1. 含矿岩系

矿区出露中上志留统松克木群、上志留统康布铁堡组和中泥盆统阿勒泰组(图2-7)。康布铁堡组为容矿岩系,由变质火山沉积岩-正常沉积岩组成,可分为上、下两个亚组。下亚组出露于矿区中部,分为3个岩性段,各岩性段之间多为渐变过渡关系。第一段由条带状不纯大理岩、透辉石大理岩组成,呈细小的窄带展布在矿区北东部及南西部。第二段以条带状角闪斜长变粒岩、变粒岩为主,夹斜长角闪片麻岩、黑云母片岩、大理岩。第三段为主要赋矿层位,岩石组合为(含斑)角闪变粒岩、条带状角闪斜长变粒岩、黑云母变粒岩、角闪斜长片麻岩、斜长角闪岩、黑云母片岩、大理岩、变砂岩、浅粒岩。康布铁堡组上亚组为变凝灰质砂岩、浅粒岩、变砂岩、变含砾砂岩夹大理岩透镜体。

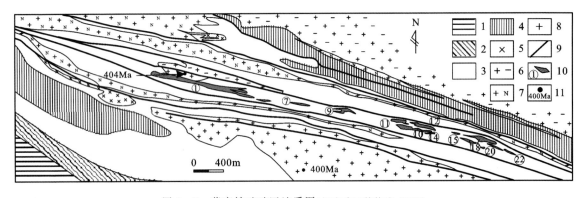

图2-7　蒙库铁矿矿区地质图(据李建国等修改,2005)

1.中泥盆统阿勒泰组变质砂岩、大理岩;2.上志留统康布铁堡上亚组变质凝灰质砂岩、变质砂岩、浅粒岩;3.下泥盆统康布铁堡下亚组大理岩、变质砂岩、角闪变粒岩、浅粒岩、片麻岩;4.上志留统松克木群片岩夹斜长角闪岩;5.斜长角闪岩脉;6.片麻状黑云母花岗岩;7.角闪斜长花岗岩;8.片麻状斜长花岗岩;9.断层;10.铁矿体及编号;11.岩体锆石 SHRIMP U-Pb 年龄

2. 侵入岩

矿区侵入岩发育,岩性主要为片麻状黑云母花岗岩、片麻状斜长花岗岩,少数角闪斜长花岗岩、斜长角闪岩等。其中蒙库矿区东北部片麻状黑云母花岗岩属琼库尔岩基的一部分,后者 SHRIMP 锆石 U-Pb 年龄为 399±4Ma(童英等,2007)。矿区东南部的片麻状斜长花岗岩 SHRIMP 锆石 U-Pb 年龄为 400±6Ma,1 号矿体北部近矿围岩片麻状花岗岩 SHRIMP 锆石 U-Pb 年龄为 404±8Ma,1 号矿体北东 1.5km 处片麻状黑云母花岗岩 SHRIMP 锆石 U-Pb 年龄为 378±7Ma(杨富全等,2008)。

3. 矿体及矿石特征

蒙库铁矿区已控制矿化带东西向长约 5.5km、宽约 400m,发现了 40 余个矿体,其中 1 号规模最大。矿区西段 1~6 号矿体的赋矿围岩以角闪斜长变粒岩、浅粒岩为主,多数矿体内及边部见石榴石和绿帘石等矽卡岩残留体和大理岩团块。矿区东段 7~22 号矿体的围岩主要为石榴石矽卡岩,其次是角闪斜长变粒岩、浅粒岩、大理岩。1 号矿体北侧近矿围岩为片麻状花岗岩,9 号矿体北部近矿围岩为片麻状斜长花岗岩脉。

矿体形态复杂,呈似层状、透镜状、囊状、不规则状,矿体膨大收缩、分支复合、尖灭常见。矿体总体产状与围岩产状一致,局部常见穿层现象,走向 290°~300°,向南西或北东陡倾,倾角多数大于 70°。单个矿体长 55~1 560m,厚一般 0.5~85.09m,最大可达 103m,延深可达 50~450m。1 号矿体是蒙库铁矿床最主要的工业矿体,331+332 级别储量 3 434×10^{4}t,全铁平均品位 41%。1 号矿体总体走向 295°左右,倾角 68°~89°,地表长 1 560m,最大厚度 103.18m,最小厚度 1.96m,平均 41.26m,最大延深达 550m。

矿石类型可划分为块状磁铁矿矿石、稠密浸染状磁铁矿矿石、中等浸染状磁铁矿矿石、稀疏浸染状磁铁矿矿石和条带状磁铁矿矿石。矿石构造主要为块状、浸染状,其次为条带状、角砾状、斑杂状、脉状构造。矿石结构主要有粒状变晶结构、交代残余结构、变余结构和碎裂结构。

矿石中主要金属矿物为磁铁矿,其次为磁赤铁矿,少量黄铁矿、磁黄铁矿、黄铜矿、赤铁矿等。脉石矿物主要为石榴石、透辉石、角闪石、长石,其次为黑云母、石英、方解石、绿泥石、绿帘石、透闪石、绢云母,少量方柱石、磷灰石等。

矿石平均品位 TFe 为 24%~58%,多数在 35%~48% 之间,≥50% 的富矿约占 1/4(胡兴平,2004),矿石中还伴生有铜,含量为 0.001%~1.53%(李建国等,2005)。

4. 围岩蚀变

围岩蚀变主要为矽卡岩化、硅化、绿泥石化、碳酸盐化、绢云母化、钠长石化。

蒙库铁矿床的矽卡岩发育,主要分布于矿体周围,或呈团块状分布于矿体中,离开矿体周围,在赋矿地层中不发育矽卡岩矿物。矽卡岩在空间上有一定的分布规律,矿区由西向东出露的矽卡岩越来越多。1 号矿体内和边部见少量石榴石、绿帘石矽卡岩和矽卡岩化大理岩残留体,7 号矿体附近见多层顺层分布的石榴石矽卡岩,再向东 9、10、12、14、新 18 号(包括 16~19 号)、21、22 号矿体赋存于矽卡岩中。矿物组合以石榴石(钙铁榴石为主,少量钙铝榴石)为主,其次是辉石(透辉石为主,含少量普通辉石)、角闪石(以阳起石为主)、绿帘石、绿泥石,属典型的钙质矽卡岩(赵一鸣等,1990)。石榴石和绿帘石逐渐交代角闪斜长变粒岩,部分交代大理岩,绿泥石磁铁矿脉和绿泥石逐渐交代石榴石、辉石和绿帘石。

五、多拉纳萨依金矿床

(一)地质成矿背景

矿床位于新疆哈巴河县城西北约 52km 处,处于阿尔泰西部玛尔卡库里断裂带和哈巴河断裂带之间的反"S"形构造系统中。矿田南北长约 20km,东西宽 10km,面积约 200km^2(图 2-8)。

区域内出露的地层主要为中泥盆统托克萨雷组,为陆源碎屑岩和浅海碳酸盐岩沉积组合。可分为 3 个岩性段:下段以长石石英砂岩为主,经变质后形成石英绢云母绿泥石片岩;中段以灰岩为主,夹有少量千枚岩和石英片岩;上段为千枚岩。

多拉纳萨依金矿区主要分布中泥盆统托克萨雷组上段,其可分为 4 层,金矿体主要产于第二、三层

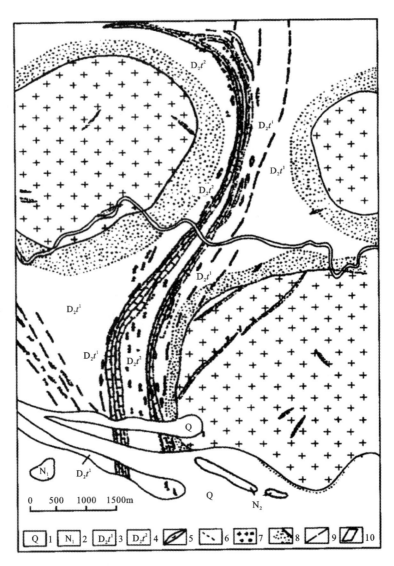

图 2-8　新疆哈巴河县多拉纳萨依金矿田地质图

（据新疆地质矿产局第四地质大队资料）

1.第四系；2.新近系砂页岩；3.中泥盆统托克萨雷组上亚组千枚岩、硅质岩、绿泥石片岩；4.中泥盆统托克萨雷组灰岩夹砂岩；5.（石英）闪长岩脉；6.石英脉；7.斜长花岗岩；8.角岩化带；9.断裂带或劈理带；10.矿床控制范围

中。第二层下部为变细砂岩、变粉砂岩夹绿泥绢云千枚岩；上部以绿泥绢云千枚岩为主，夹有变粉砂岩、变细砂岩透镜体或条带，以及紫灰色泥灰质变粉砂岩薄层，Ⅱ号矿床即赋存于该层上部。第三层下部为薄层灰岩，夹绢云千枚岩、钙质千枚岩、变泥质粉砂岩、白云岩化灰岩与白云岩；中部以含硅质条带灰岩、含生物碎屑灰岩为主，夹薄层状大理岩化灰岩；顶部为含硅质条带变泥质粉砂岩夹绢云千枚岩。Ⅰ号与Ⅲ号矿床即赋存于第三层下部薄层状灰岩夹绢云千枚岩、钙质千枚岩中。

多拉纳萨依矿田内出露3个斜长花岗岩株，即西北部萨热乌增岩株、东北部的柯立巴依岩株和东部的东格勒岩株。部分专家认为这3个岩株向深部连接在一起，构成别列孜克大岩基（王宏君等，1988）。其侵入接触面产状均向外陡倾，倾角一般为60°左右，岩体周围均有100～1 000m的热接触变质晕。

3个岩体的岩石组构类似，主要为中粒花岗结构、块状构造，在强劈理化地带，常具弱片麻状和片状构造。岩石 SiO_2 含量 64.18%～72.62%，里特曼指数 0.83～1.89，平均 1.59，皮科克钙碱指数 63，属钙性岩，且属强太平洋型。稀土元素球粒陨石标准化曲线铕无明显异常，稀土曲线平缓，来自下地壳或上地幔,可能有部分上地壳物质混染。岩体同位素年龄为 297~261Ma(李华芹等,1998)。此外,矿田内还出现大量斜长花岗岩脉和似斑状斜长花岗岩脉(370~350Ma;李华芹,1998)及少量石英脉和石英闪长玢岩脉。斜长花岗岩脉一般长数十米至百余米,呈雁行斜列分布,并与地层同步褶皱,有不同程度的热液蚀变。大多数岩脉的 SiO_2 含量在 65.52%~67.74%,少数岩脉在 75.92%~77.10%,属中酸性—酸性岩;里特曼指数为 2.49,钙碱指数为 60。

区内主体褶皱构造为阿克萨依向斜和布托别山背斜,为同斜紧闭褶皱。阿克萨依向斜分布在东部,受侵入体影响,总体呈近南北向反"S"形,走向长 10 余千米,宽约 1.5km,金矿化带分布在其中。布托别山背斜分布在矿区西部,长度大于 15km,宽 5~7km,核部发育破碎带,有糜棱岩化石英闪长岩脉和石英脉,并有明显的金矿化和化探异常。

区内断裂构造发育,以北北东、北北西向断裂为主,次为北西向、北东向和近东西向断裂。北北东向断裂(F1、F2)是本区主要控矿构造,其中 F1 断裂纵贯矿区中部,长 5km 以上,断裂破碎带宽 20~50m,普遍发育碎裂岩化、糜棱岩化,热液蚀变强烈,有石英闪长岩脉、石英脉密集分布,与金矿化密切相关。北北西向断裂(F3)在矿区西部,断裂规模较大,走向延伸长度超过 10km,断裂破碎带宽 200~500m,带内岩石变形强烈,发育碎裂岩化、糜棱岩化石英闪长岩脉和石英脉,并伴有金矿化。

韧性剪切带位于矿区东部 F1 断裂附近,并与之平行展布,呈反"S"形。长度大于 10km,宽 50~200m。沿剪切带内主要有绿泥绢云千枚岩、变粉砂岩及细砂岩、薄层灰岩夹绢云千枚岩、钙质千枚岩等,其中石英脉和石英闪长岩脉等密集分布。该剪切带经受过多期次变形变质作用,金矿化带与之相吻合,是本区金矿体的主要导矿、控矿构造。Fl 断裂即发育在该剪切带中脆韧性变形最强烈的部位。

(二)矿床地质特征

多拉纳萨依金矿区位于列别则克河南侧。在多拉纳萨依-阿克萨依倒转向斜东翼的反"S"形韧性剪切构造带内。矿区内已知矿带长约 4 000m,已控制 3 个矿床(或矿段),北部为Ⅲ号矿床,中部为Ⅰ号矿床,南部为Ⅱ号矿床,其中以Ⅱ号矿床规模最大。

1.Ⅰ号矿床成矿地质特征

含矿围岩为灰岩、绢云母千枚岩、钙质千枚岩,容矿岩石主要为糜棱岩化石英闪长岩脉和石英脉,部分为碎裂蚀变灰岩、矽卡岩、千枚岩。矿体主要赋存于石英闪长岩脉中或顶、底的围岩中。矿石类型以蚀变岩型为主,石英脉型次之。有 14 个不同规模的矿体,均位于 F1 断裂上盘破碎岩带内,呈平行或侧列分布,产状与破碎蚀变岩带基本吻合,形态呈脉状、分支脉状,沿走向及倾向方向有膨大缩小、分支复合、尖灭再现等变化。矿体控制长度 100~525m,平均厚度多在 1.2~4m 的范围内,最厚可达 5.5m,倾斜延伸 40~600m,矿体平均品位集中在 $(4~7)\times10^{-6}$。其中主要为Ⅱ矿体,地表长 525m,控制矿体倾斜延深 40~350m(图 2-9)。

2.Ⅱ号矿床成矿地质特征

位于剪切带内 F1 主断裂下盘构造破碎蚀变岩带内,总体走向近南北,长约 950m,宽 30~80m,控制斜深 250~400m。围岩为绿泥绢云千枚岩、千枚状变砂岩、变细砂岩。有 15 个矿体,其中主要矿体有 7 个。矿体为不规则分枝复合脉状、透镜状。矿体控制长度 50~350m,平均厚度 0.9~12m,大多为 1~3m,倾斜延伸 50~200m,矿体平均品位集中在 $(2~5)\times10^{-6}$。矿体成群分布,有上、中、下 3 个脉群带。上带分布于绿泥绢云千枚岩夹千枚状变砂岩中,以氧化矿为主,平均宽度 15~20m。中带平均宽度约 25m,围岩以千枚岩状变砂岩为主,夹千枚岩、变砂岩,蚀变以绢云母化、绿泥石化、硅化为主,中带矿体分布密集,有 9 个隐伏矿体。下带围岩以变细砂岩为主,夹千枚状变砂岩,蚀变以绿泥石化、弱硅化为主,有 9 个隐伏矿体。

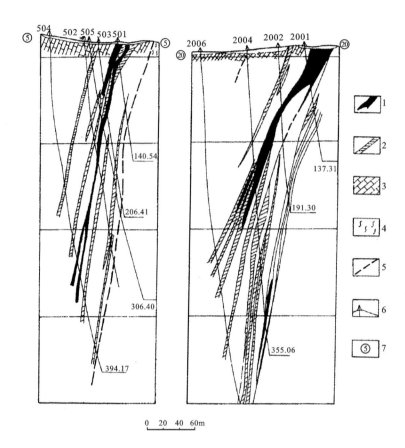

图 2-9　多拉纳萨依金矿Ⅰ号矿床 5 线和 20 线勘探剖面图(m)

(据新疆地质矿产局科研所资料,1990)

1.金矿体;2.糜棱岩化石英闪长岩脉;3.灰岩;4.绿泥绢英岩千枚岩;5.断裂;6.钻孔位置及编号;7.勘探线编号

3. Ⅲ号矿床成矿地质特征

位于 F1 主断裂上盘破碎蚀变岩带内。含矿围岩为薄层状灰岩夹千枚岩、变粉砂岩、变砂岩等。有 22 个不同规模的矿体,其中主要矿体 14 个。矿体形态为不规则脉状、分支脉状、薄脉状以及透镜状。控制矿体长度多在 50~169m 之间,厚度一般 1~4.2m,倾斜延伸 11~181m。其中规模较大的矿体有 2 个,长分别为 262m、412m,厚度为 2.12m、3.67m,倾斜延伸 105m、165m。矿体单样品位一般为(1.25~6.30)×10⁻⁶。

矿石类型分为氧化和原生矿石两类。氧化矿深度大致至地表以下 60m 左右,氧化矿已基本采完。原生矿石类型可分为蚀变岩型、石英脉型,后者未构成独立的工业矿体。蚀变岩型又按容矿岩石不同,进一步划分为糜棱岩化石英闪长岩型、蚀变千枚岩型、蚀变粉砂岩型及蚀变灰岩型等亚类。

矿石金属矿物含量 3%~5%,最高 12%。以黄铁矿为主,少量磁黄铁矿、黄铜矿、黝铜矿、方铅矿、碲铅矿、毒砂、蓝铜矿、斑铜矿、磁铁矿、赤铁矿、镜铁矿、钛铁矿、白钨矿等。脉石矿物主要有石英、长石、白云母、绢云母、绿泥石、方解石、绿帘石、石榴石等。

金矿物主要为自然金,少量银金矿、碲金矿。自然金主要为裂隙金和晶隙金,常赋存在石英、黄铁矿、褐铁矿裂隙中或金属硫化物、碳酸盐矿物晶粒间。

矿石构造常见浸染状、细脉状、细脉浸染状、胶状及蜂窝状等构造,以星散浸染状构造为主。矿石结构有粒状结构、交代结构、碎裂结构、包晶结构、乳滴状结构等。

　　围岩蚀变与韧性剪切带和岩脉群的展布有紧密关系,主要呈面型分布,局部地带蚀变分带较清晰。主要蚀变类型有硅化、钾化(白云母化、绢云母化)、钠化(钠长石化)、硫化物化、碳酸盐化及表生蚀变等。与金矿化关系密切的围岩蚀变主要有绢云母化、黄铁矿化、硅化等,其中不规则状细粒黄铁矿化最强烈的地段,往往与高品位矿体分布范围相吻合。局部地段蚀变有带状分布,从矿脉至围岩由强烈硅化硫化物化→硅化钠长石化黄铁矿化糜棱岩→绢云母化黄铁矿化弱硅化糜棱岩→碳酸盐化弱硅化糜棱岩→弱蚀变糜棱岩→围岩。细脉-网脉稠密浸染型硫化物化及强硅化地段矿化较好,钠长石化强烈地段矿化也较好。围岩蚀变的演化过程大致是:硅化(少量黄铁矿化)→硅化钠长石化绢云母化黄铁矿化→硅化绢云白云母化硫化物化绿泥石化→硅化绢云母化碳酸盐化→表生氧化。

4. 成矿时代

　　李华芹等(1998)对多拉纳萨依金矿区的侵入体和金矿时代进行了同位素年龄测试研究,斜长花岗岩(东格勒岩体)锆石 U-Pb 谐和曲线年龄为 289 ± 5Ma,与前人用 Rb-Sr 法所测的 298Ma 年龄值基本一致。石英闪长岩脉单颗粒锆石表面蒸发 Pb-Pb 年龄为 371 ± 22Ma,斜长花岗岩脉全岩 Rb-Sr 等时线年龄为 352 ± 40Ma。这表明侵入岩有两期,脉岩形成较早,岩株形成较晚。含金石英脉石英流体包裹体 Rb-Sr 等时线年龄测定,其成矿年龄为 269 ± 13Ma,形成略晚于斜长花岗岩株。含金闪长岩中白云母 Ar-Ar 坪年龄为 293 ± 1Ma,等时线年龄为 293.1 ± 4.8Ma(闫升好等,2004),表明含金剪切带韧脆性剪切活动的时代或主成矿期为 293Ma 左右。269Ma 可能代表成矿后叠加改造年龄。

六、阿舍勒 VHMS 型铜锌矿床

(一)成矿地质背景

　　矿床位于新疆南阿尔泰,属于矿区阿尔泰多金属成矿带,其古构造环境属于成熟岛弧系。在成熟岛弧发育的早期,伴随有双峰式的火山活动,成为北阿尔泰早古生代造山带南侧的岩浆型被动陆缘。早泥盆世堆积陆源碎屑-火山岩建造,中泥盆世过渡为双峰式火山岩建造,晚泥盆世末期-早石炭世转入汇聚,晚石炭世早期固结,二叠纪隆起为陆。阿舍勒矿床产于拉张阶段中下部的中泥盆统阿舍勒组双峰式火山岩建造中。

　　阿舍勒火山盆地的构造呈反"S"形,沿北西—南北—南东向展布。阿舍勒矿床位于盆地中部,处于3个火山机构之间。火山机构有北部蝌蚪火山机构、东侧桦树沟火山机构、南部阿舍勒村南火山机构,前两个在矿田范围内。矿区范围内分布中泥盆统阿舍勒组、中-上泥盆统齐也组,二者间为不整合,均为拉张阶段的双峰式火山岩建造。阿舍勒组与齐也组分别构成独立的火山旋回。

　　泥盆纪地层均有化石。含矿岩层中的铁质碧玉岩全岩铷锶等时线年龄 378.3 ± 39Ma,Sm-Nd 等时线年龄 372.7 ± 14Ma(李华芹等,1998)。该层下部为角斑质凝灰岩、含砾沉凝灰岩,顶部为块状硫化物矿层夹硅质岩、重晶石及灰岩透镜体。

　　矿区构造为复背斜,呈紧闭线型、向西倒转、向东陡倾的同斜叠瓦式倒转褶皱,褶皱轴走向近南北向。次级构造为2个背斜和3个向斜。Ⅰ号矿床产于向北倾伏的4号倒转向斜中。主要断裂呈近南北走向,多系褶皱后期生成。矿区北侧玛尔卡库里大断裂,呈北西走向,倾向北东,主断裂两侧有上百米宽破碎带和韧性剪切带。岩浆活动以火山喷发为主,有少量闪长岩和闪长玢岩侵入。矿田火山机构发育,已知古火山机构3处,推测喷发中心2处及穹状火山和层状火山各一处。与成矿关系密切的科科赛沟火山机构由火山穹隆及其两侧火山洼地组成(图 2-10)。阿舍勒Ⅰ号矿床位于其东部火山洼地中心凹槽内,主矿层产于喷发沉积顶部与溢流相的交界面下,属喷发间歇期的热卤水沉积产物。西部火山洼地尚有找隐伏矿床的前景。

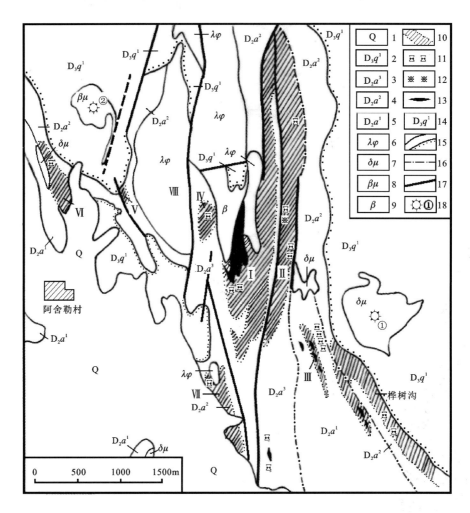

图 2-10　新疆哈巴河县阿舍勒矿田地质略图

(据新疆地矿局第四地质大队修改,1996)

1.第四系;2.上泥盆统齐也组第一岩性段火山角砾岩、凝灰岩,下部夹细碧岩,中部夹(石英)角斑岩,上部较多
凝灰质砂岩、沉凝灰岩、粉砂岩;3~5.中泥盆统阿舍勒组:3 为第三岩性段细碧岩、石英角斑岩及其凝灰岩的
互层,顶部夹灰岩;4 为第二岩性段细碧岩及其凝灰岩,夹石英角斑岩、沉凝灰岩、灰岩;5 为第一岩性段凝灰
岩,夹沉凝灰岩、英角斑岩、灰岩;6.次石英钠长斑岩;7.闪长玢岩;8.辉绿玢岩;9.玄武岩、细碧岩、次细碧岩;
10.绢英岩化为主的矿化蚀变带;11.次生石英岩化;12.重晶石化;13.铁帽;14.矿床、矿群编号;15.地质界线,
地层不整合线;16.岩性段界线;17.断裂;18.火山机构及编号。火山机构名称:①桦树沟;②蝌蚪

(二)矿床地质特征

1.矿体特征

阿舍勒矿田已发现各类矿化蚀变带 14 条,阿舍勒一号铜矿床(大型)产于Ⅰ号矿化蚀变带中,Ⅶ号
蚀变带有 10 号铜矿点,ⅩⅣ号蚀变带有桦树沟矿床(小型),其他各蚀变带都已发现铜矿化。Ⅰ号矿床
由 4 个矿体组成,主矿体(1 号)为隐伏矿体,呈似层状或大透镜体状,与地层整合产出,同步褶皱(图
2-11),其铜金属量占矿床总储量的 97.7%,矿体呈南北向展布,沿走向已控制长 843m,枢纽倾伏长
1 250m,距地表埋深 25~1 015m,厚 5~120m,控制斜深 800m,水平断面呈月牙形,垂直断面呈鱼钩状。
在向斜侧转翼和回转端矿体厚度最大,正常翼矿体厚度最小,矿体向北北东向侧伏,侧伏角 45°~65°,构造形变后矿体形态、产状严格受向斜构造控制,矿体与地层倾向一致,倾向东,倾角40°～60°。其他矿体规模为单线单工程控制的小透镜体。

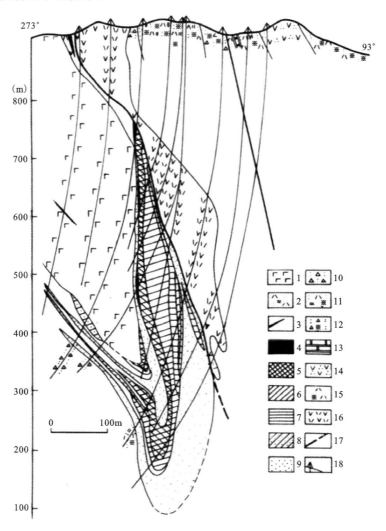

图2-11 阿舍勒矿床5号勘探线剖面及矿化分带图

(据新疆地矿局第四地质大队修改,1996)

1.细碧岩、细碧玢岩;2.绢云母化凝灰岩;3.重晶石多金属矿石;4.多金属矿石;5.铜锌黄铁矿矿石;6.黄铜黄铁矿矿石;7.块状黄铁矿矿石;8.浸染状黄铜黄铁矿矿石;9.浸染状黄铁矿矿石;10.角砾凝灰岩;11.绢云母化硅化凝灰岩;12.硅化角砾凝灰岩;13.大理岩;14.次生石英岩;15.硅化凝灰岩;16.石英角斑质凝灰岩;17.断层及推测断层;18.钻孔及编号

2. 矿体结构及成矿阶段划分

矿床具双层结构,上部为与地层整合产出的层状块状硫化物矿体,其顶部出现标志相条件变化的重晶石岩和含铁硅质岩等喷流岩;下部为穿地层的细脉浸染状及脉状硫化物矿体,及热液补给系统形成的蚀变岩及渗滤蚀变岩等。

3. 矿石类型、组构及其分带

1)矿石类型及组构特征

矿石自然类型以原生硫化物矿石为主,氧化矿石、混合矿石少。原生矿石按矿物组合分为5个类型：黄铁矿矿石、含铜黄铁矿矿石、铜锌黄铁矿矿石、多金属矿石、多金属重晶石矿石。矿石工业类型按有益组分划分为硫矿石、铜硫矿石、铜锌硫矿石、多金属矿石、锌矿石、含多金属重晶石矿石等。

矿石结构有自形—半自形晶粒结构、他形晶粒结构、填隙结构与网状结构、残余结构、反应边结构、固溶体分离结构、假象结构、细晶结构、压裂纹及碎裂结构、变晶结构、压溶交代结构等。矿石构造属于同生喷气沉积构造的有致密块状、块状、同生角砾状、条带状、斑杂状、斑点状、层纹状、浸染状等构造；属于变质后活化改造期的构造有脉状、细脉状、微褶皱、定向及压力影等构造。

2）围岩蚀变及其分带

阿舍勒矿区蚀变带南北长2450m，宽600m以上，深部延伸大于1000m，空间上呈漏斗状。蚀变主要发育在块状硫化物矿层之下，与细脉浸染状和网脉浸染状矿体相伴，它们与含矿流体对围岩的渗滤和交代作用有关。

（1）蚀变类型：喷流-沉积期围岩蚀变主要发生在块状硫化物矿层底板和含矿流体通道四周，形成蚀变岩筒，与细脉浸染状及网脉状矿体相伴。蚀变种类与原岩有关。在角斑岩、石英角斑质火山碎屑岩中为硅化（次生石英岩化）、钠长石化、黄铁矿化、重晶石化、碳酸盐化，以及高岭石化、明矾石化等。在细碧岩中为绿泥石化、绿帘石化、次闪石化、阳起石化、黄铁矿化、碳酸盐化等。在后来的变质改造期，蚀变岩发生碎裂、重结晶等，生成绢云母片岩和绿泥石片岩。热液叠加期，形成小范围的线型脉旁蚀变，其种类除上述外，还有透辉石化、石榴石化、穆磁铁矿化等，带宽数厘米至2m，长数十米。

（2）蚀变分期及分带：与矿化有关的围岩蚀变是整个成矿作用产物的一部分，矿体本身就是一个蚀变岩筒，其分期大致与成矿作用分期对应。以喷流-沉积期的蚀变最强烈、分带也明显，该期在细脉浸染状矿体范围内形成硅化-黄铁绢英岩化带，外侧为强度稍弱的硅化-黄铁矿化带，再外为绿泥石-绢云母化带或碳酸盐-绿泥石-绢云母化带。在块状硫化物矿层顶板的细碧岩中，普遍发育青磐岩化，尤以接触面上为强烈。底板及夹层内的酸性火山碎屑岩中蚀变与前述细脉浸染矿体中同，但无明显分带。

七、可可塔勒 VHMS 型铅锌矿床

（一）成矿地质背景

可可塔勒铅锌矿床位于新疆阿勒泰专区富蕴县西北，阿勒泰市东南约95km，处于南阿尔泰构造成矿带的麦兹火山盆地东段，受北西向构造控制。阿尔泰山南缘与铅锌成矿有关的下泥盆统康布铁堡组火山沉积岩系，分为上、下两个亚组。麦兹地区康布铁堡组下亚组为一套变细碧岩-石英角斑岩-沉积岩建造，厚度约3000m，产有蒙库大型铁矿床；上亚组为一套变中酸性火山岩（熔岩、火山碎屑岩）-碎屑沉积岩-碳酸盐岩建造，厚度约4600m。可可塔勒铅锌矿床即赋存在上亚组第二岩性段中部，该层下部为变酸性熔岩、变角砾晶屑凝灰岩（局部为集块熔岩、凝灰角砾岩）；上部为铅锌矿化层（硫化物矿体、片岩、变粉砂岩、大理岩）夹纹层状磁铁硅质岩和条带微晶石英片岩（喷流岩）。

麦兹向斜区域构造线总体走向310°～320°，地层陡倾，倾向以北东向为主，核部为阿勒泰组，两翼为康布铁堡组地层，北东翼倒转。可可塔勒铅锌矿床位于麦兹倒转向斜之北东倒转翼的东南端近转折部位，矿区构造较为简单。

麦兹盆地康布铁堡组上亚组中期，火山活动受科依来普（同生）断裂控制，整体上表现为链状（串珠状）火山构造，由裂隙式和中心式火山构造连接而成。可可塔勒矿区是麦兹盆地这一时期火山活动最强烈的区段，主矿段（B11）矿下层的流纹质熔岩、角砾岩、凝灰岩发育，厚度巨大，火山角砾岩、集块岩断续总长达1750m，并被火山活动同期或稍晚期的潜火山岩体（石英钠长斑岩、细粒花岗岩）侵位，发育了火山喷发中心。矿床定位于火山隆起边侧长约12km的火山沉积洼地中，成矿受火山喷发中心和沉积洼地控制。Pb、Zn矿化产于康布铁堡组上亚组第二岩性段两套火山岩层之间的沉积夹层中，其直接围岩

为变质粉砂岩、凝灰岩和热水沉积岩(铁锰大理岩、微晶石英片岩、似矽卡岩等),矿区长度大于 6 000m,
厚度为 120～350m 的含矿沉积岩层稳定地分布于上、下火山岩之间,在近火山喷发中心部位夹有角砾
晶屑凝灰岩透镜层,表明可可塔勒矿床与早泥盆世长英质火山活动有关,矿床形成于两次火山活动的间
歇期,并在成矿过程中仍然有微弱的火山活动。已控制的矿化范围为 4.2km²(图 2-12)。

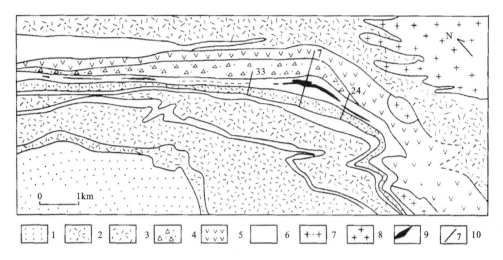

图 2-12 可可塔勒矿区地质图(据李博泉和王京彬,2006)

1.中泥盆统阿勒泰组片岩、大理岩;2.下泥盆统康布铁堡组上亚组变角砾晶屑凝灰岩;3.下泥盆统康布铁
堡组上亚组变晶屑凝灰岩;4.下泥盆统康布铁堡组上亚组变角砾集块熔岩;5.下泥盆统康布铁堡组上亚
组变酸性熔岩;6.下泥盆统康布铁堡组上亚组片岩、变粉砂岩、大理岩;7.次火山岩(花岗斑岩、石英斑
岩);8.海西期花岗岩;9.铅锌矿体;10.勘探线及编号

矿区康布铁堡组上亚组火山岩以钙碱性系列流纹岩为主,次为英安岩,SiO_2 含量集中在 70％～
78％之间,Na_2O、K_2O 变化大。岩石类型主要有变流纹质熔岩、流纹质晶屑凝灰岩、流纹质火山角砾凝
灰岩、流纹质火山角砾岩、集块岩、条带状变沉凝灰岩及英安质晶屑凝灰岩、熔结凝灰岩、英安质火山角
砾岩等。矿区附近还分布少量基性火山岩。

(二)矿床地质特征

矿床的直接容矿围岩根据变余结构构造和原岩恢复,主要为片岩、变砂岩、粉砂岩、大理岩,即以正
常沉积岩和凝灰质沉积岩为主,在靠近火山口上部产有角砾晶屑凝灰岩和变酸性熔岩小透镜体,表明在
成矿过程中仍有微弱的火山活动。

1.矿体组合、分布及产状

东段矿体已剥露地表,并形成土褐黄色、褐红色铁帽,是最直接的找矿标志。形态多为层状、似层
状、透镜状,其规模一般长 20～60m,宽 0.2～25m 不等,铁帽中仍残留有黄铁矿、方铅矿、闪锌矿等硫化
物矿物。氧化深度不大,一般小于 20m。经对比研究,当铁帽 Pb 品位大于 0.7％、Zn 大于 0.15％时,深
部存在中—富铅锌矿体的可能性较大。

矿区硫化物矿体呈似层状、透镜状,与地层产出基本一致(图 2-13)。上部的层状矿体和下部交切
细脉状—浸染状矿化共同构成了一个火山成因块状硫化物型矿床的典型矿化结构。层状矿体走向一般
为 310°～340°,以 0 线以西倾向北东;0 线以东,地表矿体产状发生摆动,深部倾向变为南西,这一转向趋
势对深部找矿预测具有重要意义。厚大矿体赋存于火山洼地中火山岩和沉积岩的增厚部位。矿区 19
线以西、12 线以东为单层矿,19～12 线间为多层矿。由于受后期(造山期)强烈的变形变质作用改造,原

似层状矿体被变形作用切成几个相距很近,之间为高度片理化的矿化围岩所隔开的不规则透镜矿体,但其构造包罗面仍显示出原层状矿化特征。矿区有多个铅锌矿体,主要矿体有 11 个,长 100~1 700m,厚 3.61~39.01m,延深 200~690m,其中以 11 号和 12 号矿体规模较大。总体上,矿区东段矿体剥露至地表形成铁帽,延深小,以富 Zn(Zn/Pb≥3),品位较高为特点;向西矿体逐渐侧伏,埋深变大,浅表矿薄而贫,以富 Pb(Zn/Pb<3)贫 Zn 为特点,但向深部明显变厚变富,并可单独圈出富矿体,只有少数钻孔打到富矿体的头部,其赋矿空间远比目前根据浅表现象所估计的要大。

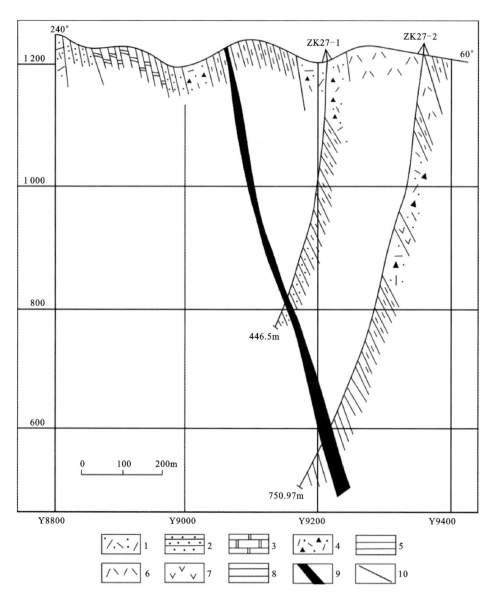

图 2-13　可可塔勒铅锌矿床 27 线剖面图(据李博泉和王京彬,2006)

1.斑点状黑云凝灰岩;2.含榴黑云细砂岩、粉砂岩;3.大理岩;4.变角砾凝灰岩;5.黑云迹粒岩;6.变酸性熔岩;7.斜长角闪岩;8.石英黑云母片岩;9.矿体;10.断层

2.矿石矿物组合及组构特征

矿石矿物组合较为简单,主要为黄铁矿、磁黄铁矿、方铅矿、闪锌矿,次为毒砂、黄铜矿、硫锑矿、黝铜矿、斑铜矿、白铁矿等,由于受后期变质作用的影响,矿石矿物粒度普遍较粗。脉石矿物主要有石英、微

斜长石、斜长石、白云母、方解石、透辉石、铁铝榴石、黑云母、角闪石、绿帘石等,常见重晶石、萤石和电气石。黄铜矿和方铅矿在下部交切状矿化中比层状矿化中更普遍,磁黄铁矿在南西段靠近侵入花岗岩体附近更发育,意味着部分磁黄铁矿可能是后期变质和岩浆侵入过程中形成的。一般情况下,萤石在形成于岛弧环境下的黑矿型块状硫化物矿床中罕见,但在可可塔勒矿床和可可塔勒矿带中的其他铅锌矿床中却普遍发育,可能指示可可塔勒矿带中的铅锌矿床形成在陆壳环境中。

矿石构造可分为块状、稠密浸染状、条带条纹状、稀疏浸染状、细脉-网脉状5种矿石类型,以前3种为主。富矿(块状、斑杂状矿)主要产在矿体中下部,贫矿(浸染状矿及条带状矿)主要产在富矿体两侧或其延长部分,相当部分的贫矿独立产出是该矿的一个显著特点。按矿石矿物成分可分为方铅矿-闪锌矿-黄铁矿-磁黄铁矿、方铅矿-闪锌矿-磁黄铁矿、方铅矿-闪锌矿-黄铁矿、方铅矿-黄铁矿4种类型,以前3种为主。在同一剖面上,各种类型矿石的分布呈现一定的规律性,块状矿石多在矿体中下部,磁黄铁矿主要在矿体下部,向上磁黄铁矿减少、黄铁矿增多。原始层序下部,磁黄铁矿大于黄铁矿,以 Zn 为主局部含 Cu;到中部,黄铁矿与磁黄铁矿量相差不大,闪锌矿呈条带状,方铅矿增加;再向上,闪锌矿减少而以方铅矿为主,同时磁黄铁矿变得极少,黄铁矿占优势。从全矿区来看,从下至上,大致有(Cu)-Zn→Zn-Pb→Pb-Zn 分带趋势。

矿石主要有中细粒自形—半自形、他形—半自形、粒状、斑状、反应边、共边、交代溶蚀、填间等结构。矿石构造以浸染状、斑杂状、块状为主,其次为条带状、条纹状、似条纹状,少数为角砾状等。矿石的结构构造表明,矿床既具有沉积作用特征(如条带状构造、条纹状构造、变余层状构造),又具有热液作用特征(如交代溶蚀结构、共边结构、胶状构造、角砾状构造、网脉状构造等),属于典型的海底喷流沉积矿床。

3. 围岩蚀变特征

矿区及附近围岩蚀变主要有4种类型:①是矿区外围钠化蚀变带,即钠化的火山岩,产于康布铁堡组上、下亚组交界处断裂附近,以暗色矿物很少和轻稀土强烈亏损为特征;②是矿下层控白色(钾化)蚀变带,主要分布于康布铁堡组上亚组铅锌含矿层下盘火山岩中,以其特有的白色为标志,主体由白色流纹岩和厚层晶屑凝灰岩组成;③是矿下层控绿色(绿泥石化-黑云母化)蚀变带,在角砾集块岩中,为片状绿泥石化、阳起石化和黑云母化,其位于(硅化)钾化带上,二者层位上为上下关系,共同构成了矿化层下盘大型层状蚀变带;④是蚀变岩筒和裂隙状蚀变带,主要是硅化-绿泥石化-绿帘石化蚀变,蚀变岩筒向下交切了层控蚀变带,它代表了矿液补给通道。以上4种蚀变是对流循环过程中流体-岩石作用的产物,与成矿作用和流体温压条件的变化相关:矿区外围的钠化带为下降海水温度由低温升至中高温时,与岩石反应的产物;近矿的钾化带是成矿流体在运移或逸出时,温度由中高温降至中低温时形成;绿色蚀变带和蚀变岩筒则均为成矿流体喷出时,由于压力的降低而形成,前者压力降低较慢,后者较快。

4. 成矿时代

李华芹等(1998,2004)对可可塔勒铅锌矿床成矿时代进行了同位素年龄测试研究,闪锌矿的 Sm-Nd 年龄为 $373 \pm 22Ma$,与前人所测铅同位素模式年龄平均值 $389Ma$ 相近,表明主成矿期为早泥盆世。浸染状铅锌矿石 Rb-Sr 等时线年龄为 $274 \pm 19Ma$,可能代表矿石叠加改造的时间。

八、可可托海稀有金属矿床

位于新疆富蕴县可可托海镇,距富蕴县 50km。该矿为超大型铍矿、中型锂矿和小型铌、钽矿综合矿床,是我国稀有金属的重要基地。截至 1999 年 12 月,可可托海矿床累计探明储量:BeO 61 373t;Li_2O_5 2 451t;Nb_2O_5 657t;Ta_2O_5 825t。

3 号脉一开始即为露采。据统计,3 号脉 1946—1988 年累计采出绿柱石 10 593t,铌钽锰矿 232t,锂辉石 263 082t,其中 90% 以上为近十余年来所产。目前 3 号脉已基本采空,矿床实际保有储量(截至 1999 年 12 月)为:BeO 56 943t;Li_2O 8 984t;Nb_2O_5 90t,Ta_2O_5 91t。按探明储量对照,保有储量占累计探明储量的比例为:BeO 92.78%、Li_2O 17.1%、Nb_2O_5 13.6%、Ta_2O_5 11.0%。可见可可托海矿床的锂、铌、钽已采掘近 90%。而铍则因矿床主要矿石中的绿柱石粒度细,过去基本为手选方式生产,只选取厘米级以上的绿柱石,大量毫米级及更细的绿柱石均进入尾砂废弃于矿山。

(一)成矿地质背景

该类型矿床位于新疆阿尔泰造山带。大地构造上位于西伯利亚板块的北阿尔泰早古生代陆缘活动带和南阿尔泰晚古生代活动陆缘(何国琦等,2004)。北部诺尔特一带主要由中晚泥盆世—早石炭世火山沉积岩组成。喀纳斯—可可托海一带主要为早古生代深变质岩系,出露地层主要有震旦纪至中奥陶世的浅变质巨厚陆源复理石建造、晚奥陶世的火山-磨拉石及陆源碎屑建造、中-晚志留世变砂岩。南阿尔泰主要由早泥盆世康布铁堡组和中泥盆世阿尔泰组火山-沉积岩系组成,其次是石炭纪火山沉积岩系。花岗岩类广泛分布,主要为片麻状黑云母二长花岗岩、片麻状黑云母花岗岩、片麻状斜长花岗岩、黑云母花岗岩、二云母花岗岩等,时代以早泥盆世和二叠纪为主,少数岩体形成于奥陶纪、晚石炭世、三叠纪和侏罗纪,在 460Ma、400Ma、375Ma 和 265Ma 出现峰值(Wang et al,2006;童英等,2007;曾乔松等,2007;Yuan et al,2007;杨富全等,2008)。海西期及印支期花岗岩中伴生有大量伟晶岩脉。

(二)矿床地质特征

1. 主要控矿构造

据初步统计,阿尔泰造山带有 10 万余条伟晶岩脉,它们受北西向区域性构造控制,大多集中分布于复背斜核部及背斜核部的花岗岩体顶部和内外接触带,形成 38 个伟晶岩田,只有少数伟晶岩零星分布。在每一个伟晶岩田内常集中有数百至数千条伟晶岩脉。可可托海地区是增生大陆边缘非造山环境花岗伟晶型稀有多金属矿床的典型代表,控矿构造类型可归纳为:花岗岩体内部原生节理或成矿期派生构造裂隙;花岗岩体外接触带深变质岩系中的顺层裂隙、切层裂隙、断裂交叉复合部位;被几个二云母花岗岩株相对圈闭的凹陷部位;次级小褶曲的轴部、翼部或倾伏端。

2. 赋矿围岩特征

伟晶岩脉的围岩主要为片麻岩、混合岩、片岩、变辉长岩和花岗岩类(二云母花岗岩、黑云母花岗岩、斜长花岗岩、碱长花岗岩)。

3. 共生矿床类型

陶瓷长石矿床、工业白云母矿床、稀土铌矿床、铍铌钽矿床、锂铍铌钽铪矿床、钽铯锂铷铪矿床等。矿床内常伴随有海蓝宝石、金绿宝石、紫锂辉石、绿锂辉石、红色石榴石、彩色电气石、红色磷灰石等宝石矿物产出。

4. 伟晶岩田地质

可可托海花岗伟晶岩田是围绕海西期阿拉尔似斑状黑云母花岗岩基分布的 5 个伟晶岩田之一,伟晶岩田南端分布着加里东期的英云闪长岩-花岗闪长岩-黑云母二长花岗岩基,其同位素年龄为 408Ma(邹天人等,1988)～447Ma(王登红等,2002)。伟晶岩脉的围岩主要为震旦系—早古生界的片麻岩、片岩和早泥盆世辉长岩、黑云母花岗岩。出露印支-燕山期二云母花岗岩岩株,同位素年龄为 224～173Ma(邹天人等,1988;王中刚等,1998;王登红等,2002)。

可可托海伟晶岩田面积228km²,岩田内已发现伟晶岩脉2 100余条,平均1km²内分布10条,脉的密集地段可达50多条。从伟晶岩田的东北到西南,可划分为5个伟晶岩脉带,Ⅰ区为二云母-微斜长石型伟晶岩脉分布区,仅伴有工业白云母矿化;Ⅱ区为白云母-微斜长石型伟晶岩脉分布区,常伴有Be矿化;Ⅲ区主要为白云母-微斜长石-钠长石型伟晶岩脉分布区,伴有Be-Nb-Ta矿化;Ⅳ区主要为白云母-微斜长石-钠长石-锂辉石型伟晶岩脉分布区,伴有Be-Li-Nb-Ta-Cs-Rb-Hf矿化;Ⅴ区主要为白云母-钠长石型及锂云母-钠长石型伟晶岩脉分布区,伴有Be-Li-Nb-Ta-Cs-Rb-Hf矿化。

5. 矿体赋存部位

稀有金属伟晶岩脉在空间上围绕黑云母花岗岩和二云母花岗岩体的内外接触带呈带状分布,赋存特点基本相同,以可可托海地区为典型代表。该伟晶岩脉集中分布在5个二云母花岗岩株外接触带的震旦系—早古生界片麻岩、片岩、变辉长岩及黑云母花岗岩内,仅少数脉产在二云母花岗岩体内(图2-14)。可可托海伟晶田已发现有5个矿床:塔雅特Be矿床(Ⅱ区内)、小水电站Be矿床(Ⅱ区内)、库儒尔特Be-Nb-Ta矿床(Ⅲ区内)、小护斯特Be-Li-Nb-Ta-Cs-Rb-Hf矿床(Ⅳ区内)和可可托海Be-Li-Nb-Ta-Cs-Rb-Hf矿床(Ⅳ-Ⅴ区内),其中可可托海的铍达到超大型规模、锂为中型规模,铌钽可综合利用。

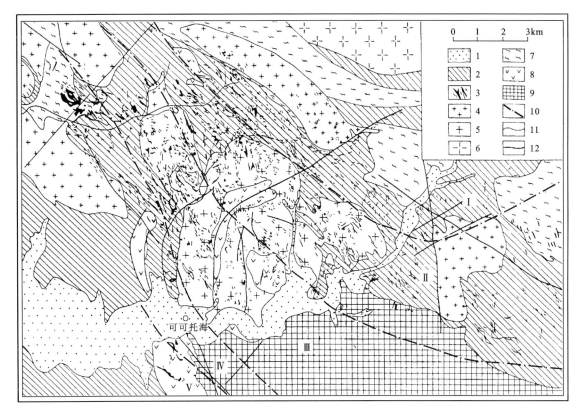

图2-14　可可托海伟晶岩田伟晶岩脉分布图(张良臣等,2006)

1.第四系沉积物;2.震旦系-早古生界片麻岩和片岩未分;3.花岗伟晶岩脉及脉群;4.二云母花岗岩;5.海西期黑云母花岗岩;6.海西期似斑状黑云母花岗岩;7.加里东期片麻状黑云母花岗岩;8.加里东期变辉长岩;9.加里东期英云闪长岩-花岗闪长岩-黑云母二长花岗岩;10.花岗伟晶岩脉分区界线;11.地质界线;12.断层;Ⅰ.主要为二云母-微斜长石型伟晶岩脉分布区;Ⅱ.主要为白云母-微斜长石型伟晶岩脉分布区;Ⅲ.主要为白云母-微斜长石-钠长石型伟晶岩脉分布区;Ⅳ.主要是白云母-微斜长石-钠长石-锂辉石型伟晶岩脉分布区;Ⅴ.白云母-钠长石型伟晶岩脉分布

6. 矿体基本特征

伟晶岩脉主要呈板脉状,具膨大狭缩的脉状、透镜状、岩钟状及不规则岩枝等。脉与围岩有明显的侵入接触关系,脉边部常有棱角状围岩捕虏体。

稀有金属矿化较富的伟晶岩多产于远离花岗岩体的变辉长岩内。著名的可可托海 3 号伟晶岩脉由上部椭圆形岩钟休和下部缓倾斜脉体构成。岩钟体走向 335°,倾向北东,上盘倾角 40°~80°,下盘倾角 80°,沿走向长 250m,宽 150m,斜深 250m,地表出露平面为梨形。底部缓倾斜脉体走向 310°~320°,倾向南西,倾角 10°~40°,沿走向已知长度 2 000m,沿倾斜已控制 1 500m,厚度 20~60m,平均厚度 40m,呈阶梯状延深。脉体内部结构分带清晰,从岩钟边部到中心,顺序形成 10 个结构带,空间上构成同心环带状构造(邹天人等,1988)。

7. 矿化类型及空间分带

前人对可可托海地区 1 000 条伟晶岩脉统计显示,铍矿化占 30%,含铍、铌、钽矿化占 4%,含锂、铍、铌、钽、铷、铯、锆、铪综合矿化占 3%。

矿化在空间上具有明显的分带性,矿床成群分布于巨大的阿拉尔花岗岩体内外接触带,并随离岩体距离由近至远,依次出现铍白云母化→铍铌钽矿化→锂铍铌钽铯哈综合矿化,构成内、外、中间带,并依次产出小型、中型和大型稀有金属矿床(王登红等,2002)。同一伟晶岩脉稀有金属矿化也具有分带性,由脉边部到中心,或由下部到上部依次为 Be 矿化→Be - Nb - Ta 矿化→Li - Be - Nb - Ta - Hf 矿化→Nb - Ta - Hf 矿化→Ta - Cs - Li - Rb - Hf 矿化。

8. 矿石矿物组合

3 号伟晶岩脉矿物成分复杂,已发现 76 种矿物,主要是硅酸盐,其次为氧化物和氢氧化物,少量磷酸盐、硫化物和碳酸盐。矿物组合为微斜-条纹长石 33.8%、钠长石 22.4%、石英 31.7%、白云母 6.5%、锂云母 0.05%、锂辉石 4.15%、绿柱石 0.49%、电气石 0.20%、石榴石 0.18%、磷灰石 0.12%、铯沸石 0.005%,其他副矿物 0.405%。矿物在空间上具有分带性,如图 2 - 15 所示。

铍铌矿体的主要矿石矿物是钠绿柱石和铌锰矿-钽铌锰矿,共生矿物主要是钠长石、白云母、石英、锰铝榴石及氟磷灰石。锂铍铌钽铪矿体的主要矿石矿物是锂辉石、钠-锂绿柱石、铌钽锰矿-钽锰矿、铪锆石;次要的矿石矿物有磷锂铝石、磷锰锂矿、褐磷锰锂矿、铀细晶石、磷钙钍矿;共生矿物有叶钠长石、锂白云母、石英和氟磷灰石。钽铪矿体的主要矿石矿物是铀细晶石、铌钽锰矿-钽锰矿、钽铋矿和铪锆石;次要矿石矿物有锂辉石、钠-锂绿柱石和钠-锂-铯绿柱石;共生矿物是锂白云母、钠长石和石英。钽锂铷铯铪矿体的主要矿石矿物是锂云母、铀细晶石、铌钽锰矿-钽锰矿、钽铋矿和铪锆石;次要矿石矿物有锂电气石、锂辉石、磷锂铝石、钠-锂-铯绿柱石和铯沸石;共生矿物是钠长石和石英。铯矿体的主要矿石矿物是铯沸石;次要矿石矿物有磷锂铝石、钠-锂-铯绿柱石、锂辉石、锂云母和锂电气石等;共生矿物是石英和氟磷灰石。

9. 围岩蚀变

围岩蚀变以绿泥石化、碳酸盐化为主。由脉体向外 0~70m 范围,形成以绿泥石化、绢云母化、黑云母化、角闪石化和斜长石化为主体的蚀变岩石,普遍有极细粒碳酸盐类。近脉 0~5m 范围内,还有黄玉化、磷灰石化、锂蓝闪石化、电气石化等。蚀变随离脉距离增大而减弱,离脉体 80m 以外,绿泥石、碳酸盐矿物仅占 10% 以下(栾世伟等,1995)。3 号伟晶岩脉的围岩基性岩中发育黑云母化、电气石化、绿泥石;伟晶岩脉中交代作用强烈,有钠长石化、白云母化、云英岩化、锂云母化,以钠长石化最强,但花岗岩和片岩中钠长石化较弱(王登红等,2002)。

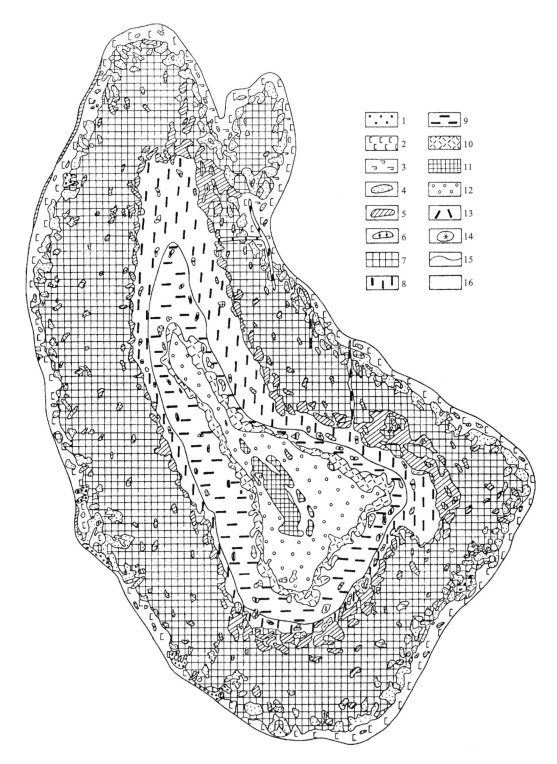

图 2-15　可可托海 3 号伟晶岩脉矿物共生组合体分布示意图(地表下 30m 平面图;张良臣等,2006)

1.白云母-钠长石-石英集合体;2.文象变文象伟晶岩;3.准文象伟晶岩;4.糖晶状钠长石集合体;5.白云母-石英集合体;6.叶钠长石集合体;7.块体微斜长石;8.叶钠长石-锂辉石集合体;9.石英-锂辉石集合体;10.白云母-薄片钠长石集合体;11.核部块体微斜长石;12.核部块体石英;13.锂辉石;14.锂云母-薄片钠长石集合体;15.地质界线;16.围岩(变辉长岩)

九、别洛戈尔-拜穆鲁钽-铌-锡矿田

(一)成矿地质背景

在卡尔巴岩基内及附近已发现 300 余个矿床和矿点,其中锡、钨、钽、铌、铍和锂具有工业价值。矿床类型主要有伟晶岩型(Ta - Nb、Ta - Sn -碱土金属)、云英岩-石英脉(Sn - W、Sn、W)和石英脉型(Sn、W、Sn - W)。稀有金属矿化带被北西和近东西向断裂分为 3 段,北西段、中间段和南东段,具有工业价值的有色和稀有金属伟晶岩矿床赋存于中间段岑特拉利矿床内,包括别拉亚-戈拉、上拜穆鲁、梅德韦杰卡、托沙卡、艾哈迈塔肯、别洛戈尔等矿床。

(二)矿床地质特征

别洛戈尔-拜穆鲁伟晶岩矿田位于 Tastyubinsko - Chebundinsky 岩株南东内接触带,包括 2 种类型矿化,即别洛戈尔绿柱石-钽铁矿型矿床和上拜穆鲁锂辉石-锡-钽型矿床。

伟晶岩在空间上有一定的分带性,自北而南分为:A 带为铌铁矿-绿柱石伟晶岩,B 带为绿柱石-钽铁矿伟晶岩,C 带为锂辉石伟晶岩(图 2 - 16)。从 A 带到 C 带伟晶岩的构造、矿物组合和地球化学等特征逐渐变化。

别洛戈尔矿床已圈定出 250 条伟晶岩脉,其中包括 15 条具工业价值的钽矿脉。伟晶岩体呈等轴状、透镜状和脉状,工业矿体只赋存在脉状伟晶岩中。少数矿体长达到 1km,厚几厘米到 16~18m。伟晶岩脉呈雁行式排列,倾角为 70°(图 2 - 17),向下延伸 500~700m。

伟晶岩脉主要是钠长石、石英钠长石,少量钠长石云英岩。云英岩带一般包括钠长石和稠密浸染状铌铁矿。石英-叶钠长石-锂辉石-铯榴石组合出现在部分脉的上部。主要矿石矿物为钽铁矿、绿柱石和锡石。矿石品位 Ta 0.0087%,Sn 0.011%。Ta_2O_5 储量为 243t,Nb_2O_5 为 224t(Daukeev et al,2004)。

上拜穆鲁矿床由一条长 2.5km 和厚 8.2m 的含矿伟晶岩脉以及 15 条小矿脉组成。矿脉在走向上变化较大,由北西到东西再到南西向,倾角 52°~60°。工业矿体宽度变化较大,为 0.7~6.6m。矿石品位 Ta 0.0066%、Sn 0.089%、Li 5.27%。Ta_2O_5 储量为 195t(平均品位 78.02g/t,Daukeev et al,2004)。矿石矿物为绿柱石、钽铁矿、铌铁矿和锡石。

脉石矿物主要为钠长石、石英、微斜长石、锂辉石、白云母、石榴石、电气石以及铁和锰磷酸岩。

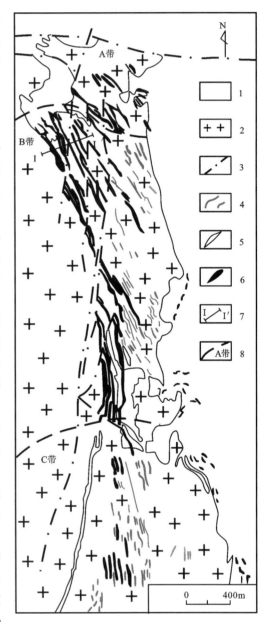

图 2 - 16　别洛戈尔-拜穆鲁伟晶岩矿田地质略图
(据 Daukeev et al.,2004)

1.上泥盆统—下石炭统塔克尔组陆源碎屑沉积岩;2.花岗岩、花岗闪长岩、石英二长岩;3.断裂;4.无矿伟晶岩;5.锂辉石伟晶岩;6.绿柱石-钽伟晶岩;7.剖面线;8.矿化带

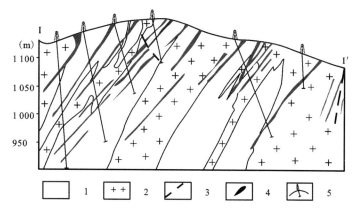

图 2-17　别洛戈尔矿床剖面图(据 Daukeev et al,2004)

1.上泥盆统-下石炭统塔克尔组陆源碎屑沉积岩;2.花岗岩、花岗闪长岩、二长岩;3.断裂;4.绿柱石-钽伟晶岩;5.钻孔

第三章　赛里木微地块成矿区(带)优势矿产成矿特征

第一节　成矿带特征

该成矿带属于巴尔喀什-准噶尔成矿省,包括 2 个矿带、6 个矿集区。

1. 准噶尔-阿拉套陆缘盆地 W－Au－Hg－(Pb－Zn－Cu－Mo－Sb)矿带(II_{9-1})

主要出露泥盆纪—石炭纪陆缘碎屑岩、碳酸盐岩建造及二叠纪陆相火山岩,并出露少量前寒武纪变质地块。晚泥盆世地层为陆坡相较深水的浊流沉积,下石炭统为陆棚相陆源碎屑岩、碳酸盐岩建造,早二叠世乌郎组不整合于石炭系之上,为一套酸性火山岩、霏细斑岩及其碎屑沉积,部分见玄武岩,具陆相双峰式火山岩特征,属大陆裂谷相沉积。在哈萨克斯坦北准噶尔复向斜萨尔坎德带 D_1—D_2^e 期为深水硅质页岩建造,D_2^{gv} 期后上升与中准噶尔隆起相连,为类复理石建造;D_3—C_1 世为海陆交互相类磨拉石建造;C_1^v—C_2^1 期为海相下磨拉石及残余海盆沉积,C_2 世为潟湖相含碳磨拉石沉积,反映残余洋盆逐渐封闭。P_{1-2} 为大陆裂谷双峰式火山岩,P_2－T_1 世为磨拉石建造。

据满发胜等(1993)研究,本区花岗岩类可划分为 3 个地质年龄段:第一年龄段(307~304Ma)包括的岩体多分布在中区和东区,如孔吾萨依岩体和吾拉斯台岩体,以花岗闪长岩类为主,与石炭系灰岩接触带产生矽卡岩和 Fe－Cu 矿化;第二年龄段(300~290Ma)的岩体多分布在西区,岩性上具有超酸,贫碱,贫 Fe、Mg、Ca,分异指数高等特征,多属二长花岗岩类,如喀孜别克、查干浑迪、祖鲁洪等岩体,它们与 W、Sn 矿的形成有关;第三年龄段的岩体年龄为 270Ma 左右,如侵入于查干浑迪岩体中的库克托木岩体,是区内酸度最高的石英二长花岗岩,未见矿化现象,是区内酸性岩浆活动尾声的标志。

该矿带以岩浆高温热液 W、Mo、Sn 矿床为主,包括扎曼塔斯晚古生代高温热液 W(Mo－Sn)矿集区(II_{9-1}^2),它们与晚二叠世—早三叠世浅色花岗岩建造有关,已知有列普瑟、扎曼塔斯、阿加尼-卡特泰等小型 W 矿床,伴生矿产有 Mo 和 Sn。此外尚有塔斯图比因-科克扎尔晚古生代 Au－Hg 矿集区(II_{9-1}^1),有塔斯图比因、图尔松图列 Au 矿床,科克扎尔、萨尔金别尔 Hg 矿床,均为小型。

2. 捷克利-赛里木地块 Pb－Zn－Cu－W－Sn－Au－Ag－RM 矿带(II_{9-2})

赛里木地块出露的最老地层为下元古界温泉群,构成了古元古代的结晶基底。中-新元古界主要由长城系特克斯群、蓟县系库松木切克群和青白口系开尔塔斯群所组成,前者以碳酸盐岩为主,中者以泥质-硅质碳酸盐岩为主,后者主要为碳酸盐岩和硅质泥岩,属古元古代结晶基底上的第一个盖层。蓟县系及其以前属陆缘基底,青白口系为陆棚碳酸盐岩。震旦系称凯拉克提群为不整合于陆缘基底上的一套滨浅海沉积,个别地段尚见偏碱性火山活动,上部地层含磷较普遍。除泥盆系属陆坡相浊流沉积外,石炭系均属滨浅海残余海盆中的陆源碎屑及碳酸盐岩建造,下二叠统陆壳再次拉张形成了乌郎组具双峰式火山岩的大陆裂谷沉积。

1)捷克利晚元古-早古生代层控火山喷气沉积 Pb-Zn 矿集区(II_{9-2}^1)

以捷克利 Pb、Zn 多金属矿床为代表,容矿岩层为乌谢克群,总厚 3 500～4 000m,包括 3 个组,铅锌矿产于碳酸盐岩-碎屑岩的强动力变质带中,容矿围岩为碳质-硅质含黄铁矿层和透镜状泥岩、泥灰岩、灰岩和白云岩。围岩时代有争论,长期以来存在着不同的认识。上覆日兰德组含有奥陶纪的链珊瑚科化石(Halistidae),所以上限比较肯定。但对含有文德纪核形石化石的索尔达特赛组的层位认识不一致,因而产生分歧。Ю. A. 克里夫琴科和 и. и. 基尼特琴科(1984)认为索尔达特赛组位于捷克利组之上,故将苏乌克丘宾组和捷克利组划为中里菲。而 H. A. 谢夫留金和 Л. И. 斯克林尼克(1984)认为索尔达特赛组位于捷克利组之下,是苏乌克丘宾组连续剖面的上部,并发现早寒武世的藻类和古植物化石,因而认为其上的捷克利组为下寒武统。但 H. H. 斌德曼(1989)认为捷克利矿床的围岩和含矿岩体均为下-中奥陶统。而近年来,别斯帕耶夫和米罗什尼琴科(2004)又恢复了最早的看法,将索尔达特赛组置于捷克利组之上,认为捷克利组为文德系—寒武系。关于成矿时代,前人曾在捷克利铅锌矿获矿石的 Pb 模式年龄为 9 亿年,别斯帕耶夫和米罗什尼琴科(2004)给出的一致的 Pb 模式年龄为 885±15Ma,属新元古代。不过,索尔达特赛组(V—∈?)灰岩、白云岩、石英-碳酸盐岩角砾岩、砂质灰岩、石英绢云母片岩和粉砂岩中亦见有苏乌克丘别、索尔达特赛铅锌矿,再向上,在迈利科尔组(∈—O_1)中(硅质碳质泥岩,泥质页岩和磷块岩、含磷石英砂岩)还见有亚布洛诺沃、科克苏等小型铅锌矿,可见该成矿带铅锌矿的成矿时代较长,前寒武纪和早古生代都有实例。矿床的形成主要有两个阶段,第 1 阶段,在由断裂控制的相互独立的海相盆地中,形成热水含矿沉积,矿层与硅-泥-钙质沉积交互产出,硫化物来自海水,有机碳使硫还原,促使 Fe、Pb、Zn 的硫化物沉积;第二阶段,在强烈的侧向挤压造山阶段,深断裂带中形成变质成矿热液,从围岩中萃取和改造层状矿体,从而形成不协调矿体。在捷克利矿床周围及以东,还有不少铅锌矿,如中型的有苏乌克丘别 Pb、Zn 矿,小型的有捷尔曼诺夫、亚布洛诺夫等 Pb、Zn 矿床。

2)喀孜别克-博乐河晚古生代 Sn-W(Mo)-Cu 矿集区(II_{9-2}^2)

矿化与石炭纪-二叠纪侵位于泥盆系硅质、泥质板岩、浅变质砂砾岩中的碱性花岗岩有关。钨矿以祖鲁洪和查干洪迪 W 矿床为代表,为石英脉型,含黑钨矿的石英脉沿东西向羽毛状裂隙密集分布,锡矿床以库斯台和喀孜别克 Sn(W)矿床为代表,喀孜别克岩体为钾长花岗岩;岩体时代为晚石炭世—早二叠世(K-Ar 法同位素年龄为 284Ma);而矿化见于黑云母花岗岩内接触带,为云英岩-石英脉型,成矿时代 288.2±4.4Ma(李华芹等,2004)。该带还有一些矽卡岩型的 Au、Cu 矿点,如博乐河 Cu 矿点、阿克赛 Au 矿点等。在哈萨克斯坦有萨雷契尔迪 Pb-Zn 多金属矿床。

3)霍尔果斯晚古生代 Be-稀有金属矿集区(II_{9-2}^3)

有与过碱性岩有关的霍尔果斯 Be 矿床,与花岗伟晶岩有关的 Be、Sn 矿床,成矿时代为晚古生代,此外,还有乌谢克、大乌谢克 Pb(Zn)矿。

4)喇嘛苏-达巴特晚古生代斑岩-矽卡岩 Cu-Pb-Zn 矿集区(II_{9-2}^4)

四台海泉铅锌矿产于中元古代蓟县系库松木切克群一套碳酸盐岩建造中,其容矿地层为蓟县系库松木切克群上亚组碱性火山岩-碳酸盐岩建造,为层控的火山沉积-热液改造型矿床。此外有矽卡岩-斑岩型矿床,当海西期岩浆岩侵入上泥盆统托斯库尔他乌组中,在其中的流纹斑岩和石英斑岩中,有达巴特斑岩铜矿床;当海西期花岗岩与碳酸盐岩接触时,则有矽卡岩或矽卡岩-斑岩矿床形成,如喇嘛苏铜矿和卡拉萨依铜矿,其中喇嘛苏铜矿含铜石英脉石英流体包裹体的 Rb-Sr 等时线年龄为 328±16Ma(李华芹等,2004)。此外成矿带还见火山沉积的库尔孕生 Pb、Zn 矿。

第二节　区域矿产分布

一、准噶尔-阿拉套矿带的矿产

(一) W、Sn 矿

该类型 W、Sn 矿与海西中—晚期的花岗岩有关,为花岗岩浆高温热液型。

1. 哈萨克斯坦的钨、锡矿

在北准噶尔塔斯特地区的钨矿化,成矿时代为早二叠世。其中扎曼塔斯钨矿床产于早二叠世粗粒黑云母花岗岩与中泥盆统的接触带,云英岩化强烈。已知有数十条长度和宽度均不大的石英脉,集中分布于粗粒花岗岩中,多数石英脉长 5~15m,宽 0.02~0.1m。主要金属矿物为黑钨矿,次有白钨矿,偶见辉钼矿、锡石、辉铋矿、黄铜矿、黄铁矿。在阿加内-卡泰钨矿床中,矿体产于早二叠世粗粒黑云母花岗岩与中泥盆统角岩化页岩的接触带。矿区内有数百条石英、石英-绿泥石、石英-长石组成的矿脉,多数矿脉产在内接触带,少数在外接触带,脉壁云英岩化发育。矿脉最长达数百米,少数长 50m,脉厚 0.04~1m,多呈雁行状排列。以黑云母-石英脉分布最广,金属矿物主要为黑钨矿、白钨矿和辉钼矿。

中准噶尔 W 矿,伴生 Mo 和 Sn,以卡罗伊钨矿床为代表,位于中准噶尔复背斜,矿化带产于巨大的闪长岩和门楚库尔花岗岩体的顶部。矿化带呈近东西和北西向分布,长 150~200m,宽 50~80m,矿化见于角砾岩带及闪长岩东北部的花岗斑岩体内,为云英岩-石英脉型,金属矿物主要是白钨矿、辉钼矿,矿床除 W、Mo 外,还伴生 Sn、Pb、Zn、Ni、Co 等有益元素。

锡矿床见于北准噶尔,如克孜秋坚捷克锡钼矿床。矿化位于萨尔德与博尔塔拉的接合部,矿化与侵位于上泥盆统板岩中的二叠纪花岗岩有关。在不同粒度和微斑状花岗岩中有 100 多条石英脉。矿床被断裂截切为南、北两个矿段。矿脉长一般 2~10m,厚 2~10cm。网脉的花岗岩已黄铁矿化和云英岩化。金属矿物主要有辉钼矿、锡石、黄铁矿、磁黄铁矿、砷黄铁矿、黄铜矿、磁铁矿、方铅矿、黑钨矿等。

2. 新疆境内的 W、Sn 矿

矿带内 W、Sn 矿与海西期花岗岩有关,据满发胜等研究,区内有 3 个地质年龄段的侵入体,其中第二侵入期的岩体年龄 300~290Ma,多分布在西区。岩性上具超酸,贫碱,贫 Fe、Mg、Ca,分异指数高等特点,多数为二长花岗岩类,如喀孜别克、祖鲁洪、查干浑迪等岩体,它们与钨锡矿的形成有关(成守德等,2009)。所以,W、Sn 矿的形成时代不早于晚石炭世晚期,很可能与哈萨克斯坦该带 W、Sn 矿的成矿时代接近。

该带以祖鲁洪小型钨矿为代表,成矿时代为 250±19Ma(李华芹等,2004)。此外在温泉县北的查基尔梯钨矿床的规模为小型,与二叠纪的花岗岩有关。

锡矿化以喀孜别克中型锡矿床为代表。矿床工业类型为云英岩-石英脉型和绿泥石型。其成因花岗岩高-中温岩浆热液矿床。该矿床产于喀孜别克钾长花岗岩体内,其 K-Ar 法同位素年龄为 299Ma(王中刚等,2006),矿床形成时代为二叠纪(288.2±4.4Ma;李华芹等,2004)。

(二)Au 矿

1. 哈萨克斯坦在该成矿带的 Au 矿

哈萨克斯坦复向斜塔斯套地区有砂金及原生金的矿点和矿化点,多集中分布在中部,靠近复向斜轴部,形成科克苏阿特和扎曼特-勒盖蒂含金区,但规模都不大,具体点位不清,所以无法上图。含金石英脉金矿,主要沿泥盆系—石炭系砂页岩的断裂分布,小断裂对金矿化的赋存起主要作用,未见与侵入体的直接关系。而砂金主要沿扎曼特、勒盖特河流域发育,产在第四纪阶地,河床的冲积-洪积物及山前地带的冲积扇内。

在中准噶尔复背斜有岩浆热液成因的含金石英脉矿床。已知的克孜勒小型金矿床,产于早二叠世花岗闪长岩与中泥盆统砂页岩的外接触带的裂隙和小断裂带。与该成矿类型相似的图尔松图列金矿,亦产于二叠纪花岗岩与中泥盆统的外接触带,主要矿化位于北东和北西向断裂的交会处。金与黄铁矿相伴。

2. 新疆境内的金矿

已知金矿化不多,上图的有阿克赛金矿点,为矽卡岩型,成矿时代石炭纪—二叠纪(吴乃元等,2004)。

(三)铜、铅、锌多金属矿

铜、铅、锌多金属矿不太发育。哈萨克斯坦有上萨雷契尔迪铜多金属矿和下萨雷契尔迪铅锌小型矿床。萨雷契尔迪铅锌矿位于萨雷契尔迪向斜南翼,矿区地层有下石炭统灰岩和上石炭纪—二叠系火山沉积岩,有大量发育的石英闪长岩和石英钠长斑岩岩墙,见有符山石、绿帘石-石榴石、辉石-石榴石的不规则矽卡岩岩体,其中有 43 个矿化矽卡岩。除矽卡岩矿化外,在石英-碳酸盐脉内亦见矿化。矿石有细脉浸染状和块状矿石。金属矿物有方铅矿、闪锌矿、黄铜矿,其中黄铜矿呈稀疏浸染状,含矿不稳定,局部可达工业品位。

新疆境内仅见个别的铜矿点,如阿恰提铜矿点、博乐河铜(铁)矿点等均为矽卡岩型。

(四)其他

哈萨克斯坦的该矿带还见汞矿床,产于泥盆纪的层控碎屑岩中。新疆境内该矿带未见汞矿。

二、捷克利-赛里木微地块矿带的矿产

该矿带以 Pb、Zn 矿为主,次有 Cu 和稀有金属 Bi 矿等。

(一)捷克利地区的铅锌矿

捷克利地区的 Pb、Zn 矿绝大多数为喷流热水沉积型,即捷克利型,仅有个别矿床为矽卡岩型。捷克利型 Pb、Zn 矿主要分布于南准噶尔复背斜,构成东西长 150km,宽 20～50km 的矿化带。从深部构造看,处于捷克利曼凸的边缘,地壳厚度约 55km。

最重要的捷克利矿田,位于捷克利背斜之上,其北部有捷克利-乌谢克断裂,南有索尔达特断裂等两条韧性剪切带,在这两条韧性剪切带之间,构成捷克利铅锌矿化带,其中有 9 个矿具工业价值。捷克利矿田产于背斜北翼,而南翼主要有科克苏-苏克丘别矿田。

1. 捷克利矿田

捷克利矿田是超大型铅锌矿床,Pb＋Zn 储量 550×10^4 t 以上,其中包括 Pb 50×10^4 t,Zn 300×10^4 t。

容矿地层为捷克利组,主要由碳质、碳泥质页岩、灰岩、白云岩和含黄铁矿的夹层组成,并常见砾岩、砂岩和凝灰质岩石等。含矿地层的特点是:含大量的碳质页岩夹层,有细分散的黄铁矿,局部形成黄铁矿矿体,其中含有细粒闪锌矿、方铅矿和土状萤石,以及含热水沉积的重晶石、锰和硫化物。在地球化学特征方面,捷克利组含较高的 Pb、Zn、Ag、Sb、As、Cd、Ti、Pt、Pd、V、P、Ba、Mo、Bi 等元素,并高度富集。

在捷克利矿田以西的捷尔曼诺夫小型铅锌矿床(有的资料为中型),矿体赋存于前寒武系苏乌克丘别组白云岩中。

2. 科克苏-苏乌克丘别矿田

苏乌克丘别小型矿床(有的资料为中型)的地层除捷克利组外,还有苏乌克丘别组灰岩和硅质-钙质页岩。矿体由 3 部分组成,东部矿体(带)长 250m,宽 30～70m,由几个规模较大和数个较小的透镜体组成;中部矿体(带),赋存于南北向的捷克利组碳酸盐岩段内,地表由 3 个透镜体组成,长 475m,宽25～80m;西部矿体(带)地表长 370m、宽 70m。该矿床的矿石分为致密状、细脉浸染状和浸染状 3 种。主要金属矿物由方铅矿、黄铁矿和闪锌矿组成。矿石的 Pb∶Zn 比平均为 4∶1。

科克苏 Pb、Zn 矿床位于苏乌克丘别矿床东部。矿体在地表的露头有主矿体和西部透镜状矿体,主矿体出露面积 130m×70m,沿倾向延深 450m,氧化带深度达 140～150m。矿体赋存于灰岩和重结晶白云岩中。近矿围岩蚀变的透闪石化、硅化和重晶石化。矿石主要金属矿物有方铅矿、闪锌矿、黄铁矿、磁黄铁矿和黄铜矿。原生矿石为细脉状和浸染状,氧化矿石为多孔和疏松状。Pb、Zn 比在地表为 5∶1,而深部为(1～4)∶1。

3. 乌谢克铅(锌)矿

捷克利型铅锌矿化向东延伸,在接近新疆的地域有大乌谢克和乌谢克矿床。以乌谢克矿床为例,矿化位于乌谢克背斜南翼的苏乌克丘别组的碳酸盐岩内。矿体赋存于辉石化、透闪石化和白云岩化灰岩中,与围岩整合。矿体分两部分,北部矿体可见长度 40m;南部矿体在枢纽陡的背斜膝折处可见长度 110m,厚约 6m。矿石主要金属矿物有方铅矿和磁黄铁矿,次有闪锌矿、黄铜矿、黄铁矿。矿石构造有细脉状和致密块状两种。化学成分中铅明显多于锌。

4. 矽卡岩型铅锌矿

捷克利铅锌矿带向东延至近新疆地区见于矽卡岩型铅锌矿。特什坎铅锌矿位于南准噶尔复背斜南翼,矿体产于晚石炭世早期的花岗岩与苏克丘别组灰岩块体内的绿帘石-石榴石-辉石矽卡岩中,矿体呈透镜状,宽 1～60m,在苏克丘别组块体南接触带见长 60～180m,厚 3～10m 的透镜状矿体,在矿体西侧见到直立的筒状矿体,平面上为(1～3)m×(5～15)m。矿床东侧发育复杂的透镜状矿体,厚 1～10m。矿石一般为浸染状,部分细脉状和致密状。矿石的金属矿物主要有闪锌矿、方铅矿、辉钼矿、黄铜矿、砷黄铁矿、辉铅铋矿、黄铁矿等。除 Pb、Zn 外,尚伴生有益元素 Cd 和 Sn。

(二)赛里木地块的 Pb、Zn 矿和 Cu 矿

新疆赛里木地区已知的 Pb、Zn 矿无论在规模或数量方面,均少于捷克利地区的铅锌矿,但新疆境内又有较多的铜矿床(点),这又是一大特色。

1. Pb、Zn 矿

新疆已知的 Pb、Zn 矿,大致分布在两个地区。

一为北西部的别珍套山地区,以温泉县托克赛铅锌矿床和哈尔达坂铅锌矿床为代表。前者矿区出

露地层为下元古界温泉群,为中等变质的碳酸盐岩夹碎屑岩建造。铅锌矿(化)体主要赋存于矿区中部的薄层大理岩中,该矿床的成因属喷流热水沉积型铅锌矿床。后者矿体赋存于中元古界长城系特克斯群,岩性为碳质微晶灰岩、白云岩、白云质灰岩、硅质岩、钙质板岩、变质砂岩及少量的重晶石岩。矿体集中分布于该群中部南北宽500~800m的范围内,呈似层状、透镜体状顺地层产出,受层位控制明显。主要赋矿岩石为白云岩、白云质灰岩及硅质岩等,其成因类型属喷流热水沉积型,此外克希阿克巴依塔勒铅锌矿产在蓟县系库松木切克群上部碳酸盐岩中,规模相对较小。

第二个地区位于别珍套山以东,赛里木湖的东岸。已知有四台海泉铅锌矿床、库尔尕小型铅锌矿床和苏吉萨依、新沟、达巴特南等数个铅锌矿点。其中四台海泉铅锌矿床产在蓟县系库松木切克群的一套碳酸盐岩中,圈出了3条铅锌矿化带,长6.2km。Ⅰ号铅锌矿化带位于矿区西部,长约3 000m、宽10~500m,东宽西窄,共圈定23条矿体。其中1-9号矿体规模最大,长约350m、厚12m,Zn平均品位9.04%,最高19.27%;Pb平均品位1.98%,最高9.52%。Ⅰ-16号矿体规模较大,长约400m,视厚度6~12m,Zn平均品位11.74%,最高32.51%;Pb平均品位0.93%,最高4.10%。Ⅱ号铅锌矿化带位于矿区中部,长约2 000m、宽10~250m,目前共圈定矿体12条,其中Ⅱ3号矿体为Ⅱ号矿化带主矿体,矿体长度约500m,真厚度平均9.02m,Zn平均品位3.37%,最高9.04%;Pb平均品位0.3%,最高1.44%。Ⅲ号铅锌矿化带分布在矿区东部,长1 200m,宽约数十米。初步估算资源量(333+334)铅锌金属量27.9×10⁴t。

2. 铜矿

新疆境内的铜矿较捷克利地区发育,其成因类型有火山沉积型、斑岩型、矽卡岩型和岩浆热液型。现分别叙述如下。

1)火山喷发-沉积型

已知有喇嘛萨依小型铜矿,控制金属Cu储量8.9×10⁴t。该矿床位于库松木切克山北坡,容矿地层为库松木切克群上亚群,含矿层为第四、第七、第九岩性段。矿区围岩蚀变有矽卡岩化、阳起石化,其次是硅化、碳酸盐化。矽卡岩化主要在响岩中发育,而硅化、阳起石化、碳酸盐化主要在响岩质凝灰岩中发育。因为矿床附近没有花岗岩,因此,认为矿区蚀变应为火山岩浆残余流体和喷气引起的自变质(刘德权等,2005)。

关于矿床成因。305项目75-56-02-51专题组认为是元古宇热水沉积变质型层控或沉积-改造成因矿床;槐合明等(1993)认为海底喷气-热水沉积作用形成了铜矿;而刘德权等(2005)认为该矿床为与碱性火山岩直接有关的火山成因。

2)斑岩和矽卡岩型铜矿

斑岩型以北达巴特小型斑岩铜矿为代表,邻近还见科克赛斑岩铜矿点。该矿区出露地层为上泥盆统托斯库尔塔乌组。矿体赋存于侵位于该组的北达巴特酸性次火山-浅成斑岩侵入体中,出露面积0.6km²。斑岩体可划分为3个相(尹意求等,2005)。该斑岩体的成岩时代,新疆有色金属局703队在北达巴特斑岩铜矿普查时,将其厘定为二叠纪花岗岩。而与其相邻的含铜钼矿化的科克赛花岗闪长斑岩,锆石AHRIP U-Pb年龄为317±6Ma(张玉萍等,2008),表明有可能为晚石炭世。

矽卡岩型铜矿仅见且特尔布拉克和卡拉萨依铜或铜锌矿点,与二叠纪的侵入岩有关。此外,喇嘛苏中型铜矿(Cu 11.5×10⁴t),目前一般认为属斑岩-矽卡岩复合成因。

3)岩浆热液型铜矿

该类型数量少、规模小,仅见伊宁县卡森克伦赛铜矿点一处,储量约300t。成矿时代石炭纪。

第三节　典型矿床研究

一、捷克利铅锌矿床

(一)概述

捷克利矿床位于阿拉木图,向北西距塔式迪库尔干市约70km,向南西距阿拉木图市约320km,其地理坐标是:东经78°56′07″,北纬44°47′26″。

该矿床是根据前人的采矿遗迹于1933年被发现的,其后在捷克利及相邻地区开始地质勘查工作,相继在其西部发现了捷克利西亚布洛诺沃矿床。捷克利矿床于1942年建立矿山,自1944年开始,主要采用竖井和平硐开采。捷克利矿床矿石平均品位:Pb 2.8%、Zn 4.19%,其金属储量:Pb 250×10⁴t、Zn 300×10⁴t,为超大型矿床。

(二)区域地质背景

1. 地层

捷克利矿田主要由前寒武纪地层组成,有里菲系的苏克丘宾组块状灰岩、薄层白云岩、钙质粉砂岩和硅质岩薄层,厚1 000~1 550m;卡尔苏组泥质白云岩、片岩,在捷克利矿区为硅质、碳质泥岩、钙质泥页岩、粉砂岩,厚300~500m。文德系的索尔达特赛组为层状灰岩、碎屑和藻类白云岩,夹碳质和泥质页岩,含核形石和微古植物化石,厚700~900m。

捷克利组是最重要的容矿层,自下而上分为5个段(图3-1)。

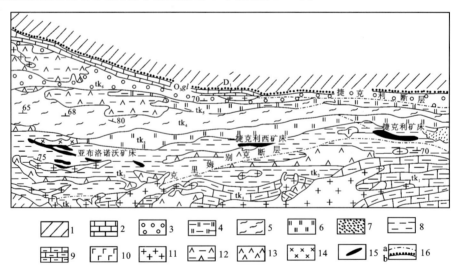

图3-1　捷克利矿田中部地质略图

1.早泥盆世砾状灰岩和片理化安山玢岩(D₁);2.日兰德组灰岩(O₃gl);3~9.捷克利组(Rf₁₋₂);3.磷酸盐岩阶段(tk₆);4.泥质-硅质岩段(tk₅);5.喷发岩段(tk₄);6.硅质岩段(tk₃);7.砂页岩透镜体;8.含矿段(tk₂);9.矿下段(tk₁);10.辉长辉绿岩;11.花岗斑岩;12.细碧岩和喷发的辉绿岩;13.侵入的闪长玢岩和辉绿玢岩;14.花岗闪长岩;15.矿床;16.断裂a及岩层之间的不整合接触b

（1）矿下段：由频繁互层的灰岩、泥质页岩、钙质泥质页岩、钙质碳质页岩及碳质粉砂岩组成。

（2）含矿段(矿层)：由碳质、钙质-泥质、白云质、碳质-泥质、泥质和硅质页岩、灰岩和石英粉砂岩组成。剖面下部岩相稳定，富含碳质；剖面上部岩性成分复杂，相变剧烈，厚度不稳定，富含黄铁矿，含有很多白云岩，白云质和碳质-泥质页岩。捷克利、捷克利西和亚布洛诺沃等矿床均赋存于含矿段的上部，存在细晶黄铁矿小浸染体、球雏晶、小透镜体和细脉，矿床内发育厚达40～60m的致密黄铁矿透镜体。

（3）硅质岩段：由硅质、硅质-泥质、碳泥质页岩和灰岩透镜组成，厚30～200m。

（4）火山岩段：为基性和中性喷发岩、凝灰岩、硅质页岩、泥质页岩、碳质-泥质页岩、砂岩和少量灰岩，厚50～500m，在矿田的中部厚度增大。

（5）泥质-硅质岩段：由碳质-泥质、泥质-硅质、硅质页岩、部分基性—中性喷发岩组成，厚度不超过100m。

（6）磷酸盐岩段：其中见硅质页岩、泥质硅质页岩、中性和基性火山岩、砂岩、灰岩和白云岩。

2. 构造

捷克利矿田位于南准格尔复背斜北翼。地层中广泛发育一系列近于平行的断裂和层间挤压破碎带。局部地段岩石被挤压成"S"形小褶皱，广泛发育揉皱、牵引褶皱、剪切构造和香肠状构造，以及角砾岩化、糜棱岩化。褶皱的枢纽，向北西陡倾（60°～70°），或向南东缓倾（10°～20°）。断裂的走向为近东西向和北西向，东西延伸超过20km。大断裂常由2～10m或更宽的破碎岩石带内小断裂组成。

从区域上看，北部有捷克利-乌谢克剪切(断裂)带，南部有索尔达特赛剪切(断裂)带，在这两条韧性剪切带之间，已发现大小不等约115个铅锌矿床(点)，构成捷克利成矿带。

3. 岩浆岩

该区的侵入岩主要见于晚石炭世早期，在矿田东部为形状复杂的托克塔梅斯侵入杂岩的花岗岩、花岗斑岩、细晶花岗岩和白岗岩等。在有些断裂中产有花岗斑岩、闪长玢岩和辉绿玢岩、石英脉及硅化带。

4. 区域矿产分布

捷克利矿床分布于捷克利成矿带，即南准噶尔复背斜之捷克利背斜。已知矿床(点)很多，北翼称捷克利矿田，包括捷克利、捷克利西以及亚布洛诺沃东、西、中等矿床。由该带向北西有塔尔迪库尔干中型Pb、Zn矿床，向南东近新疆方向延伸，见乌谢克、大乌谢克小型铅矿床。上述均为火山喷气-沉积型。其他成因矿床不多，仅在南东部近中国新疆处有矽卡岩型的特什坎小型铅锌矿床及与过碱性岩和花岗伟晶岩有关的稀有金属(铍)矿床，它们的成矿时代为海西期(石炭纪)。

捷克利成矿带延入新疆，在别珍套山有温泉县托克塞Pb、Zn矿床和哈尔达坂Pb、Zn矿床，为产于下-中元古代的火山沉积型铅锌矿床；在库松木切克山北坡，见喇嘛萨依小型铜矿床，该矿床产于中元古代蓟县系库松木切克组，亦为火山喷气-沉积型，成因与捷克利型矿床相似，但以铜矿化为主。此外，在别珍套山以东，赛里木湖的东北岸见有库尔孜生小型铅锌矿床及苏吉萨依、新沟等铅锌矿点，多为火山沉积型，容矿地层可能为泥盆系。

（三）含矿地层捷克利组特征

1. 岩石化学

捷克利组岩石地球化学特征为含碳量高，碳质岩石含有高达20%的有机碳，在沥青成分中以焦油（60%）、油质（20%～30%）居多。存在不溶的沥青质（8%）和叶蜡（1%～4%）。可溶的沥青质总含量不超过1%。有机碳除参与碳化物质(局部已石墨化)外，可能还进入不溶的沥青质成分中。

捷克利组岩石化学成分中 Pb、Zn、Ag、Sb、As、Cd、Ti、Pt、Pd、V、P、Ba、Mo、Bi 等含量高、富集。

地层中含有热水-沉积的含重晶石、锰和硫化物的沉积层,其中的细分散球粒状黄铁矿含量高,局部形成黄铁矿矿体。

2. 形成时代

关于容矿层捷克利组的形成时代问题历来都有争论。哈萨克斯坦共和国地质图(1∶50 万)南哈萨克斯坦系列说明书(M. A.奇姆布拉托夫,1981)认为,捷克利组属中里菲纪,大致相当于中国的蓟县纪。

其后由于对捷克利组和索尔达特赛组的层序问题而产生了分歧。索尔达特赛组为文德纪沉积,含核心石 Osigia、叠层石 Epiphyton 及微古植物化石。对上述两个组的层序问题,有两种截然不同的看法。Ю. A.克里夫琴科等(1984)认为:捷克利组下伏于索尔达特赛组之下,所以捷克利组应为中里菲统;而 H. A.谢夫留金等(1984)认为捷克利组上覆于索尔达特赛组之上,因此认定捷克利组的下部层位应为下寒武统。在该认识的基础上,哈萨克斯坦地层表(1986)将捷克利组定位中奥陶统;H. H.斌德曼(1989)将捷克利组定位为下-中奥陶统。

H. B. Милетенко,O. A. федоренко 等(2002)在中欧亚岩相古地理-构造复原和地质生态图集中,认为捷克利组覆于索尔达特赛组之上;而 Hh. A.别斯帕耶夫(2004)则坚持认为捷克利组下伏于索尔达特赛组之下。虽然上述争论仍在继续,但对其形成时代的认识渐趋统一,认为捷克利组和索尔达特赛组均为前寒武纪的文德纪。

捷克利地区和赛里木地区的新元古界,既缺可靠的生物化石,也缺同位素年龄测试资料,地层难以对比。唯一共同的是两地均有冰碛岩地层,哈萨克斯坦捷克利地区冰碛岩的最低层位为"特什坎组",而最高的冰碛层为"迈利科尔"组,这样,捷克利组和索尔达特赛组均位于这两套冰碛岩之间。另外索尔达特赛组以白云岩、变质灰岩为主,岩性上与新疆的夹有灰岩的塔尔卡特组相似。据上述,拟以冰期—间冰期为线索,对哈萨克斯坦捷克利地区和中国新疆赛里木地区新元古界地层作简单对比(表 3-1),仅供参考。

表 3-1　捷克利和赛里木地区新元古界地层对比

地层系统		年代(Ma)	地层		
哈	中		捷克利地区	赛里木地区	
文德系	震旦系	650	迈利科尔组(含冰碛岩层)	凯拉克克提群	塔里萨依组(含冰碛层)
			索尔达特赛组(以白云岩、变质灰岩为主)		塔尔卡特组(间冰期夹灰岩层)
					喀英迪组
	南华系	680	捷克利组		别西巴斯套组(含冰碛组)
					图拉苏组
			特什坎组(含冰碛岩层)		库鲁铁列克组(上部含冰碛岩,下部有基性火山岩)
上里菲统	青白口系	800	布尔汉组(顶部有双峰式火山岩)	开尔塔斯组	

3. 地层的成因

捷克利组为裂谷环境火山喷气-沉积型,多含重晶石、锰和硫化物沉积。

(四)矿床地质

1. 矿体空间分布形态

捷克利铅锌矿床赋存于捷克利组白云质灰岩岩系中,主要含矿岩石为千枚岩、石墨片岩,不纯的钙质燧石和白云岩。

矿体为东西向的复杂透镜体(图3-2),呈条带状和角砾状,含有无矿的夹层和贫矿石层。矿体总体为向北倾,沿走向长600～850m,倾角在东部为50°～60°,而西部可达70°～75°。垂直延伸1 100m,与围岩整合接触。

矿体在剖面上具板状构造。矿体的长度随深度而增大,但在Ⅸ水平中段之下,又逐渐缩小。矿体中部的最大厚度为数十米,向两侧,矿体厚度急剧变小,迅速尖灭。

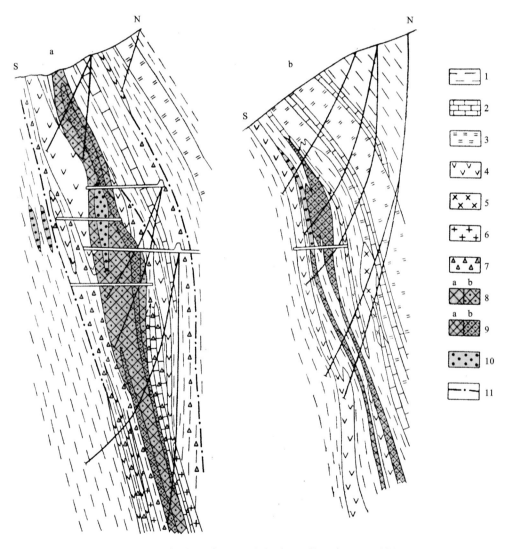

图3-2 捷克利铅锌矿床(a)和捷克利西铅锌矿床(b)地质剖面图

1.碳质、泥质、钙质(白云质)页岩;2.灰岩;3.硅质页岩;4.闪长玢岩和辉绿玢岩;5.石英闪长岩;6.花岗斑岩;7.破碎带;8.无铅锌矿化石英岩a和铅锌矿化石英岩b;9.无铅锌矿化黄铁矿体a和铅锌矿化黄铁矿体b;10.浸染状方铅矿-闪锌矿体;11.断裂

2. 围岩蚀变

围岩蚀变主要有硅化、绢云母化、绿泥石化、钠长石化、白云岩化等。由于受韧性剪切带影响,矿体南侧动力变质片岩发育。矿体北侧有强烈的硅化、石墨化、绢云母化,以及较弱的钠长石化和绿泥石化。地表氧化带发育,深度可达 50m。

3. 矿石物质组分

捷克利铅锌矿矿石可分为致密块状矿石和浸染状矿石。后者又可分为稠密浸染状和稀疏浸染状两亚类。此外,还有细脉状、条带状和斑点状矿石。

矿石矿物成分较简单,主要金属矿物有方铅矿、闪锌矿、黄铁矿;次要矿物有胶黄铁矿-黄铁矿、脆硫锑铅矿、硫锑铅矿;少量矿物有黝铜矿、车轮矿、磁黄铁矿、黄铜矿、白铁矿;还有极少量矿物如砷黄铁矿、胶黄铁矿-白铁矿。脉石矿物主要有石英、白云石、方解石,其次有石墨化碳质矿物、绢云母,少量的矿物见石墨、金红石、榍石、绿泥石、荧石等。矿石中方铅矿与闪锌矿之比为 1 : 2。

矿石的化学组分主要是 Pb、Zn、S,伴生的其他组分还有 Ag、Sb、Cd、As、Co、Ni、Mo 等。

捷克利矿床的平均品位,Pb 为 2.8%、Zn 为 4.19%。此外,含 Ag 42.6×10^{-6}。

4. 成矿年龄

据捷克利矿床 Pb 同位素模式年龄为 885 ± 15Ma(Bespaev & Miroshnichenk,2004)。据该年龄数据,捷克利 Pb、Zn 矿开始形成于晚里菲世,大致相当于中国的青白口纪。

（五）矿床成因模式

关于捷克利矿床的成因模式,曾有不同的说法。但目前已知的矿体可分为与地层协调的和不协调的两种类型,因而认为捷克利矿床的形成经过了两个阶段。其中最具经济价值的是形成不协调型矿体的第二阶段(H. H. 斌德曼,1989)。

据 Kh. A. Bespaev,L. A. Miroshnicheko(2004),第一阶段形成的矿石主要出现在矿床的下部和外围,以及捷克利断层的下盘,为薄的纹层状黄铁矿矿石,含 Pb 1%~5%、Zn 2%~7%,并有少量的块状方铅矿-闪锌矿石,含 Pb0.5%~11%,在矿床的顶部出现细脉浸染状闪锌矿-黄铁矿矿石。该阶段包括浅海盆地的海底喷流沉积,温度 60~80℃,含有 28% 盐分(Ca、Mg、Na 的氯化物和硫酸盐)和气体(H_2S、CO_2、N_2)的卤水进入而发生成矿作用。该阶段的成矿作用形成约一半的金属量。

第二阶段成矿作用出现在矿体的中心部位和捷克利断层的上盘。成矿作用包括褶皱作用、岩体侵位,强烈的动力变质作用和重结晶作用。成矿温度为 300~500℃,成矿流体含 20%~30% NaCl 和 6.5%~8.6% 的水。矿筒中的矿石含 Pb 量大于 5%,含 Zn 量大于 8%。矿石主要为角砾状、似角砾状和少量的浸染状、块状结构。动力变质作用的影响,主要表现为掩饰和原生硫化物的塑性流动,重结晶作用和母岩中成矿物质的再分配等。

捷克利铅锌矿床的成矿模式见图 3-3。

二、托克赛铅锌矿

（一）区域成矿地质条件

本区大地构造位置在哈萨克斯坦-准噶尔板块(Ⅰ级)巴尔喀什-准噶尔微板块(Ⅱ级)之赛里木微地块(Ⅲ级)北缘,北邻准噶尔-阿拉套陆缘盆地。

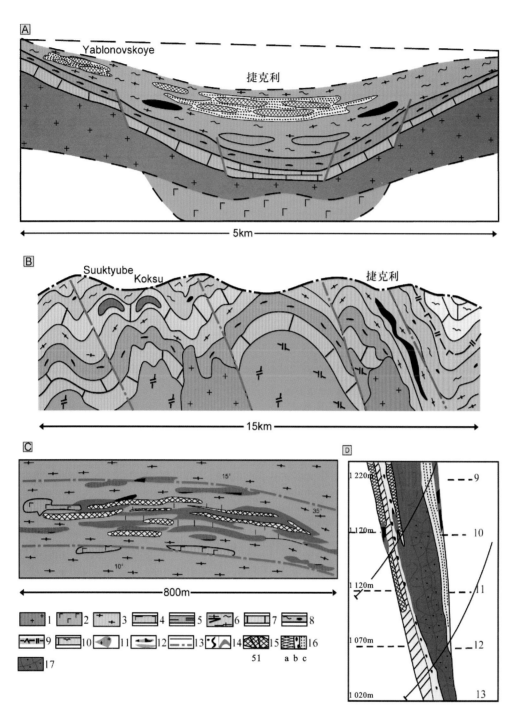

图 3-3　捷克利铅锌矿床成矿模式

(据 Bespaev & Miroshnichenko,2004)

A-阶段 1,为热液-沉积矿石形成期;阶段 2,为变质成因和改造型矿石形成期;C,D一捷克利铅锌矿床热液沉积矿石和变质成因矿石的产出部位,C 为平面图,D 为剖面图。1.花岗-变质岩系;2.玄武岩类;3~10,前寒武纪—奥陶纪沉积和火山-沉积建造;3.萨雷恰贝组和 Kosagash 组;4.苏克纠宾组;5.Karsu 组;6.捷克利组:a.黑色页岩系,包括泥岩、碳质页岩、粉砂岩、泥灰岩、灰岩和黄铁矿,b.碳质页岩,变质为千枚岩、次石墨、白云岩等;7.Soldatsai 组;8.Mailikol 和 Zakharov 组;9.Kerimbek 组和 Zras-bulak 组;10.Zhilandin 组;11.花岗岩类;12.岩席和岩墙:a.基性,b.中性;13.断层;14.矿床:a.变质成因(捷克利型,如捷克利、捷克利西、亚布洛诺沃),b.改造成因(苏克纠宾型,如苏克纠宾、Koksu);15~16.热液-沉积矿体;15.黄铁矿为主,16.黄铁矿-多金属矿体:a.黄铁矿,b.层状方铅矿-闪锌矿-黄铁矿,c.块状方铅矿-闪锌矿;17.变质成因矿体区内出露地层为下元古界温泉群及中元古界长城系哈尔达坂群,为一套中—深变质的浅海陆棚相-深海相碳酸盐岩夹碎屑岩建造,为本区铅锌矿的主要赋存层位。区域岩浆岩多呈东西向或近东西向展布,北部早元古代晚期别珍套岩浆带,主要为中酸性侵入岩,多形成较大的岩基,岩性为二长花岗及花岗闪长岩;南部海西中晚期沃托格赛尔岩浆岩带,主要为碱性、酸性侵入体,岩性主要为碱性花岗岩、正长岩、二长花岗岩,呈岩株、岩脉状产出。区域断裂构造以东西向为主,主要有博尔塔拉-温泉断裂、沃托格塞尔河谷断裂等。

(二)矿区地质特征

矿区内出露的主要地层为下元古界温泉群上亚群($Ptwq^b$),为一套浅变质的浅海陆棚相-深海相碳酸盐岩夹碎屑岩建造(图3-4)。主要岩性有灰白色透闪石石英岩、灰白色大理岩、二云母石英片岩、片岩等,铅锌矿化主要赋存于中部的薄层状大理岩中。

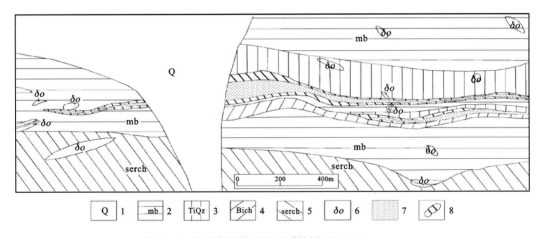

图3-4　托克赛铅锌矿区地质简图(据成勇等,2011)

1.第四系;2.大理岩;3.透闪石石英片岩;4.黑云母石英片岩;5.二云母石英片岩;6.石英闪长岩;7.铅锌矿化体;8.铅锌含矿层

矿区地层呈单斜状产出,总体走向北西,倾向南西,倾角55°～67°。矿区内仅见海西中晚期侵入的细粒石英闪长岩、花岗闪长岩脉,长一般几十米至百余米,宽一般几十厘米至几米,顺地层产出或斜切地层,局部地段岩脉极发育,将地层切割成网格状,在含矿层上下盘或含矿层内常常可见岩脉,但岩脉中或其边部除可见到少量的黄铁矿外,未见铅锌矿化,本区的铅锌矿化与岩脉关系不大。

(三)矿区地球化学、地球物理特征

1.矿区地球化学特征

矿区属1:5万水系沉积物测量圈出的Hs-2号异常,异常面积7.26km²,形态为椭圆形,长轴方向北东,元素组合为Pb、Zn、Ag,其中Pb异常面积为6.95km²,峰值达$1\,900\times10^{-6}$,Zn异常面积3.62km²,峰值达$3\,580\times10^{-6}$,均具三级浓度分带,浓集中心明显。异常与铅锌含矿层对应极好,其中铅锌高值点位置与矿(化)体位置完全对应。

2.矿区地球物理特征

在矿区开展了激电中梯扫面[100m×(20～40)m]工作,圈出两个高极化率异常带(视极化率大于4.5%)。IP1异常位于矿区的西部,长800m,宽120～200m,极化率一般在4.5%～6%,最高可达8%,

对应电阻率值一般在 1 000~2 000Ω·m,最高值为 2 618Ω·m,表现出中高阻、高极化的特点。IP2 异常位于矿区的中东部,长约 1.3km(向东未封闭),宽 280~520m,极化率值一般在 5%~8%,最高值为 12%,该异常可分为两个高极化率中心异常带:IP2-1 位于异常带的北侧,长 500m,宽 40~80m,极化率值一般在 5%~6%,最高值达 6.7%,对应电阻率在 400~800Ω·m 之间,最高可达 1 013.3Ω·m,属中高极化、中低电阻异常;IP2-2,长约 1.3km,宽 160~280m,极化率一般在 6%~9% 之间,最高可达 11.5%,该异常西段对应电阻率 400~600Ω·m,东段对应电阻率在 800~1 200Ω·m 之间,总体表现为中低阻、中高极化的特点。

对照地表及钻探成果分析圈出的中高极化率异常均为矿致异常,IPI 与地表 I 号含矿层西段、IP2 与地表 II 号铅锌含矿层均对应较好,高极化异常较好地反映了含矿层的平面形态及分布范围。

(四)矿体特征

区内发现两个含矿层:I 号含矿层,出露长度大于 3 400m,宽一般在 20~40m,最宽外可达 140m;II 号含矿层,宽一般在 20~50m,断续出露长约 1.4km。含矿层为薄层状大理岩或大理岩化灰岩,走向近东西,倾向南,倾角 60°~70°,延伸稳定,但其中的铅锌矿化不均匀。呈细脉状或稠密浸染状分布的闪锌矿(少量方铅矿)呈条纹或条带与不含矿的灰白色大理岩相间分布,构成条纹或条带状构造矿石,闪锌矿条纹或条带密集分布区构成铅锌矿体。条纹或条带一般宽 0.3~1cm,局部宽可达 1~3cm,条纹或条带平直,延伸较稳定。

目前在上述两个含矿层中共圈出 4 个锌或含铅锌矿体,其中 I-4 号锌矿体长 900m,平均厚度 8.9m,已控制延深 445m,Pb 平均品位为 0.25%,Zn 平均品位为 1.52%,24~28 线一带钻孔中见工业矿体,铅锌含量可达 3%~5%,厚度 5~6m。II-1 号锌矿体长 500m,平均厚度 5.32m,已控制延深 300m,Zn 平均品位为 1.13%,伴生 Pb 品位为 0.24%,已初步探求铅锌资源量近 10×10^4t。

矿石中主要金属矿物有闪锌矿、方铅矿,少量黄铁矿、磁黄铁矿、黄铜矿,地表氧化后可见少量褐铁矿、孔雀石、菱锌矿等;矿石矿物主要为方解石,少量石英、白云石。矿石中主要化学成分 CaO 含量为 41.53%~52.93%,MgO 含量为 0.02%~0.96%,SiO_2 含量为 4.56%~12.12%,铁含量总体较低,Fe_2O_3+FeO 含量一般小于 1%,最高达 4.52%。矿石中主要的成矿元素为 Pb、Zn、Ag、Hg、Ga,可作为伴生有益元素,具综合利用价值。

(五)矿床成因及找矿远景

1.矿床成因探讨

矿体产于中元古界温泉群中部一套变质的碳酸盐岩中,赋矿岩石为灰白色大理岩,矿体走向北东东,矿体顺地层产出受层位控制明显。矿石具明显的条纹、条带状构造,矿石矿物组合简单,矿体及近矿围岩蚀变不明显,矿区内未见大规模的侵入岩分布,含矿层中或其顶底板中基性—酸性岩脉虽普遍发育,但其对含矿层或铅锌矿化体改造较弱,初步认为托克赛铅锌矿为喷流热水沉积型矿床。

2.找矿远景

1)与邻区铅锌矿床的对比

哈萨克斯坦境内的捷克利铅锌成矿带,该带内已发现有捷克利超大型铅锌矿床,与托克赛铅锌矿床进行了初步对比发现两者的产出环境、赋矿层位及矿床类型均极为相似。

2)托克赛一带铅锌含矿层的分布特征

托克赛铅锌含矿层为灰色薄层状大理岩,该带近东西向展布,西至国境线,延伸可达 40km,含矿层厚度达几十米至几百米,在该套地层中地表发现多处铅锌矿化(以锌矿化为主,可见富含闪锌矿的条纹),矿化特征与托克赛矿区一致,另外在中国-哈萨克斯坦边境附近哈国境内已发现乌谢克铅锌矿床,说明本区具备寻找层控碳酸盐沉积型铅锌矿的潜力,找矿空间巨大。

三、哈尔达坂铅锌矿床

哈尔达坂 Pb、Zn 矿床位于新疆博尔塔拉蒙古自治州温泉县赛里木湖北一带,是新疆有色地质矿产勘查院在该区并展 1∶5 万化探普查时发现的,属层控型铅锌矿床,经初步评价远景规模可达中—大型。

(一)区域地质背景

本区大地构造位置在哈萨克斯坦-准噶尔板块(Ⅰ级)巴尔喀什-准噶尔微板块(Ⅱ级)之赛里木微地块(Ⅲ级)北缘,北邻准噶尔-阿拉套陆缘盆地。

下元古界温泉群是区内最古老的结晶基底,为一套中深变质碎屑岩夹碳酸盐岩建造,中-上元古界青白口纪开尔塔斯群、长城纪哈尔达坂群为微地块稳定型盖层,为一套浅海陆棚-台地相变质碎屑岩-碳酸盐岩建造。下-中元古界为区域重要的 Pb、Zn 矿的赋存层位,已发现托克赛 Pb、Zn,哈尔达坂 Pb、Zn 矿床及多个矿(化)点。

区域岩浆活动强烈,岩体呈北西向或近东西向展布,早元古代晚期主要为中酸性侵入岩,多形成较大的岩基,岩性为二长花岗及花岗闪长岩;海西中晚期主要为碱性、酸性及中基性侵入体,岩性主要为碱性花岗岩、正长岩、二长花岗岩和闪长岩,呈岩株、岩脉状产出。区域断裂构造以北西及近东西向为主,主要有博尔塔拉、博罗克努-阿其克库都克大断裂等。

(二)矿区地质特征

1. 矿区地质特征

矿区内出露的地层主要为中元古界长城系特克斯群,与下元古界温泉群呈断层接触。下部为一套细碎屑岩,岩性为灰黑色黑云母石英片岩。中部为一套含碳质碳酸盐岩夹碎屑岩组合,岩性为粉晶-细晶灰岩、粉晶白云岩、含碳质微晶灰岩、(黄铁矿化)含碳质板岩等,为本区铅锌矿的主要赋存层位。上部为一套细碎屑岩,岩性为绢云母石英片岩、板岩等(图 3-5)。

矿区属哈尔达坂背斜南翼,总体呈一单斜构造,地层走向近东西向,倾向南,倾角 70°~87°,由于岩层产状多近直立,常见时南时北的倾向变化,局部发育小的褶皱构造。矿区北西—北北西向、北东向断裂较发育,对矿体均有一定的破坏作用。矿区内海西中晚期细粒闪长岩脉、闪长玢岩脉发育,岩脉走向呈北东或东西向,长一般 50~300m,宽一般几米至十余米,顺地层产出或斜切地层,受褶皱、断裂构造影响多呈蛇形弯曲,形态复杂。已发现的铅锌矿体附近多见岩脉分布,部分脉岩边部可见呈脉状或囊状产出的铅锌矿体。

2. 矿区地球化学特征

1)元素分布特征

与新疆北部岩石元素丰度值(杜佩轩,1997)相比较,下元古界长城系中 Au、As、Sb、Pb、Cu、Cr、Ni、Co 元素为微浓集;Mo、Ag、Zn 元素为浓集;W、Sn、Bi 元素为微贫化;Au、Ag、Ni 元素为分异型;Sb、Cu、Zn、Sn、Co 元素为弱分异型。

2)地球化学异常特征

矿区属 1∶5 万水系沉积物测量圈出的 Pb、Zn、Ag、Cu、Mo、As 综合异常,面积 39.23km^2,主要成矿元素 Pb、Zn 含量极大值分别达 $14\,900×10^{-6}$、$626.5×10^{-6}$,Pb、Zn、Ag、Cu 单元素异常均具二级或

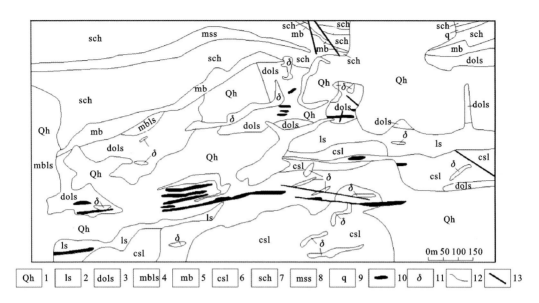

Qh 1 | ls 2 | dols 3 | mbls 4 | mb 5 | csl 6 | sch 7 | mss 8 | q 9 | ▬ 10 | δ 11 | ⌒ 12 | ╱ 13

图 3-5　哈尔达坂铅锌矿区地质简图(据成勇等,2012)

1.冰碛物;2.灰岩;3.含碳质灰岩;4.白云质灰岩;5.大理岩化灰岩;6.大理岩;7.碳质板岩;8.黑云母石英片岩;9.变质砂岩;10.次生石英岩;11.铅锌矿体;12.闪长岩脉;13.断层

三级浓度分带,浓集中心明显,各单元素异常在空间上套合良好。异常浓集中心与目前发现的铅锌矿体基本对应,可作为良好的找矿标志。

(三)矿体特征

1.矿体特征

矿区内已发现铅锌矿体露头 20 余处,均赋存于中元古界长城系特克斯群中部,含矿建造为浅变质的含碳质碳酸盐岩夹碎屑岩建造,含矿层南北宽 500~800m,东西长大于 10 000m。矿体多呈似层状、透镜状顺层产出,走向近东西,总体倾向南,倾角 75°~87°。

地表工程初步控制的主要矿体长 130~270m,最长 700m,矿体出露高差最大 350m,覆盖区分布铅锌矿转石。矿体厚一般 1.34~6.25m,最厚可达 10m,Pb+Zn 含量一般为 5%~10%,最高可达 30%。

矿区西段,多条矿体平行产出,走向延长稳定,产状与地层一致。矿石构造以条带状、块状、浸染状为主。Zn 平均含量 8.04%~14.04%,铅矿化较弱,含量一般小于 0.3%。

矿区中段及东段,矿体多呈似层状、透镜状,矿石具条带状、团块状、角砾状和细脉浸染状构造,局部可见块状构造。矿体 Pb 平均含量为 3.76%~9.39%,Zn 含量为 5.1%~22.17%,Pb、Zn 含量比为 1:1~1:4。

矿区中部部分矿体矿石构造及 Pb、Zn 矿化强度有一定的分带性,矿体中部硫酸具条带状构造(闪锌矿条带一般宽 0.501cm,局部条带宽可达 304cm),矿体两端及边部硫酸以角砾状、脉状构造为主,铅矿化明显增强,矿石中 Pb 平均含量为 2.45%~17.21%,Zn 含量为 10.84%~16.78%,表现出后期强烈改造,但仍保留了原始沉积构造的特点。

2.矿石质量特征

主要的矿石构造有条带状、角砾状、细脉浸染状和块状构造等,矿石结构有半自形—他形粒状结构,少量自形粒状结构和交代结构。

矿石中主要金属矿物有闪锌矿、方铅矿，少量黄铁矿、磁黄铁矿、黄铜矿，地表氧化后可见少量褐铁矿、孔雀石、菱锌矿等；脉石矿物主要为方解石，少量石英、白云石。

矿石中 SiO_2 含量为 28.36%～42.47%；$CaO+Na_2O$ 含量为 14.41%～28.18%；铁含量普遍较低，$FeO+Fe_2O_3$ 含量仅为 0.76%～2.41%；MgO 分布不均匀，最高可达 7.45%，低者小于 0.1%。

矿石中 Ag 含量为 $12.56×10^{-6}$～$15.6×10^{-6}$，最高 $41.90×10^{-6}$；Hg 含量为 $40×10^{-6}$～$59×10^{-6}$，最高为 $103×10^{-6}$；Ga 含量为 $5.8×10^{-6}$～$10.5×10^{-6}$，最高为 $11.3×10^{-6}$；Ge 含量为 $6×10^{-6}$～$20×10^{-6}$，最高为 $28.60×10^{-6}$。其中，Ag、Hg、Ga、Ge 具综合利用价值。

除产于构造蚀变带中的铅锌矿体地表矿石氧化程度较高(锌氧化率 23.97%，铅氧化率 6.09%)，呈混合矿外；其他矿化类型矿体，铅锌氧化程度均较低(氧化率一般在 2.09%～8.53%)，地表探槽(深度 2～3m)中即可见到原生的闪锌矿、方铅矿。

(四)矿床成因及找矿标志

1. 矿床成因

矿体均集中产于中元古界长城系哈尔达坂群中部一套宽 500～800m 的含碳质碳酸盐岩夹碎屑岩地层中，赋矿岩石为含碳质大理岩、微晶灰岩、白云质灰岩或碳质片岩，局部见硅质岩及重晶石岩，矿体走向北东东或近东西向，陡倾，顺地层产出，矿体受层位控制明显。

地球化学测量成果显示，中元古界长城系中 Pb、Zn 平均含量分别为 $17.8×10^{-6}$、$106.6×10^{-6}$，与地壳克拉克值(维氏值 Pb 为 $12.6×10^{-6}$、Zn 为 $24×10^{-6}$)相比，浓度克拉克值达 1.41、4.44，与新疆北部天山地区元古代岩石 Pb、Zn 丰度值(杜佩轩，1997)(Pb 为 $10.54×10^{-6}$、Zn 为 $52.13×10^{-6}$)相比，富集系数分别为 1.69、2.04，呈现出较高背景，地层中 Pb、Zn 成矿元素较丰富。

矿区闪长岩、闪长玢岩等岩脉极为发育，在已发现的铅锌矿体露头边部或其附近均见到岩脉产出，岩脉切穿矿体的部位有矿化加强现象，部分岩脉边部发育有透镜状、囊状铅锌矿体。

初步分析认为，本区铅锌矿化至少经历了 2 个阶段：第一阶段为同沉积阶段，形成赋存在碳酸盐岩或碎屑岩中以锌矿化为主、具沉积条纹、条带状构造的矿体，硅质岩及重晶石岩夹层可能为海底喷流沉积作用的产物；第二阶段为后期改造阶段，伴随海西中晚期构造运动及岩浆侵入，成矿物质经历了再次迁移和富集，并在构造发育地段形成了具角砾状、细脉浸染状构造的矿石。

其成因类型属喷流热水沉积型矿床。

2. 找矿标志

(1)矿区铅锌矿体均赋存于中元古界长城系哈尔达坂群灰黑色微晶白云岩、白云质微晶灰岩、白云质大理岩化灰岩，矿体受层位控制明显，地表出露浅褐黄色、灰白色褐铁矿化带。该套地层是本区寻找铅锌矿最直接标志。

(2)物探、化探往往可以指示铅锌(化)体的存在，能有效地缩小找矿靶区，对找矿具有较好的指导作用。矿区内铅锌矿化层、矿化体就是在对 1∶5 万水系沉积物测量圈出的以 Pb、Zn 为主综合异常检查过程中发现的，Pb、Zn 异常可以作为间接的找矿标志；另外，瞬变电磁测量圈出的低阻异常对深部矿体有一定的指示意义。

(3)含矿层中地表闪锌矿、方铅矿矿体露头或矿石转石是寻找铅锌矿体的最直接标志。

(4)闪长岩侵入体与碳酸盐类岩石的接触带部位是找矿的标志。

四、北达巴特铜矿

北达巴特铜矿位于温泉县南偏东 40km 处，行政区划属温泉县管辖。区内地势北低南高，属中高山区,海拔 2 300～2 550m,相对高差 250m。从温泉县至矿区有简易公路相通,交通方便。

(一)成矿地质背景

区内出露的地层主要为下元古界温泉群、中元古界库松木切克群、古生界的泥盆系、石炭系、二叠系和第四系。温泉群出露于北达巴特穹隆核部,为一套中深变质片麻岩、绢云母片岩及混合岩,与上覆地层呈不整合接触;库松木切克群分布于山前一带,为含碳质碳酸盐岩建造;泥盆系有中统汗吉尕组和上统托斯库尔他乌组,分布于北达巴特一带,构成北达巴特穹隆的主要地层,岩性为陆源碎屑岩建造;下石炭统阿恰勒河组和中石炭统东图津河群分布较广,为碳酸盐岩-陆源碎屑岩建造;二叠系仅有下统乌郎群,主要分布区同东图津河群,但分布范围要宽,超覆及不整合覆盖在老地层之上,岩性为一套陆相火山岩。区内岩浆岩主要为海西期中酸性侵入岩,岩浆侵入活动规模不大,而与侵入活动相伴生的火山活动比较活跃,并形成了较大面积的火山岩。具有铜矿化的花岗斑岩和流纹斑岩侵入于上泥盆统托斯库尔他乌组的凝灰岩中。岩体呈北西西向的椭圆形,长 1 800m,宽 200～500m,面积 0.6km²。岩体西部为花岗斑岩,其边部常见隐爆角砾岩,东部为流纹斑岩,具全岩矿化的现象。区域构造为赛里木隆起区边缘之汗吉尕褶皱带内的北达巴特穹隆,北达巴特穹隆在该褶皱带内受南北两个大断裂(北部科克赛大断裂,南部牙马特南山-四台断裂)夹持,并将该穹隆切割成一个独立的成矿区域。具有元古宙结晶基底,缺失早古生代沉积,它以北达巴特英安斑岩、花岗斑岩为核心,以库尔尕生断裂构造为外环,构成一个穹隆构造。与周围构造单元具明显差异。区内次级断裂构造发育,大致可分为北西向、近东西向和北东向 3 组,以前两组占优势,形成了区内的主要构造骨架,是区域控矿和容矿构造。

围岩蚀变有两期蚀变作用。早期蚀变作用发生在铜矿成矿作用之前,晚期蚀变作用与铜矿成矿作用同时发生,二者具明显的叠加关系,且早期形成的蚀变带局部被后期形成的蚀变带交代穿插。早期蚀变主要为黑云母化、钾长石化,黑云母化仅发育在英安岩中,晚期蚀变作用与成矿关系密切。从矿体中心向外,晚期蚀变作用依次可划分为:石英网脉带(矿体)、黄铁矿绢云母石英岩化带、石英绢云母化带、水白云母伊利石化带、似青磐岩化带。

(二)矿床特征

通过工作在地表共圈出 4 个矿体。Ⅱ号矿体位于北矿化带中,地表出露长 120m,宽 1m,呈北西向脉状展布,倾向北东东,产于凝灰质砂岩中,Cu 平均品位 0.51%。Ⅰ、Ⅲ、Ⅳ号矿体分布于南矿化带中,总体呈北西西向脉状展布。Ⅰ号矿化体分布于南矿化带西段,地表出露长 100m,宽 7m,Cu 平均品位 0.35%,深部有一个钻孔控制,含矿岩石为流纹斑岩,见矿视厚 4.25m,Cu 平均品位 0.48%。Ⅲ号矿体地表出露长 400m,宽 15.1m,Cu 平均品位 0.37%,深部由两条勘探线 3 个钻孔控制。0 线施工 2 个钻孔:一个钻孔见矿视厚 109.46m,Cu 平均品位 0.45%;另一个钻孔主要见钼矿两层,累计视厚 103.4m,Mo 平均品位 0.035%,见铜矿 7 层,累计视厚 14.0m,Cu 品位 0.2%～0.25%。8 线(位于 0 线东 200m)施工一个钻孔见矿,视厚 1.33m,铜品位 0.2%。Ⅳ号矿化体长 200m,宽 3m,Cu 平均品位 0.27%。0 线以西 7 线、11 线、25 线施工的钻孔未见矿(图 3-6)。

矿石为氧化矿石和原生矿石,以原生矿石为主,氧化矿石量极少。矿石结构以他形粒状结构为主,其次有交代残留结构、次生环带结构、显微粒状结构。矿石构造以稀疏浸染状构造为主,次有团块状及细脉状、脉状、网脉及充填胶结状构造。矿石组分较简单,主要矿石矿物有辉铜矿、黄铜矿、黄铁矿、辉钼矿、毒砂、闪锌矿、蓝辉铜矿、蓝铜矿、孔雀石、赤铁矿及少量自然铜、微量斑铜矿。脉石矿物有石英、绢云母、方解石、萤石、电气石、白云母、绿泥石等。矿石伴生有益元素有金、银。

根据矿体与斑岩体的空间关系、岩石蚀变及分带、细脉浸染状矿化、全岩矿化等特点,确定矿床成因为斑岩型铜(钼)矿。

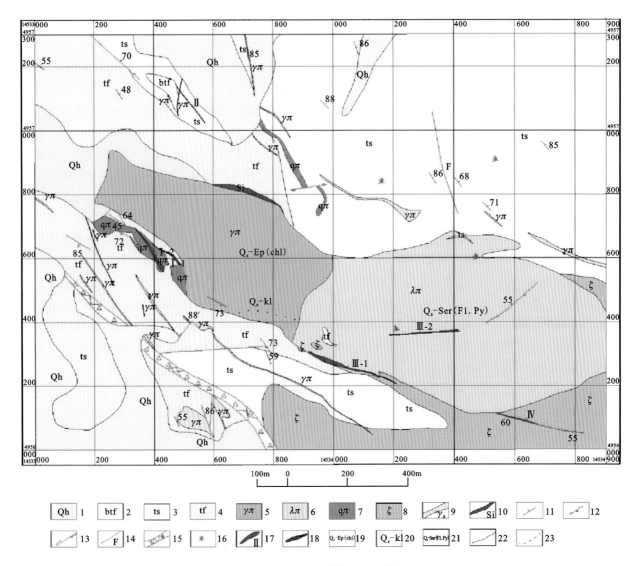

图 3-6　北达巴特铜矿地质图

1.第四系;2.凝灰质角砾岩;3.凝灰质砂岩;4.凝灰岩;5.花岗斑岩;6.流纹斑岩;7.石英斑岩;8.英安岩;9.花岗斑岩脉;10.硅化岩;11.正内断层;12.逆断层;13.平移断层;14.性质不明断层;15.破碎带;16.孔雀石化;17.矿体及编号;18.矿化体;19.石英-绿帘石、绿泥石化;20.石英-高岭石化;21.石英-绢云母、萤石、黄铁矿化;22.实测地质界线;23.推测地质界线

第四章 成矿规律及找矿远景

第一节 哈萨克斯坦-中国新疆阿尔泰成矿规律

哈萨克斯坦-中国新疆阿尔泰主要优势矿为铜、金、铅锌、稀有金属及铁。各矿种主要特征及成矿规律如下。

一、铜矿成矿规律

(一)地质背景

哈萨克斯坦-中国新疆阿尔泰铜矿主要类型为火山岩熔矿的块状硫化物型铅锌矿床(VHMS)。

(1)矿区阿尔泰铅锌、铜、多金属、铁及金矿带中矿床集中赋存于艾姆斯-早法门期(D_1^3—D_3^2)的火山沉积岩系中,即玄武岩-流纹岩双峰式火山岩和碎屑岩建造。新疆阿尔泰的 VMS 型铜矿床赋存于下泥盆统康布铁堡组和中泥盆统阿舍勒组双峰式火山岩中。

(2)火山岩以酸性岩(流纹质、英安质)为主,镁铁质岩石及其凝灰岩居次要地位。沉积岩包括沉凝灰岩、凝灰质砂岩、粉砂岩。依据 Barrie et al.(1999)VHMS 型矿床分类,哈萨克斯坦和新疆的 VHMS 型矿床被归为双峰式-硅质碎屑岩型(Goldfarb et al,2003)。多金属矿化包括 3 种主要组合类型:黄铁矿-多金属组合、铜-锌组合和铅-锌组合。成矿时代主要在泥盆纪(Malchenko et al,1996)。

(3)矿田和矿床多产在火山口、火山机构的斜坡上、火山口洼地和火山间洼地。含铜黄铁矿矿床和铜-锌-黄铁矿矿床产在火山口-近火山口的火山岩相内,矿体赋存于层火山顶部洼地和喷出穹隆斜坡的局部洼地中,如卡梅申、尼古拉耶夫、兹缅伊诺戈尔斯克矿床等。黄铁矿-多金属矿床均产于喷出岩和凝灰岩-沉积岩的中间带,矿体产在层火山、喷出穹隆和火山间洼地,如舍莫奈哈、舒巴等矿床。多金属矿床和重晶石-多金属矿床产于离火山口较远的火山-沉积岩和沉积岩内,矿体赋存于局部的火山构造洼地、破火山口洼地,如别列佐夫、里杰尔-索科利等矿床。

(4)矿床多产在不同岩相、不同岩性火山岩的接触部位,尤其是较基性火山岩被较酸性火山岩代替的部位,火山熔岩、火山碎屑岩层的顶部或其附近以及与上覆沉积岩层交会界面处。上述特征表明成矿作用多发生在火山活动末期、火山活动间歇期以及火山活动性质发生改变的时期,尤其是在每一火山旋回终期,这与世界上 VMS 型铅锌矿的成矿作用一致。

(5)多数矿床具有"双层"结构,上部为似层状的块状硫化物矿体,下部为浸染状硫化物组成的脉状—网脉状矿体,层状块状硫化物矿体过渡到浸染状矿体,网脉状和浸染状矿石所在地往往是火山喷气通道。

(6)发育喷气岩(如重晶石、硅质岩等),热液-沉积形成的黄铁矿、铜-锌-硫化物、多金属硫化物和硫化物晶屑组成韵律层状构造。热液蚀变围绕矿体不均匀分布,一般下盘蚀变强烈,空间上主要发育于喷流系统和矿体底板及补给体系形成的蚀变岩筒内。

（7）矿化以铜为主，主要伴生锌，成为铜锌矿，其次伴生铅，其他伴生有益元素有 Au、Ag、PGE、Se、Te、Co、Ni，可综合利用。

（8）在一些矿床中可见矿石的滑塌角砾出现在矿体上盘，如尼古拉耶夫、里德杰尔-索科利、马列耶夫矿床。矿床形成后经历了多期次的热液叠加改造。

典型矿床如哈萨克斯坦的尼古拉耶夫（Nikoraevskaya）大型铜锌矿、马列耶夫（Maleyevskoye）大型铜锌矿、阿尔捷米耶夫大型铜锌矿、季申大型锌多金属矿、瓦维隆大型铜矿、卡尔奇加大型铜矿、新疆阿舍勒大型铜锌矿、克因布拉克中型铜锌矿。

（二）铜矿时空分布规律

1. 铜矿床空间分布

研究区不同类型铜矿在空间上具有明显的分布规律。VHMS 型铜多金属矿床主要分布在境内外阿尔泰，在新疆主要分布在阿尔泰南缘的阿舍勒盆地（如阿舍勒铜锌矿床）、克兰盆地（如铁木尔特铅锌矿床）和麦兹盆地（如可可塔勒铅锌矿床），矿床赋存于早泥盆世康布铁堡组和早-中泥盆世阿舍勒组火山沉积岩系中。在新疆准噶尔还没有发现该类型。

在哈萨克斯坦 VHMS 型铜多金属矿床主要分布在矿区阿尔泰 Pb、Zn、Cu、多金属、Fe 及 Au 矿带（图 4-1），特别是分布在列宁诺戈尔斯克-济良诺夫斯克和阿列伊-切尔克齐 2 个亚矿带。列宁诺戈尔斯克-济良诺夫斯克亚矿带的矿床主要为黄铁矿-多金属矿和多金属矿，其次为黄铁矿-铜-锌矿和铅矿，著名的矿集区有列宁诺戈尔斯克、济良诺夫斯克、斯涅基里哈，典型矿床有马列耶夫大型铜锌矿、济良诺夫斯克超大型铅锌多金属矿、列宁诺戈尔斯克（里德杰尔-索科利）超大型铅锌铜多金属矿、别洛乌索夫大型多金属矿等。阿列伊-切尔克齐亚矿带靠近额尔齐斯断裂带，主要为黄铁矿-铜-锌矿，其次为多金属矿，著名矿田为滨额尔齐斯矿田和奥尔洛甫-泽洛图申矿田，典型矿床有尼古拉耶夫大型铜锌矿、奥尔洛夫大型铜锌矿等。矿区阿尔泰 VHMS 型多金属矿床主要赋存于艾姆斯-早法门期（D_1^3—D_3^2）的 K-Na 系列的火山沉积岩系中，即玄武岩-流纹岩双峰式火山岩和碎屑岩建造。

2. 铜矿床形成时代

研究区的铜矿床具有明显的时空性，不同类型矿床形成时代明显不同。

在哈萨克斯坦矿区阿尔泰 VHMS 型铜多金属矿床形成于泥盆纪裂谷发育阶段，赋存于玄武岩-流纹岩双峰式火山岩和陆源碎屑沉积岩中，成矿时代主要为中泥盆统吉维特期（380～370Ma），部分为早泥盆世和晚泥盆世。在新疆阿尔泰南缘克兰盆地和麦兹盆地 VHMS 型铅锌矿和铜铅锌矿床主要赋存于下泥盆统康布铁堡组中，与早泥盆世火山和沉积作用有关，成矿时代为早泥盆世。阿舍勒铜锌矿床赋存于中泥盆统阿舍勒组双峰式火山岩中。

李华芹等（1998）测得阿舍勒铜锌矿条纹状、条带状、角砾状矿石 Rb-Sr 等时线年龄为 364±15Ma，略晚于矿区铁质碧玉岩的 Rb-Sr 和 Sm-Nd 等时线年龄 378～372Ma，表明金成矿时代为中-晚泥盆世。

3. 区域矿床模型

哈萨克斯坦阿尔泰火山岩熔矿的块状硫化物型矿床（VHMS）区域矿床模型概述如下：早泥盆统艾姆斯期—晚泥盆统法门期受地幔软流圈影响，发生了大陆边缘裂谷作用。早泥盆统末在矿区阿尔泰的南东部出现了最早的火山活动，随后强烈的火山活动中心逐渐向北西迁移。裂谷发育的早期，伴随火山活动在不同构造单元形成玄武岩-流纹岩双峰式火山岩、碳酸盐岩和陆源碎屑岩，并形成不同赋矿层位

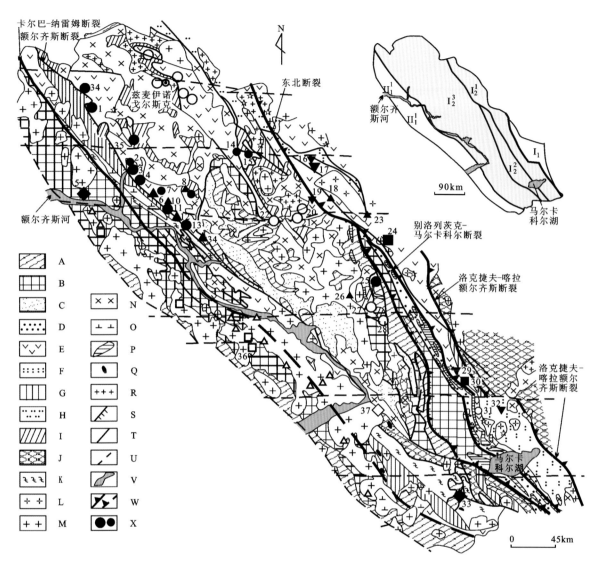

图 4-1　哈萨克斯坦矿区阿尔泰地质和矿产略图

（据 Malchenko et al,1996；Daukeev et al,2004；Buslov et al,2004；杨富全等,2006）

A.石炭系碎屑岩；B.上泥盆统—下石炭统泥岩、碳质粉砂岩；C.上泥盆统海相沉积岩夹火山岩；D.中-上泥盆统海相沉积岩夹基性火山岩；E.中泥盆统海相沉积岩、火山岩；F.下-中泥盆统中酸性火山岩夹沉积岩；G.下泥盆统结片岩；H.中志留统泥岩、砂岩夹灰岩；I.下古生界碎屑岩；J.上寒武统—奥陶纪陆源碎屑岩；K.古-中元古界变粒岩、角闪岩、片岩；L.三叠纪花岗岩；M.二叠纪花岗岩；N.晚石炭世辉长岩、花岗闪长岩及花岗岩；O.早石炭世辉长岩、闪长岩、斜长花岗岩；P.晚泥盆世辉长岩-辉绿岩；Q.中泥盆世超基性岩；R.中-晚泥盆世花岗闪长岩、花岗岩；S.大型剪切带；T.深裂；U.地球物理圈固的隐伏断裂；V.河流；W.成矿带边界及推测成矿边界；X.大型矿床,中、小型矿床,VHMS型矿床；◆.铜-磁黄铁矿矿床；○.黄铁矿-多金属矿床；●.黄铁矿-铜-锌矿床；▼.铅矿床；▲.多金属矿床；■.铁矿床；与花岗岩有关的矿床；☆.钨矿点；□.钽和铯矿床；△.铌和铍矿床；◇.剪切带型金矿床。I₁.山区阿尔泰成矿带；I₂.矿区阿尔泰成矿带；I_2^1.霍尔宗-萨雷姆萨克塔矿带；I_2^2.别洛乌巴-南阿尔泰矿带；I_2^3.矿区阿尔泰矿带；II₁.卡尔巴-纳雷姆矿带。矿床名称：1.奥尔洛夫；2.卡梅申；3.阿尔捷米耶夫；4.尼古拉耶夫；5.瓦维隆；6.鲁利沃；7.塔洛夫；8.波克罗夫-I号；9.上乌巴；10.丘达克；11.新别列佐夫；12.别列佐夫；13.额尔齐斯；14.阿尼西莫夫泉；15.斯涅基里哈；16.古斯利亚科夫；17.捷克马利；18.斯塔尔科夫；19.舒巴；20.里德杰尔-索科利；21.多林；22.季申；23.科拉萨-II号；24.霍尔宗；25.马列耶夫；26.帕雷金；27.济良诺夫斯克；28.格列霍夫；29.普涅夫；30.罗吉奥诺夫-洛格；31.尼基京；32.南阿尔泰；33.卡尔奇加；34.佐洛图夫；35.舍莫纳伊哈；36.别洛戈尔；37.马拉利哈的 VHMS 型矿床。矿区阿尔泰有 3 个主要矿化层。东北裂谷带的霍尔宗-萨雷姆萨京铁多金属矿带（图 4-2）第一赋矿层位（Ⅰ）为早泥盆世艾姆斯期切尔涅文组和中泥盆世艾非尔期科尔冈组下部。别洛乌巴-南阿尔泰矿带第二矿化层（Ⅱ）为中泥盆统，时代为艾非尔期-吉维特期。列宁诺戈尔斯克-济良诺夫斯克亚带的矿床主要赋存于第三矿化层，为早泥盆世列宁诺戈尔斯克组（如扎沃茨科伊矿床）、克柳科夫组（如里德杰尔-索科利矿床）和中泥盆统索科利组（如季申矿床）。火山沉积型铁矿以及层状锰矿化（如罗吉奥诺夫-洛格，）位于东北古裂谷带的轴部，多金属矿化（如列宁诺戈尔斯克）和铅矿（如捷克马利，古斯利亚科夫）位于裂谷的斜坡部位，其成矿模型如图 4-3。

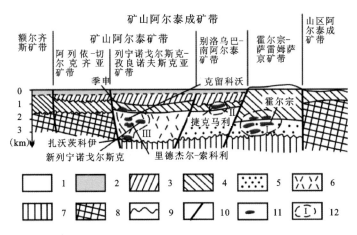

图 4-2　东北裂谷及含矿层位略图（据 Daukeev et al，2004 修改）

1.上泥盆统；2.中-上泥盆统海盆；3.中-下泥盆统海相沉积岩夹基性火山岩；4.中泥盆统海相沉积岩夹酸性火山岩；5.下泥盆统海相沉积岩夹火山岩；6.下泥盆统酸性火山岩夹海相沉积岩；7.下泥盆统绿片岩；8.加里东基底；9.不整合；10.断裂；11.矿层及矿床位置；12.矿层范围及编号

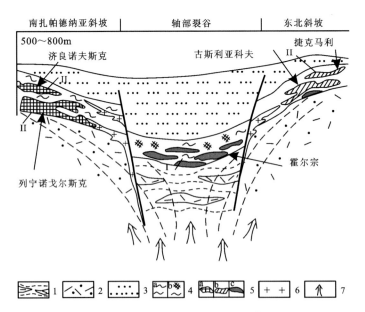

图 4-3　东北裂谷中层状 Pb-Zn 和 Fe-Mn 矿成矿模型（据 Daukeev et al，2004）

1.下泥盆统海相沉积岩、酸性熔岩和凝灰岩；2.下-中泥盆统含矿玄武岩-流纹岩，碳酸盐岩-陆源碎屑沉积岩；3.中-上泥盆统别洛乌索夫组沉积岩；4.围岩蚀变：a.多金属矿化周围的绢云母-石英板岩和石英岩，b.Fe-Mn 矿化周围的赤铁矿化绢云母-石英板岩和似碧玉岩；5：a.浸染状多金属矿化，b.铅，c.带状赤铁矿含锰；6.石英斑岩；7.热液流体运动方向

　　南扎帕德纳裂谷带中玄武岩-流纹岩双峰式火山岩发育,早阶段火山岩以富钾为特点,晚阶段火山岩富钠,表明裂谷阶段海盆地逐渐加深。黄铁矿多金属矿化出现在Ⅱ和Ⅲ矿化层中(图4-4),该裂谷带中未发现第一矿化层。Ⅱ矿化层为下-中泥盆统希普林组(如别列佐夫矿床)和中泥盆统额尔齐斯组(如额尔齐斯矿床)。Ⅲ矿化层的时代为中泥盆统塔洛夫组(如上乌巴矿床)、中-上泥盆统格列霍夫组(如苏加托夫矿床)和上泥盆统尼古拉耶夫组(如尼古拉耶夫矿床)。

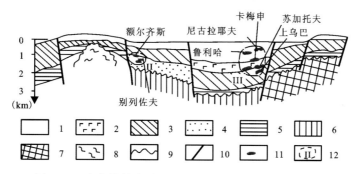

图4-4　南扎帕德纳裂谷及含矿层位(Daukeev et al,2004)

1.上泥盆统海相沉积岩夹火山岩;2.中-上泥盆统中基性火山岩夹海相沉积岩;3.中泥盆统海相沉积岩
夹酸性火山岩;4.下-中泥盆统海相沉积岩夹酸性火山岩;5.下泥盆统海相沉积岩夹火山岩;6.下泥盆统
绿片岩;7.下古生界;8.绿片岩;9.不整合;10.断裂;11.矿床;12.矿层范围及编号

　　泥盆纪之后的大陆边缘俯冲、碰撞、岩浆热液活动,对裂谷阶段形成的VHMS型矿床进行不同程度的叠加改造。成矿后侵入的斑岩接触带上原矿化出现重结晶和铜硫化物再富集,同时也破坏了层状和其他沉积构造。在阿尔捷米耶夫和卡梅申矿床,层状和巢状-浸染状矿化被部分活化和富集,形成块状矿体。伴随辉绿岩脉侵入,形成了磁铁矿、镍黄铁矿和毒砂矿物组合。花岗岩的侵入,导致原矿化中叠加了矽卡岩化,有时形成稀有多金属矿床,如塔洛夫-图尔萨斯克、帕雷金矿床等。

　　晚泥盆世—早石炭世北天山洋盆(古亚洲洋中支)向北斜向俯冲,在俯冲带上盘发育岛弧带。法门期的晚期,岛弧带上的安山质火山活动达到高潮,早石炭世岩浆侵入活动达到顶峰。在东卡尔巴-纳雷姆矿带形成少量VHMS型铜-磁黄铁矿矿床,西卡尔巴一带形成了赋存于黑色岩系中的造山型金矿和与侵入岩有关的金矿(Malchenko & Ermolov,1996)。晚石炭世—早二叠世矿区阿尔泰进入了陆陆碰撞造山阶段。

二、铅锌矿成矿规律

(一)地质背景

　　火山岩熔矿的块状硫化物型铅锌矿床(VHMS):该类型有人称为海相火山岩型铅锌矿床或黄矿铁型铅锌矿床,是世界铅锌矿床的主要类型,在中哈阿尔泰和哈萨克斯坦准噶尔广泛分布,也是研究区铅锌矿床中最重要的类型。在哈萨克斯坦以济良诺夫斯克(Zyryanovskoye)超大型铅锌矿、里德杰尔-索科利矿床(也称为列宁诺戈尔斯克矿床)超大型铅锌铜多金属矿床、季申大型铅锌矿、别洛乌索夫大型铅锌矿、格列霍夫-2号大型铅锌矿为代表。在新疆阿尔泰已发现的矿床有可可塔勒大型铅锌矿、铁木尔特中型铅锌矿、阿巴宫中型铅锌矿、大桥小型铅锌矿、阿克哈仁小型铅矿。新疆准噶尔目前还未发现该类型矿床。主要特点如下。

　　(1)该矿床的成矿环境是大陆裂谷、岛弧带、断陷火山沉积盆地和弧后盆地。

　　(2)矿床主要赋存于玄武岩-流纹岩双峰式火山岩和碎屑岩中,受火山机构控制。哈萨克斯坦与成矿有关的火山岩主要为早泥盆世到晚泥盆世;新疆阿尔泰赋矿地层时代主要为早泥盆世,其次是中泥盆世。

（3）在新疆阿尔泰容矿岩系的下部陆源碎屑岩较多,碎屑成熟度较高,火山岩中的中酸性岩比例较大,可有碳酸盐岩沉积;中上部过渡为典型双峰式火山建造（细碧-角斑岩组合或玄武岩-英安岩组合）,铜锌矿化通常产于剖面中的基性岩与中酸性岩界线的中酸性岩侧,且多与火山角砾岩、粗碎屑岩有关（李博泉等,2006）。铅锌矿的容矿岩系主要为钙碱性流纹岩-英安岩组合,以流纹岩为主。铅锌矿化产于两套火山岩层之间的沉积岩夹层中,直接围岩为泥砂质沉积岩、凝灰岩、碳酸盐岩和热水沉积岩。

（4）矿田和矿床多产在火山口、火山机构的斜坡上、火山口洼地和火山间洼地。矿体呈层状、似层状、透镜状,一般成群产出,与围岩火山岩产状基本一致。矿体长可达 3 000m、厚 100m,单个矿体的矿石量可多达 450×10^4 t。

（5）多数矿床具有"双层"结构,上部为层状块状矿体,下部浸染状矿石为脉状-网脉状,二者为过渡关系,发育喷气岩（如重晶石、硅质岩等）。在一些矿床中可见矿石的滑塌角砾出现在矿体上盘,如里德杰尔-索科利。矿石矿物以黄铁矿、磁黄铁矿、黄铜矿、方铅矿、闪锌矿为主。大多数矿床矿石品位较富,伴生多种有益组分,Pb 平均品位变化于 0.18%～3.64%,Zn 平均品位变化于 0.5%～8.05%（表 4-1）。新疆阿尔泰矿化类型多数为块状硫化物型,少数为磁铁硫化物型（如大桥、阿什勒萨依）、萤石方铅矿型（阿克哈仁）;在哈萨克斯坦矿化类型分为硫化物金-贱金属型（阿尔泰型）和重晶石-贱金属型（阿塔苏型）。

（6）热液蚀变围绕矿体不均匀分布,一般下盘蚀变强烈,其类型主要有硅化、绢云母化、绿泥石化、碳酸盐化、钠长石化和黄铁矿化。矿石具有块状、细脉-浸染状、脉状、斑点状、条带状、层纹状构造。

表 4-1　中哈阿尔泰主要铅锌矿的储量和品位

矿床	铅储量（$\times 10^4$t）	锌储量（$\times 10^4$t）	铅品位（%）	锌品位（%）	矿床	铅储量（$\times 10^4$t）	锌储量（$\times 10^4$t）	铅品位（%）	锌品位（%）
卡姆辛	0.13	0.63	0.4	0.5	切克马	71.1	194.18	0.8	2.17
新别列佐夫	0.19	5.11	0.18	4.89	阿尔捷米耶夫			2.77	8.05
额尔齐斯	10.49	68.43	0.85	5.53	尤别列伊诺	3.39	21.95	0.89	5.87
别列佐夫	3.6	12.33	3.64	7.27	奥尔洛夫	39.99	127.95	1	3.42
列宁诺戈尔斯克	18.29	40.39	0.45	1.16	尼古拉耶夫	18.2	14.23	0.5	3.77
季申	40.58	234.85	1.11	6.2	阿舍勒	5.62	43.8	2.42	2.93
济良诺夫斯克	54.11	92.83	0.78	1.4	铁米尔特	4	11	0.45	1.3
格列霍夫	14.03	42.45	0.51	1.75	阿巴宫	15.83	15.26	1.91	3.49
马列耶夫	41.35	274.83	1.19	7.84	可可塔勒	101.33	198.67	1.51	3.16
新列宁诺戈尔斯克	44.64	117.48	1.44	4.05					

据 Rubinstein et al,2002;戴自希等,2005。

（二）铅锌矿时空分布规律

1. 铅锌矿空间分布规律

哈萨克斯坦有巨大的铅锌资源,据报道,铅储量为 $1 490 \times 10^4$ t、锌储量 $3 470 \times 10^4$ t,但品位低,平均含 Pb1.31%、Zn3.11%（施俊法等,2006）。这些矿床主要分布在其东北部、东部和西南部,即阿尔泰、准噶尔阿拉套和卡拉套 3 个带（图 4-5）。

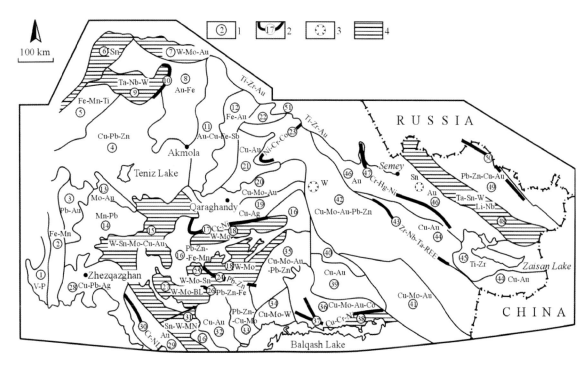

图 4 - 5 哈萨克斯坦成矿带及矿产分布略图(Malchenko & Ermolov,1996)

1.金属矿带及编号;2.线状分布的金属矿及编号;3. 矿田;4. 与花岗岩有关的钼、钨、锡和稀有金属成矿省、成矿带:① Baiqonur,
② Qarsaqpai,③ Ulutau,④ Tengiz,⑤ Qalmaqqol,⑥ Priishimskaya,⑦ Shatskaya,⑧ Stepnyak,⑨ Zerenda,⑪ Bestobe – Torgay,
⑫ Erementau,⑬ Qirei,⑭ Zhezdy,⑮ Koktas – Sonaly,⑯ Zhailma – Qosaghaly,⑱ Zhaman – Sarysu,⑲ Spasskaya,⑳ Bayanaul,㉑ Shiderty,
㉒ Bozshakol,㉕ Qyzyltau,㉗ Shalghiya – Qaraoba,㉘ Zhezqazghan,㉙ Altynsai,㉛ Buruntas,㉜ Saryshaghan,㉝ Gulshad,㉞ Balqash,㉟ To-
qrau,㊱ Sayak,㊳ Tastau,㊴ Qalmaqemel,㊵ Prichingiz,㊶ Baqanas,㊷ Chingiz – Tarbagatai,㊹ Zharma – Saur,㊺ Zaisan,㊻ West Kalba,
㊽ Kalba – Narym,㊾ Rudny Altai;线状分布的金属矿:⑩ Shchuchinskaya,⑰ Teqturmas,㉓ Shiderty – Eqibastuz,㉔ Aqzhal – Aqsoran,
㉖ Aqbastau,㉚ Zhalair – Naiman,㊲ Qereghetas – Espe,㊼ Charsk – Gornostaevskaya,㊿ Beloretzk – Marqakul

        哈萨克斯坦阿尔泰矿带是世界著名的 VMS 型铜–铅–锌矿床集中区,铅锌矿床主要分布在别洛乌
巴–南阿尔泰金、铅锌矿带和矿区阿尔泰铅锌、铜多金属、铁及金矿带。含有铅锌的矿床主要有卡姆辛、
新别列佐夫、别列佐夫、额尔齐斯、列宁诺戈尔斯克、季申、济良诺夫斯克、格列霍夫、马列耶夫、新列宁诺
戈尔斯克、切克马、阿尔捷米耶夫、尤别列伊诺、奥尔洛夫、尼古拉耶夫,其中列宁诺戈尔斯克、济良诺夫
斯克、切克马规模最大。列宁诺戈尔斯克矿田以产出铅、锌为主,矿床中 Cu∶Pb∶Zn 为 9∶23∶68。
致密硫化物矿石中 Pb 15.2%、Zn 28.8%、Ag 248×10^{-6};浸染状矿化中含 Pb 2.5%、Zn 5.1%、Cu
0.11%、Ag 25.4×10^{-6}。矿田铅、锌储量为 380×10^{4}t。济良诺夫斯克矿田也以铅、锌为主,矿床中成矿
元素 Cu∶Pb∶Zn 为 9∶38∶53,原生矿石平均品位 Cu 0.3%、Pb 1.7%、Zn 2.9%,其中块状矿石平均
品位 Cu 1.53%、Pb 12.34%、Zn 18.4%、S 19.16%。矿田铅、锌储量为 500×10^{4}t 以上。
        新疆阿尔泰在阿舍勒、冲乎尔、克兰和麦兹盆地发现了阿舍勒大型铜锌矿、可可塔勒大型铅锌矿、铁
米尔特中型铅锌矿、阿巴宫中型铅锌矿、克因布拉克小型铜锌矿等。在诺尔特火山盆地发现了库马苏大
型铅锌矿和一些小型铅锌矿的矿点。空间上,这些铅锌矿具有南北分带、东西分区特征,从北东到南西
分为 3 个带,即诺尔特铅锌矿带、可可塔勒铅锌矿带(又称为麦兹–冲乎尔矿带)和阿舍勒铜锌矿带,其中
可可塔勒铅锌矿带已发现的矿床规模大、矿化集中,找矿前景极大。在后两个带,为泥盆纪海相火山岩
发育区,主要产出火山岩熔矿的块状硫化物型矿床,与海底火山喷流–沉积成矿作用或火山作用有关。
在诺尔特铅锌矿带主要产出与花岗质岩石有关的脉状铅锌矿床。在可可塔勒铅锌矿带的麦兹盆地,铅
锌矿的分布具有东西分区特征,由东向西分为 3 个既相互过渡又有明显差异的矿化亚区,即可可塔勒亚

区、阿克哈仁亚区和蒙克木亚区。

李博泉等(2006)认为阿尔泰南缘、中天山和塔里木盆地西缘3条铅锌重要成矿带的共同特征是发育前寒武纪结晶基底,其成分总体上以长英质为主,并伴有"S"形花岗岩和稀有金属矿化,表明陆壳成熟度较高。铅锌矿带与成熟度高的陆壳有关,主要产于陆块边缘活动带和上叠盆地中。在哈萨克斯坦阿尔泰、准噶尔和卡拉套地区铅锌矿带同样有长英质前寒武纪结晶基底,变质基底发育是中亚铅锌矿形成的一个基本因素。

受区域性深大断裂、火山盆地和复背斜的联合控制,铅锌矿在空间上具有成带分布、分段集中的分布规律,显示了成矿的非均一性。在哈萨克斯坦阿尔泰大型矿集区的定位与北西向和近纬向构造带的交叉有密切关系,矿结和矿田位于北西和近纬向深断裂带中(特别是两组深断裂带交会的部位);其次是倾向于产在近复背斜的位置,在阿列伊、辛纽申和列夫纽申几个复背斜构造区集中了最多的矿床。这几个复背斜在继承加里东构造阶段的正向构造块体的基础上,在海西阶段的火山活动期表现为火山构造隆起,但伴有缓慢沉降(何国琦等,2006)。在中国阿尔泰,矿床主要产于北西向火山沉积盆地中。

2. 成矿的时空性

研究区铅锌矿床的成矿时代仅根据赋矿岩系时代、花岗岩的时代及矿床特征,进行分析确定。成矿时代初步划分为早海西成矿期(D—C_1)、中海西成矿期(C_1—C_2)和晚海西成矿期(C_2—P),其中早海西期为成矿高峰期(Malchenko & Ermolov,1996)。

早海西成矿期(D—C_1)是铅锌成矿高峰期,形成的矿床广泛分布,主要集中在中哈阿尔泰。矿床类型主要为火山岩熔矿块状硫化物型、Sedex型、密西西比河谷型。铅锌矿产于海相火山岩-碎屑岩、海相碎屑岩-碳酸盐岩和碳酸盐岩中。如列宁诺戈尔斯克矿田赋存于下泥盆统列宁诺戈尔斯克组和克柳科夫组火山熔岩、火山碎屑岩和沉积岩中,成矿时代为早泥盆世。济良诺夫斯克矿床的形成与早泥盆世—中泥盆世初的玄武质-流纹质火山作用有关,成矿时代为早中泥盆世。新疆阿尔泰的铅锌矿均形成于该成矿期,如李华芹等(1998)测得可可塔勒矿石中闪锌矿、黄铜矿和黄铁矿Sm-Nd等时线年龄为373±15Ma,表明成矿时代为早中泥盆世。在哈萨克斯坦南部Zhailma—Qosaghaly一带,铅锌矿产于晚泥盆世法门期—早石炭世陆源碎屑岩-硅质岩-碳酸盐岩建造中,形成重晶石-贱金属型(阿塔苏型)铅锌锑矿。

中海西成矿期(C_1—C_2),在新疆诺尔特上叠盆地中形成与早石炭世花岗质岩石有关的脉状铅锌矿床,如库马苏大型铅锌矿。哈萨克斯坦的Gulshad、Prichingiz一带早-中石炭世花岗闪长岩与早古生代和晚泥盆世法门期碳酸盐岩接触带形成矽卡岩型铅锌矿,如Gulshad、Kokzaboi、Batystau、Samombet等。

晚海西成矿期(C_2—P)在哈萨克斯坦的Toqrau地区中晚石炭世火山岩中形成火山岩型铅锌银矿,如Barken、Adymbai等。在冲乎尔盆地黑云母花岗岩外接触带形成开因布拉克小型铜锌矿床,与成矿有关的黑云母花岗岩锆石SHRIMP U-Pb年龄为289~274Ma,成矿时代略晚于289~274Ma。

总之,尽管研究区铅锌矿成矿时代较多,但以VMS和Sedex型铅锌矿床为主,因此,具有明显的成矿时控性,早海西成矿期(D-C_1)是VMS型成矿的高峰期,早加里东期是Sedex型成矿高峰期。

三、金矿成矿规律

1. 剪切带型金矿床

剪切带型金矿床在中哈阿尔泰分布最广,也是重要的金矿类型。在我国新疆主要分布在额尔齐斯金成矿亚带(图4-6),如多拉纳萨依、赛都、萨热阔布。在哈萨克斯坦该类型金矿主要分布在东哈萨克斯坦的斋桑-准噶尔成矿亚带,其次是额尔齐斯金成矿亚带,在阿尔泰有少量分布。斋桑-准噶尔成矿亚带的剪切带型金矿床主要沿库兹洛夫近东西向韧性剪切带分布,如巴克尔奇克、布尔什维克、霍洛德内克卢奇、普罗梅茹特诺耶、格鲁布尔洛格、Baltemir、Baldykol、Kempir、Alimbet、Zhanan、Mirazh、苏兹德尔斯克、穆库尔、东穆库尔、开得、米亚里、申塔斯、Vasilvevskoye、巴勒德扎尔、中姆巴、库鲁宗、热列克、埃斯佩、阿尔扎尔等金矿床(点),其中巴克尔奇克规模最大,达到超大型。哈萨克斯坦阿尔泰剪切带型金矿有麦梅尔小型金矿。

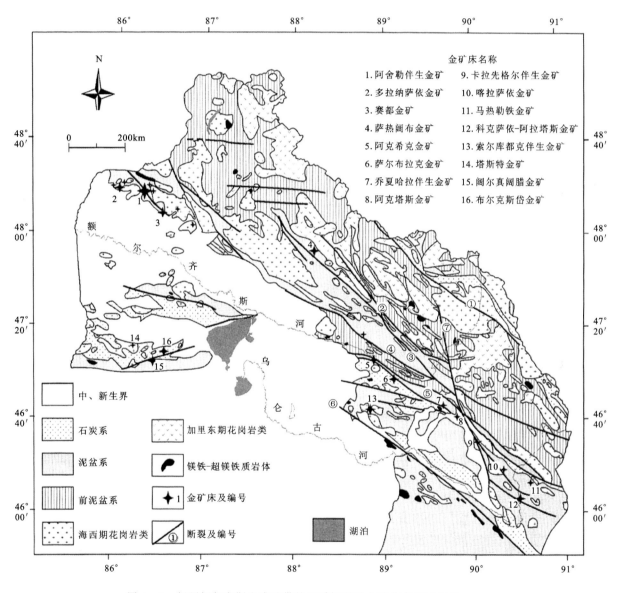

图 4-6　新疆额尔齐斯金成矿带的地质概况及金矿分布(目升好等,2006a)

　　在空间上,金矿多沿地体边界断裂带或剪切带分布,如红山嘴断裂、阿巴宫库尔提断裂、额尔齐斯-玛因鄂博剪切带、卡拉麦里缝合带、库兹洛夫韧性剪切带等,形成数条与地体边界断裂近于平行展布的线状金成矿亚带。这些区域性断裂带是碰撞造山后期构造调整过程中构造-岩浆-流体活动的主要部位。剪切带型金矿构造控矿明显,在空间上,严格受三级构造系统控制,即深断裂或碰撞带(一级)、大型剪切带(二级)、褶皱或断裂破碎带(三级)。通常低级构造系统是高级构造系统的派生构造,矿床通常位于二级或三级构造中(Groves et al,2000)。金矿体主要定位于这些大断裂旁侧的次级断裂构造破碎带中或多组断裂交会部位、挤压劈理化带、脆-韧性变形带、层间破碎带(闫升好等,2006a)。

容矿岩系主要为泥盆系、石炭系,其次为志留系,赋矿岩石主要为浅变质或未变质的类复理石建造(碳质板岩、千枚岩、砂岩、粉砂岩等)、弱变质的中基性火山岩(玄武岩、安山岩、凝灰岩等),少数为花岗闪长岩(如金山金矿)。这些含矿岩系一般具有较高的金丰度,构成重要的矿源层。在哈萨克斯坦沿库兹洛夫韧性剪切带分布的金矿床(点)赋矿岩系为上石炭统巴克尔奇克组含碳岩系,为复矿砂岩、碳质粉砂岩等互层的陆相含碳细碎屑岩建造,地层中有机质含量为 $0.2\%\sim2\%$,局部含碳高达 $13.4\%\sim15.25\%$,碳沥青透镜体中有机碳含量达 $20.5\%\sim54.1\%$(Daukeev et al,2004)。前人将这种类型金矿称为黑色岩系型或黑色页岩型金矿(戴自希等,2001;刘春涌编译,2005),浅变质(含碳)碎屑岩型金矿(刘德权等,2004;王有标等,2006)。在新疆类似的金矿有西南天山的萨瓦亚尔顿金矿(杨富全等,2005)和阿尔泰的萨尔布拉克金矿(董永观等,1994)。在哈萨克斯坦"黑色岩系型"金矿的容矿岩系时代为晚石炭世,而在新疆阿尔泰容矿岩系时代为早石炭统,其共同特点是具有浊流沉积特征,含碳量较高。岩系中普遍富含 $0.5\%\sim11\%$ 的碳质物,微粒碳质对分散的金起吸附作用,有利于金的迁移和沉淀,易形成含金背景值较高的矿源层。金矿体定位部位,一般不是含碳最高的层位,而是受构造控制更明显的部位。

海西中晚期中酸性侵入体或岩脉与金矿化在空间上密切伴生(涂光炽,1990;王京彬等,1997;廖启林等,1999)。多拉纳萨依金矿体直接产于中酸性岩脉(闪长岩、闪长玢岩、钠长斑岩及煌斑岩等)与地层的接触带附近(闫升好等,2006)。

围岩蚀变主要有硅化、黄铁矿化、毒砂化、绢云母化、碳酸盐化、绿泥石化等,巴克尔奇克金矿床中出现了石墨化。通常产于碎屑岩建造中的金矿相对发育硅化、绢云母化和黄铁矿化,如多拉纳萨依、巴克尔奇克等。

金矿床具有多阶段成矿的特点,一般可分为金-石英阶段、金-硫化物-砷化物阶段、石英-碳酸盐阶段,金矿化主要发生在前两个阶段。成矿物质和成矿流体具有多来源,成矿流体包括岩浆水、变质水和大气降水等,往往是多种流体混合,但成矿晚期以大气降水为主。成矿物质可能主要来自围岩,有部分来自岩体。成矿温度介于 $150\sim300$℃,成矿深度 $0.5\sim6km$,具有中浅成低温热液成矿特点。除萨热阔布外(盐度为 $11.2\%\sim17.4\%$ $NaCl_{equiv}$),流体盐度主要变化于 $3\%\sim12\%NaCl_{equiv}$。金矿形成受韧性剪切带控制,成矿与变质作用、构造变形和岩浆活动密切相关。

时间上,剪切带型金矿床的成矿年龄变化于 $320\sim270Ma$ 之间,为晚石炭世—早二叠世,集中在 $300\sim270Ma$(程忠富等,1996;李华芹等,1998,2004;闫升好等,2004),对应的地球动力学背景为后碰撞阶段。

2. 浅成低温热液型金矿床(火山岩型)

前人对浅成低温热液型金矿床有不同的命名,中国地质学会矿床专业委员会贵金属组(1984)称为火山及次火山-热液金矿,涂光炽(1990)将其命名为海相火山岩型和陆相火山岩型,李华芹等(1998)称为浅成热液型,王有标等(2006)称为火山岩型金矿。这类金矿主要分布在中哈准噶尔,在阿尔泰分布较少,如新疆阿尔泰诺尔特火山盆地中的阿尔提什坎金矿床(芮行健,1993)。

中哈浅成低温热液型金矿床主要分布在古生代的岛弧带,如上叠式火山盆地(如阿尔提什坎)。金矿床和矿点主要产在晚古生代火山沉积岩系中,红山嘴组与金矿有关的火山岩,主要是一套以玄武岩-安山岩-英安岩-流纹岩及其火山碎屑岩组合为特征的陆相火山岩(刘家远,2001),少数为海相、海陆交互相火山岩,岩石地球化学特征表明火山岩及潜火山岩主要为钙碱性系列。

金矿床成矿时代主要在石炭纪—二叠纪,成矿年龄在 $340\sim260Ma$ 之间,少数金矿成矿时代为三叠纪。

3. VMS 型金矿床

VMS 型伴生金矿在中哈阿尔泰分布广泛,在新疆阿尔泰主要有阿舍勒铜锌矿、铁木尔特铅锌矿、恰夏铜矿,在哈萨克斯坦阿尔泰主要有列宁诺戈尔斯克铅锌铜多金属矿、济良诺夫斯克铅锌多金属矿、尼古拉耶夫铜锌矿、季申多金属矿、马列耶夫铜锌矿、捷克玛利铜锌矿、卡梅申铜锌矿、阿尔捷米耶夫铜锌矿、别洛乌索夫铅锌多金属矿、尼基京铅锌铜多金属矿、马依卡因多金属矿、明兹格利索尔多金属矿、齐纳色尔萨伊多金属矿等。

VMS 型金矿主要赋存于玄武岩-流纹岩双峰式火山岩和碎屑岩中,受火山机构控制。与成矿有关的火山岩时代主要为中泥盆世(380～370Ma),部分为早泥盆世和晚泥盆世。矿体呈层状、似层状、透镜状,与围岩火山岩产状基本一致。多数矿床具有"双层"结构,上部为层状块状矿石,下部为脉状—网脉状矿体,发育喷气岩(如重晶石,硅质岩等)。

伴生金矿的品位较低但规模大,如尼古拉耶夫铜锌矿 Au 储量为 20.1t,品位为 0.5×10^{-6};Ag 为 1 446t,品位为 33×10^{-6}(Daukeev et al,2004)。济良诺夫斯克铅锌多金属矿金储量为 25.5t,Au 品位为 1.09×10^{-6}(戴自希等,2001)。列宁诺戈尔斯克铅锌铜多金属金储量为 33.25t,Au 品位为 2.93×10^{-6}(戴自希等,2001)。阿舍勒铜锌矿金储量为 18t,金品位为 $(0.03 \sim 2.99) \times 10^{-6}$。铁木尔特铅锌矿中金矿化主要与硅化有关,含黄铁矿硅化绿泥石片岩中 Au 品位为 $(0.1 \sim 0.35) \times 10^{-6}$。恰夏铜矿中 Au 品位为 $(0.28 \sim 1.02) \times 10^{-6}$,平均 0.45×10^{-6}。成矿作用复杂,具有多期多阶段成矿特点。

四、稀有金属成矿规律

(一)稀有金属矿床主要特征

1. 花岗伟晶岩型稀有金属矿床

1)新疆阿尔泰花岗伟晶岩型稀有金属矿床

花岗伟晶岩常呈脉状、透镜状、串株状和岩钟状等多种形态,脉体常成群成带集中分布,在新疆形成了阿尔泰山伟晶岩区,主要由加里东期和海西期造山花岗岩及少量造山后的燕山早期花岗岩小岩株组成。在阿尔泰山南缘,沿额尔齐斯深断裂和乌伦古河深断裂尚有一些岩株状出露的非造山花岗岩(邹天人等,2006)。花岗伟晶岩脉与造山花岗岩和震旦系—早古生界的深变质岩紧密联系。区内已发现花岗伟晶岩脉 10 万余条,其内蕴藏着丰富的工业白云母、陶瓷长石、稀有金属及色泽艳丽的宝石和玉石,同时阿尔泰山的一些伟晶岩脉具有规模大、形态规则、内部结构分带清晰和稀有金属顺序矿化等显著的特点。阿尔泰山伟晶岩区不仅是我国 16 个伟晶岩区中排名第一的,也是全球 50 多个大伟晶岩区中最有名的。经统计,全区 10 万余条伟晶岩脉中,90%以上的伟晶岩脉集中分布于 38 个伟晶岩田内(图 4-7)。伟晶岩田就是伟晶脉集中区,这些集中区主要分布于阿尔泰造山带的早古生代岩浆岩带(有 26 个伟晶岩田),少量分布于阿尔泰山南部的克兰晚古生代岩浆带(有 11 个伟晶岩田),只有 1 个伟晶岩田跨入阿尔泰山北部的诺尔特晚古生代上叠盆地内。每一个伟晶岩田内的脉数相差很大,少者 100～200 条,多者达数千条。每一个伟晶岩田内伟晶岩脉的类型、矿化种类及矿化程度、脉形成的时间和成因等都不一定相同,主要由伟晶岩田所处的地质构造位置、有关变质岩的变质程度或有关花岗岩的成分、规模、侵位深度及剥蚀深度等因素所决定。

新疆阿尔泰伟晶岩型稀有金属矿化类型可分为铌-铀-稀土型矿化伟晶岩、铍-云母型矿化伟晶岩、铍-铌型矿化伟晶岩、锂-钽型矿化伟晶岩、锂-铍型矿化伟晶岩、铌-钽型矿化伟晶岩和铯-钽型综合稀有金属矿化伟晶岩(栾世伟等,1996)。邹天人等(1981)总结了不同矿化与伟晶岩的关系,认为白云母伟晶岩矿床多属于二云母-微斜长石型和白云母-微斜长石型伟晶岩,除产工业白云母外,伴有不均匀分布的绿柱石和铌铁矿。Be(Nb、Ta)伟晶岩矿床的伟晶岩多属于白云母-微斜长石-钠长石型,产绿柱石和Nb-Ta矿物,伴有少量工业白云母。Li-Nb-Ta(-Rb-Cs-Hf)伟晶岩矿床,其伟晶岩多属于白云母-钠长石-锂辉石型或白云母-钠长石型及锂云母-钠长石型,主要产锂辉石、锂云母、铌铁矿族、细晶石族,伴有绿柱石、富铪锆石,有时伴有有色榴石等。

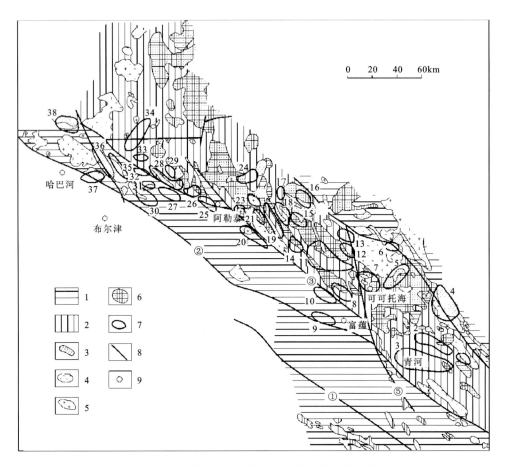

图 4-7 新疆阿尔泰山伟晶岩区伟晶岩田展布图

1.晚古生界未分;2.震旦系—早古生界未分;3.海西晚期非造山花岗岩类;4.海西中晚期二云母花岗岩;5.海西期黑云母花岗岩;6.加里东期辉长岩、英云闪长岩-花岗闪长岩-黑云母花岗岩;7.伟晶岩田及编号;8.断裂:①乌伦古河深断裂;②额尔齐斯深断裂;③阿巴宫-库尔图断裂;④红山嘴-库热克特断裂;⑤玛因鄂博断裂;9.城镇。伟晶岩田名称:1.阿木拉宫;2.布鲁克特-纳林萨拉;3.阿拉捷克-塔拉特;4.米尔特根;5.琼湖-道尔久;6.阿拉尔;7.可可托海;8.柯布卡尔;9.富蕴西;10.库尔图;11.库威-结别特;12.丘曲拜;13.阿拉依格尔;14.蒙库;15.阿拉山;16.柯鲁木特-吉得克;17.阿祖拜;18.群库尔;19.虎斯特;20.大喀拉苏-可可西尔;21.胡鲁宫;22.巴寨;23.阿巴宫;24.吐尔贡;25.小卡拉苏;26.切米尔切克;27.塔尔朗;28.切别林;29.阿拉孜克;30.阿克赛依-阿克苏;31.阿克巴斯塔乌;32.萨尔加克;33.乌鲁克特;34.切伯罗衣-阿克贡盖特;35.海流滩-冲乎尔;36.也留曼;37.哈巴河东;38.加曼哈巴

2)哈萨克斯坦花岗伟晶岩型稀有金属矿床

哈萨克斯坦东卡尔巴-纳雷姆分布大量钨、锡、钼、铌、钽、锂等稀有金属(注:在苏联文献中稀有金属包括钨和锡),其中钨、锡和稀有金属最重要,成为哈萨克斯坦3个稀有金属成矿省之一(Malchenko et al,1996;Popov,1996)。钨、锡、铌、钽等稀有金属矿产主要与早二叠世卡尔巴花岗岩有关,已发现近300个矿床和矿点。在卡尔巴复式花岗岩中识别出半原地花岗岩和侵入的伟晶岩体,前者主要为岩体的内接触带,形成低品位、不规则分布的矿化,在深部变成块状矿体和细脉状矿体;伟晶岩体主要分布在

中粗粒似斑状黑云母花岗岩内部和外接触带红柱石-黑云母角岩中,矿体垂直延深1.5~2km,沿走向延长达3km,具有高品位和稳定矿化的特征。矿床类型有岩浆期后热液型,如奥尔根拜锡-铌-钽矿;伟晶岩型,典型矿床如乌巴钨-锡矿、奥格涅夫斯克中型钽-锡-铌矿和别洛戈尔中型锡-钽-锂矿;矽卡岩-云英岩型,如切尔涅瓦锡-钽矿;石英脉-云英岩型锡、钨、钽和铌矿,如日兰达钽-锡-钨矿、格列米亚钦斯克锡-钨矿、东卡尔巴锡-钨矿、米罗柳波夫锡-钨矿等;稀有金属蚀变岩型,主要是赋存于碱性和石英-电气石-硫化物蚀变岩中的锡、钽、铌和铍矿。在上述矿床类型中,伟晶岩型最具工业价值。

稀有金属伟晶岩包括微斜长石块状伟晶岩型、微斜长石-钠长石伟晶岩型、钠长石伟晶岩型。伟晶岩为不规则的板状体和透镜体,厚几米到十余米,长数十到数百米。分带较好,一般有文象带、块体带及石英核,属钾-钠型伟晶岩,具白云母化、钠长石化、电气石化和云英岩化等热液交代作用。稀有金属伟晶岩主要为石英、微斜长石、钠长石、白云母,其次为磷灰石、电气石、锂辉石、石榴石、钠云母、锂绿泥石、萤石、铯榴石。副矿物是钽铁矿、铌铁矿、锡石、钽烧绿石和绿柱石。稀有金属矿物有铌铁矿、钽铁矿、细晶石、锡石、铯榴石、辉钼矿及少量黑钨矿、锆石。

钨、锡、铌、钽等矿化在空间上有一定的分布规律,石英-黑钨矿主要分布在轻微剥蚀的岩体中,白钨矿出现在靠近岩体接触带的石英细脉和少数大脉中,石英-锡石矿床空间上与卡尔巴花岗岩体的边缘相有关,电气石-石英、石英脉-云英岩、石英-钠长石型锡矿和白钨矿-锡石型出现在二云母花岗岩中。在平面上从岩体轴部向边部矿化分带明显,分别为稀有金属伟晶岩、锡石-石英矿化和黑钨矿-白钨矿-石英矿化。钨矿床有白钨矿(帕拉特茨矿床)、钨锰矿(科姆索英尔矿床)、钨铁矿(鲍利舍维斯特矿床),多数为小型。

2. 花岗岩型稀有金属矿床

新疆花岗岩型稀有金属矿床主要分布于阿尔泰山造山带,产于侵位高的白云母碱长花岗岩小岩株顶部,一般具有垂直分带性,从上到下依次为似伟晶岩、白云母钠长石花岗岩、白云母碱长花岗岩或二云母碱长花岗岩。如阿斯喀尔特Be矿床、小吐尔公Be矿床、尚克兰Be矿床、二道房子Be矿床、边海Be矿床等。似伟晶岩带一般产出粗粒手选绿柱石,其下逐渐过渡为细粒浸染状的机选绿柱石,同时伴有少量铌铁矿。矿体边界由化学分析结果圈定,矿床规模中—小型。

(二)稀有金属矿床时空分布规律

1. 空间分布规律

境内研究区稀有金属矿床主要分布在新疆阿尔泰,在北阿尔泰、中阿尔泰和南阿尔泰均有分布,但以中阿尔泰为主,伟晶岩脉及稀有金属矿床集中分布于38个伟晶岩田内。

哈萨克斯坦稀有金属矿床主要分布在矿区阿尔泰的霍尔宗-萨雷姆萨京、卡尔巴-纳雷姆和北哈萨克斯坦的Zerenda。霍尔宗-萨雷姆萨京主要是钨、锡,伴有少量稀有金属。最重要的是卡尔巴-纳雷姆矿带,稀有金属矿产主要与早二叠世卡尔巴花岗岩有关,已发现近300个矿床和矿点。在空间分布上划分为中卡尔巴(Ta、Nb、Sn、Cs、Ti、Cu)、西北卡尔巴(W、Ta、Nb)、纳雷姆(Sn、W、Ta)、舒利巴(W、Bi)4个矿区。

2. 稀有金属成矿时代

邹天人等(2006)总结了新疆阿尔泰稀有金属矿床成矿时代,认为新疆阿尔泰变质分异流体成因伟晶岩主要为黑云母类伟晶岩(偶见少量白云母),形成于中志留世(全岩Rb-Sr等时线年龄为426±13Ma;据王登红等,2002)和晚石炭世(全岩Rb-Sr等时线年龄为296Ma)。

卡尔巴-纳雷姆是哈萨克斯坦3个稀有金属成矿省之一,已发现近300个矿床和矿。伟晶岩型与岩浆期后热液型、矽卡岩-云英岩型、石英脉-云英岩型和蚀变岩型在空间上密切共生,成因上有密切联系,但伟晶岩型最具工业价值。伟晶岩体主要分布在花岗岩体内部和上部,矿体垂直延深 1.5～2km,沿走向延长达 3km,具有高品位和稳定矿化的特征。与新疆阿尔泰相比无论是空间分布、成因还是成矿时代上,相对简单,钨、锡、铌、钽等矿产主要与早二叠世卡尔巴花岗岩有关,成矿时代是早二叠世,与区域上钨、锡及稀有金属成矿时代一致。

五、铁矿成矿规律

(一)铁矿成因类型

新疆阿尔泰已发现 100 余个铁矿产地,铁矿多形成于晚古生代,经历过了多次构造-热液活动,具有多期叠加成矿特征。同时矿床(点)主要分布在火山沉积岩系中,与火山作用有着或多或少的关系,火山作用可形成矿体、矿源层或提供成矿物质。依据含矿岩系、与侵入岩关系、矿床特征和矿床地球化学资料,将阿尔泰铁矿的成因类型划分为火山岩型、矽卡岩型、伟晶岩型、与花岗岩有关的热液型、与基性岩体有关的钒钛磁铁矿型和砂矿 5 种类型,其中火山岩型和矽卡岩型是主要类型。火山岩型进一步划分出火山热液型、火山沉积型 2 个亚类型;矽卡岩型可划分为接触交代矽卡岩型、接触交代矽卡岩＋类矽卡岩(交代火山岩)型和类矽卡岩型 3 个亚类型。

(二)铁矿空间分布及特征

阿尔泰铁矿在空间上集中分布于 4 个地区,即哈巴河县齐叶-凯勒克赛依、克兰盆地、麦兹盆地、富蕴县城附近一带。阿尔泰铁矿主要含矿岩系为上志留统—下泥盆统康布铁堡组变质火山沉积岩系,其次是中-上泥盆统阿勒泰镇组浅变质火山沉积岩系和中泥盆统北塔山组火山沉积岩系,少数为下石炭统和下古生界变质火山沉积岩系。不同类型矿床(点)在空间上具有明显分布规律。

1. 火山岩型

火山岩型主要分布于克兰盆地的康布铁堡组上亚组中第二岩性段,岩石组合为大理岩、铁锰大理岩、变钙质砂岩、变钙质粉砂岩、绿泥石英片岩、变流纹质晶屑凝灰岩、变质基性晶屑凝灰岩、变凝灰质砂岩、变流纹岩、变含集块火山角砾岩、变粒岩和斜长角闪岩。矿体总体顺层,局部切层,矿化与火山活动有关。矿床规模为中型和小型。

火山热液型主要分布在克兰盆地康布铁堡村—铁米尔特村一带,含矿岩系为康布铁堡组上亚组中第二岩性段,直接围岩为变凝灰岩、变粉砂岩、变火山角砾岩。矿化受断裂或裂隙控制,除发育块状矿化外,还发育细脉和网脉状矿化,成矿元素为单一铁,矿化规模不大。围岩蚀变不发育,局部为绿帘石化。已发现康布铁堡铁矿。

火山沉积型分布在克兰盆地恰夏—托莫尔特一带,含矿岩系为康布铁堡组上亚组中第二岩性段,容矿岩系为绿泥(石英)片岩、变凝灰质砂岩、变含火山角砾凝灰岩、变英安质凝灰岩、变钙质粉砂岩、大理岩等。矿区发育热水沉积硅质岩和重晶石岩(如恰夏矿区),铁矿化受火山岩相控制(邻近火山机构和火山-沉积洼地中心),以铁、锰、铜矿为主,形成铁-锰组合和铁-铜组合,空间上与铅锌矿和金矿共生。铜矿化晚于铁矿化,与矽卡岩化有关(如恰夏、托莫尔特)。铁矿体呈似层状、透镜状,沿走向和倾向均有分支复合现象。围岩蚀变主要为硅化、绢云母化、矽卡岩化(绿泥石、石榴石、阳起石、透闪石)。成矿过程划分为 4 期,即火山沉积期、岩浆热液叠加改造期、区域变质期和氧化期。火山沉积期为主要成矿期,形成铁矿体,并伴生锰和铜。岩浆热液叠加改造期主要与岩浆侵入活动有关,如托莫尔特矿区与黑云母花岗斑岩脉有关,在灰岩中形成矽卡岩,伴有磁铁矿化和铜矿化,同时在变粉砂岩和灰岩中形成浸染状和细脉状铜矿化。区域变质期主要表现为矿体与围岩一期变形,火山沉积期形成的铁矿物变质成磁铁矿,同时细粒矿物重结晶成粗粒矿物。已发现了托莫尔特(锰)铁矿、恰夏铁铜矿、铁米尔特铅锌矿、萨热阔布金矿。在麦兹盆地局部发现了火山沉积型铁锰铅矿,如红岭铁锰铅矿,含矿地层为康布铁堡组下亚组第二岩性段含铁锰大理岩及向变粒岩的过渡层位中。直接围岩为大理岩、变粒岩、斜长角闪岩。矿体呈层状和似层状,产状较陡,近直立,倾向南西,局部北东。主要矿石矿物为磁铁矿、硬锰矿,其次为方铅矿、软锰矿、黄铁矿,少量磁黄铁矿;脉石矿物以方解石(白云石)为主,还有透闪石、石英、绿帘石、黑云母等。矿体蚀变较弱,在局部较强,主要为碳酸盐化,具铅锌矿化、透闪石化、硅化及绿帘石化等。

2. 矽卡岩型

矽卡岩型主要分布在麦兹盆地和克兰盆地的加尔巴斯岛—科克布拉克一带,含矿岩系主要为康布铁堡组,少量阿勒泰镇组和下古生界变质火山沉积岩系中。

接触交代矽卡岩型主要分布在加尔巴斯岛—科克布拉克一带,少数分布在麦兹盆地东南部塔西—铁木里克一带。矿化分布于花岗岩与下古生界、康布铁堡组和阿勒泰镇组灰岩接触带的矽卡岩和大理岩中,少量分布在花岗岩中。灰岩多呈残留体状分布于花岗岩中,接触带附近往往出现基性岩脉。花岗岩时代为晚志留统—早泥盆统(如萨尔布拉克铁矿体附近花岗岩 SHRIMP 锆石 U-Pb 年龄为 410±4Ma),早二叠统(如加尔巴斯岛矿体附近花岗岩 SHRIMP 锆石 U-Pb 年龄为 286.6±2.6Ma)。矿体呈脉状、透镜状和不规则状,受接触带控制。矿石具有块状、浸染状、条带状、细脉、网脉状构造。矿石矿物主要为磁铁矿,见少量黄铁矿、方铅矿、磁黄铁矿和黄铜矿。围岩蚀变主要为矽卡岩化,少量硅化、黑云母化、碳酸盐化。矽卡岩矿物组合为石榴石、透辉石、绿帘石、阳起石、绿泥石。该类型矿床的特点是大理岩中的磁铁矿呈浸染状、条带状、脉状分布,矿石品位高,易分选,往往形成富矿体。成矿与接触交代形成的矽卡岩化作用有关。已发现加尔巴斯岛铁矿、萨尔布拉克铁矿、明进1号铁矿、霍什喀拉卡铁矿、科克布拉克铁矿、铁木里克铁矿等。矿床规模为小型或矿点,为单一铁矿。

接触交代矽卡岩＋类矽卡岩(交代火山岩)型主要分布在麦兹盆地的康布铁堡下亚组第二、三岩性段中,蒙库铁矿赋存于第二岩性段中,乌吐布拉克和巴利尔斯铁矿赋存于第三岩性段中。岩石组合为(含斑)角闪变粒岩、条带状角闪斜长变粒岩、黑云母变粒岩、角闪斜长片麻岩、斜长角闪岩、黑云母片岩、大理岩、变砂岩、浅粒岩。直接容矿岩石为角闪(斜长)变粒岩、角闪斜长片麻岩、浅粒岩、矽卡岩、大理岩。矿体总体顺层分布,局部切层。矿体内及附近发育矽卡岩。矿物组合为石榴石、辉石、角闪石、阳起石、透闪石、绿帘石、绿泥石,不同矿区矽卡岩矿物组合不同,以某几种矿物为主。矽卡岩是岩浆热液交代灰岩和火山岩(熔岩和火山碎屑岩)的产物。矿化分布在外接触带的矽卡岩中。矿床具有叠加成矿特征,早期火山活动可能形成矿源层或贫铁矿(?),但主要成矿作用与矽卡岩的退化变质作用有关(如蒙库铁矿)。蒙库矿区矽卡岩的形成可能与早泥盆世花岗岩(400Ma 左右)侵入活动有关,乌吐布拉克矿区矽卡岩的形成与三叠纪岩浆热液活动有关(辉钼矿 Re-Os 模式年龄为 243.6±4.1Ma 和 244.2±4.2Ma)有关。矿体呈似层状、透镜状、不规则状。矿体和矽卡岩形成于区域变质作用之前。成矿以铁为主,局部伴生铜,矿床规模以大型、中型为主,如蒙库大型铁矿、乌吐布拉克中型铁矿、巴里尔斯(结别特)中型铁矿、巴拉巴克布拉克中型铁矿、萨拉窝子小型铁矿等。

类矽卡岩(交代火山岩)型仅分布于麦兹盆地,容矿地层为康布铁堡组下亚组含角闪石石英变粒岩、条带状阳起石更长混合岩、斜长角闪岩。矿化产于斜长角闪岩与花岗岩接触带的石榴石矽卡岩中,为单一铁矿化,规模较小,如喀因布拉克小型铁矿。该矿已进行过普查,圈出2个矿体,呈脉状、透镜状赋存于矽卡岩中,矿体与围岩界线清楚,接触面平滑,呈舒缓波状。矿体倾向40°,倾角85°~87°,矿体长48~148m,厚2.2~3.2m,平均厚2.1~2.42m,矿体沿倾向延深25m。矿石构造为块状、条带状、浸染状构造。矿石矿物主要为磁铁矿,脉石矿物为石英、黑云母、白云母、阳起石、少量钠长石。矿石中全铁品位为21.50%~28.62%(郭彦良,2007)。

3. 其他类型

与花岗岩有关的热液型分布于富蕴县城附近的额尔齐斯剪切带中。矿床位于花岗岩与上石炭统喀喇额尔齐斯组外接触带。该类型以库额尔齐斯铁矿为代表。矿区喀喇额尔齐斯组由粉砂岩、板岩、千枚岩、绢云母绿泥石片岩、流纹岩、片麻岩、片岩组成。矿化赋存于花岗岩与黑云斜长片麻岩、角闪斜长片麻岩、角闪斜长片岩的外接触带和角闪斜长片麻岩围岩中。矿化受接触带和断裂控制,矿体呈脉状、透镜状斜列式分布。圈定出 1 个较大的矿体,矿体编号为 I,延伸约 290m,在地表分支为 2 个矿体(I-1、I-2)。经钻孔和 830 中段开采巷道采样控制,发现 I-1、I-2 号矿体在深部相互连接形成一个矿体,并向南东侧伏。该矿体在 9 号勘探线出现分叉。真厚度在 1.0～12.5m 之间,平均真厚度 5～8m。矿体呈脉状、透镜状。矿体中脉岩发育,以二长花岗岩脉为主,脉宽 0.1～1m。矿石构造为块状、条带状、浸染状、脉状、斑杂状构造。矿石中金属矿物以磁铁矿为主,偶见磁赤铁矿、钛铁矿、黄铁矿。脉石矿物有钙铁辉石、石英、绿帘石、透闪石、阳起石、方解石,其次还有少量磷灰石、绿泥石、黑云母等。矿石中全铁品位多在 34％～65％之间,平均品位 45.2％～56％。围岩蚀变主要有绿帘石化、绿泥石化、阳起石化、石榴石化、透闪石、透-钙铁辉石化、钾长石化、黑云母化、硅化,与铁矿化最为密切的是绿帘石化、透闪石化、绿泥石化、阳起石化、硅化。二长花岗岩 LA-ICP-MS 锆石 U-Pb 年龄为 274.1Ma 和 278.7Ma。矿化为单一铁矿,区域上有铜矿点,该类型矿床规模较小,为小型。

伟晶岩型分布于麦兹盆地东南和两棵树一带。两棵树铁矿产于花岗岩与阿勒泰镇组黑云石英片岩、变粒岩,康布铁堡组变质火山沉积岩系接触带的伟晶岩中。铁矿化呈条带状、浸染状、脉状和团块状分布于伟晶岩中,在空间上和成因上与伟晶岩有密切联系。两棵树矿区除伟晶岩型矿化外,还发育矽卡岩型矿化,矽卡岩矿物主要为石榴石,少量绿帘石。矿石中金属矿物主要为磁铁矿,非金属矿物为钠长石、斜长石、石英、黑云母、石榴石。矿体全铁品位 29.4％～32.1％,平均品位 30.56％。伟晶岩的形成与花岗岩的侵入有关,在伟晶岩形成的晚期,形成了铁矿化,之后花岗岩、伟晶岩和铁矿体一起经过了区域变质作用,发生了变形。两棵树铁矿片麻状花岗岩 LA-ICP-MS 锆石 U-Pb 年龄为 376.7Ma,侵位于中泥盆世。矿化主要以铁为主,矿区有伟晶岩型白云母矿,规模较小,为小型矿床和矿点。类似矿床还有别勒协尔铁矿、唐巴齐铁矿、唐本齐铁矿等。

与基性岩体有关钒钛磁铁矿型主要分布在中阿尔泰的库为和准噶尔北缘青河东南哈旦孙一带。矿化产于辉长岩中,矿化组合为 V-Ti-Fe。已发现库为和哈旦孙矿床。库为钒钛磁铁矿规模大,但品位较低。哈旦孙钒钛磁铁矿矿区出露地层为中泥盆统北塔山组砂岩,杂岩体由石英二长岩、辉长岩、石英闪长岩、花岗闪长岩组成。圈定 2 个矿体,矿化赋存于石英闪长岩和辉长岩中,矿体呈不规则透镜状、似镰刀状,长 25～98m,宽 3.9～43m。矿石中主要矿物为钛磁铁矿、磁铁矿,全铁品位 27.35％～32.57％,铜 0.18％,V_2O_5 0.21％～0.24％,TiO_2 3.58％,$Pt(20.99～35.48)×10^{-9}$,$Pd(202～218)×10^{-9}$。

(三)铁矿成矿时代

阿尔泰铁矿成矿时代主要根据与成矿有关花岗岩的年龄进行推断(表 4-2)。铁成矿时代主要有 4 期。

(1)早泥盆世(410～386Ma),与蒙库铁矿矽卡岩形成有关的花岗岩年龄为 404～400Ma,推断成矿时代略晚于 400Ma。与萨尔布拉克铁矿形成有关的花岗岩形成时代为 410Ma,推测成矿时代略晚于 410Ma。与铁木里克铁矿形成有关的花岗岩形成时代为 389Ma,推测成矿时代略晚于 389Ma。根据地层和矿床特征推断,托莫尔特铁矿、恰夏铁铜矿、阿巴宫铁-磷灰石-稀土矿床、康布铁堡铁矿也形成于早泥盆世。

(2)中泥盆世(390～377Ma),两颗树铁矿的形成与伟晶岩脉有关,其伟晶岩的形成与片麻状花岗岩有关,片麻状花岗岩 LA-ICP-MS 锆石 U-Pb 年龄为 376.7Ma,限定成矿时代略晚于 377Ma。

（3）早二叠世（287～274Ma），如加尔巴斯岛铁矿赋存于花岗岩体与灰岩接触带的矽卡岩中，花岗岩SHRIMP锆石U-Pb年龄为287Ma，成矿时代略晚于287Ma。库额尔齐斯铁矿分布于二长花岗岩与上石炭统斜长角闪岩、斜长角闪片麻岩的外接触带和围岩中，二长花岗岩LA-ICP-MS锆石U-Pb年龄为274.1Ma和278.7Ma，限定成矿时代略晚于278～274Ma。

（4）早三叠统（244Ma），如乌吐布拉克铁矿含辉钼矿石榴石磁铁矿石中辉钼矿Re-Os模式年龄为243.6±4.1Ma和244.2±4.2Ma，限定成矿时代为早三叠世。

表 4-2 新疆阿尔泰铁矿年代学资料

矿床名称	岩石或矿物	测试方法	年龄（Ma）	资料来源
蒙库铁矿	片麻状花岗岩	SHRIMP锆石U-Pb法	404±8	本报告
	片麻状斜长花岗岩	SHRIMP锆石U-Pb法	400±6	本报告
	黄铁矿辉钼矿石英脉中辉钼矿	Re-Os法（等时线年龄）	261±6.9	本报告
	大理岩中黑云母	Ar-Ar法（坪年龄）	216.4±2.8	本报告
	大理岩中黑云母	Ar-Ar法（坪年龄）	221.4±3.0	本报告
阿巴宫铁-磷灰石-稀土矿	矽卡岩中黑云母	Ar-Ar法（坪年龄）	217.0±4.8	本报告
加巴斯岛铁矿	矽卡岩中黑云母	Ar-Ar法（加权平均年龄）	226.5±2.3	本报告
	花岗岩	SHRIMP锆石U-Pb法	286.6±2.6	本报告
萨尔布拉克铁矿	片麻状花岗岩	SHRIMP锆石U-Pb法	410±4	本报告
两棵树铁矿	片麻状花岗岩	LA-ICP-MS锆石U-Pb法	376.7±1.3	本报告
库额尔齐斯铁矿	片麻状花岗岩	LA-ICP-MS锆石U-Pb法	274.1±0.5	本报告
	片麻状花岗岩	LA-ICP-MS锆石U-Pb法	278.7±0.9	本报告
乌吐布拉克铁矿	含辉钼矿石榴石磁铁矿矿石中辉钼矿	Re-Os法（模式年龄）	243.6±4.1	本报告
	含辉钼矿石榴石磁铁矿矿石中辉钼矿	Re-Os法（模式年龄）	244.2±4.2	本报告
铁木里克铁矿	片麻状花岗岩	SHRIMP锆石U-Pb法	389.3±5.7	本报告

第二节　赛里木微地块成矿规律

主要优势矿为铅锌、铜、钨、锡。各矿种主要特征及成矿规律如下。

一、铅锌矿成矿规律

（一）地质背景

铅锌矿主要类型为火山喷气沉积型，该类型矿产在哈萨克斯坦见于捷克利-赛里木地块，主要分布于南准噶尔复背斜，构成东西长150km，宽20～50km的矿化带。最重要的矿见于捷克利背斜，其北部有捷克利-乌谢克断裂,南部有索尔达特赛断裂两条韧性剪切带,在它们之间为捷克利 Pb、Zn 矿化带,已发现大大小小约 115 个 Pb、Zn 矿床(点),有 9 个具工业价值。其中捷克利矿田为超大型,铅锌的金属储量达 $550×10^4$ t。向东在接近中国新疆有乌谢克、大乌谢克等铅锌矿床。从各方面分析,该矿带已延入新疆,在新疆别珍套山已知有温泉县托克赛铅锌矿床、哈尔达坂铅锌矿床,该矿床的发现,再次证明捷克利矿带已延入新疆。主要特点如下。

(1)捷克利型铅锌矿的容矿地层为长城-青白口纪的浅变质含碳质碳酸盐岩夹碎屑岩建造,主要岩性为碳质、碳泥质页岩、灰岩、白云岩和含黄铁矿的夹层,并常见砾岩、砂岩和凝灰质岩石等。含矿地层的特点是:含大量的碳质页岩夹层,有细分散的黄铁矿,局部形成黄铁矿矿体,其中含有细粒闪锌矿、方铅矿和土状萤石。含热水沉积的重晶石、锰和硫化物。

(2)捷克利型矿床的形成经过了两个阶段:第一阶段为伸展的裂谷阶段,该阶段的海水盆地中有热水沉积,矿层与硅-泥-钙质沉积层交互产出,局部形成黄铁矿层和锌黄铁矿矿体。硫化物来自海水,有机碳使硫还原,铁、铅、锌的硫化物发生沉淀,沿盆地轴带沉降最大的部位形成最后的金属硫化物;第二阶段即加里东造山阶段,岩浆活动频繁,在强烈的侧向挤压下,热液从围岩中萃取 Pb、Zn 和有用组分,改造和加富矿体。

(二)Pb、Zn 矿时空分布规律

1. 空间分布规律

捷克利成矿带位于南准噶尔复背斜之捷克利背斜。已知矿床(点)很多,北翼称捷克利矿田,包括捷克利、捷克利西、亚布洛诺沃等矿床;南翼称科克苏-苏克丘别矿田,包括科克苏,苏克丘别东、西和中部等矿床。由该带向北西由塔尔迪库尔干中型 Pb、Zn 矿床,向南东近新疆方向延伸,见乌谢克、大乌谢克小型 Pb 矿床。上述均为火山喷气-沉积型。其他成因矿床不多,仅在南东部近中国新疆处有矽卡岩型的特什坎小型 Pb、Zn 矿床。

在新疆的别珍套山,有温泉县托克赛 Pb、Zn 矿床和哈尔达坂 Pb、Zn 矿床产于下-中元古代的地层中;克希阿克巴依塔勒 Pb、Zn 矿产在蓟县系库松木切克群上部碳酸盐岩中,成因与捷克利型矿床相似。此外,在别珍套山以东,赛里木湖的东北岸,有四台海泉铅锌矿床、库尔尕生小型铅锌矿床和苏吉萨依、新沟、达巴特南等数个铅锌矿点。为火山沉积型。

2. 成矿的时空性

成矿时代初步划分为古元古代—早古生代(中奥陶世)、早海西成矿期($D-C_1$)、中海西成矿期(C_1-C_2)。

古元古代-早古生代(中奥陶世)是铅锌成矿高峰期,形成的矿床广泛分布,主要集中在哈萨克斯坦的捷克利地区和新疆的别珍套山一带,矿床类型主要为 Sedex 型。

早海西成矿期($D—C_1$)主要集中在别珍套山以东,赛里木湖的东北岸一带,成因类型为火山沉积型,如库尔尕生、苏吉萨依、新沟、达巴特南等。

中海西成矿期($C_1—C_2$)为矽卡岩型的特什坎小型 Pb、Zn 矿床。

二、铜矿成矿规律

(一)地质背景

铜矿发育于新疆境内,其成因类型主要有火山喷发-沉积型、斑岩型和矽卡岩型。

1. 火山喷发-沉积型

以喇嘛萨依小型铜矿为代表,位于库松木切克山北坡,容矿地层为库松木切克群上亚群,其中含矿层为第四、第七、第九岩性段。

矿区围岩蚀变有矽卡岩化、阳起石化,其次是硅化、碳酸盐化。矽卡岩化主要在响岩中发育,而硅化、阳起石化、碳酸盐化主要在响岩质凝灰岩中发育。

矿区已发现矿化层位 5 个。矿体呈层状、似层状,与围岩呈实例接触并同步褶皱。矿体长数十米至数百米,厚 2～5m,最厚 12.4m,延长和延深均较稳定。此外,在矽卡岩、矽卡岩化响岩,阳起石化凝灰岩中还发育一些方向和大小不一的脉状矿体,长十余米至百米,厚数十厘米至数米,已查到大小矿体共 14 个,主要发育在南矿段内。

矿石主要金属矿物为黄铁矿、黄铜矿、磁黄铁矿、斑铜矿。矿石类型根据赋矿岩石可划分为 3 类:①蚀变响岩型,包括阳起石化响岩和矽卡岩化响岩,为矿区主要矿石类型,金属硫化物呈星点状、团块浸染状、不规则细脉状、网脉状,矿石 Cu 品位 0.455%～4.7%,但以 1%～2% 居多。②阳起石化凝灰岩型,为含矿晶屑凝灰岩,是主要矿石类型之一,含 Cu 品位 0.3%～0.89%。③矽卡岩型,有矽卡岩、矽卡岩化-透闪石化白云岩等,含 Cu 品位 0.3%～1.4%。

矿石化学成分中 Zn、Pb、Ag、Hg、Sb、As、Ba 含量高,Zn 的含量可达 0.1% 以上,推测深部 Zn 可能更富。

关于矿床成因,305 项目 75-56-02-51 专题组认为,是元古宇热水沉积变质型层控或沉积-改造成因矿床;槐合明等(1993)认为铜矿体产出的一个明显的规律是:主要产于热水沉积岩发育的层位,地层和岩性的控矿性反映出当时的海底喷气-热水沉积作用形成了铜矿。而刘德权等(2005)认为,该矿床具有与碱性火山岩直接有关的火山成因。在该地元古宇裂谷作用开始后,出现深源的富钾碱性火山岩及喷流硅质岩堆积,形成含矿的碱性火山-硅质岩-碳酸盐岩建造。稳定同位素资料说明成矿流体为深部岩浆和海水的混合产物,即为海底喷发-沉积成矿。当然,围岩蚀变的复杂性,说明后期有构造-热事件的改造。

关于成矿时代,原定库松木切克群为蓟县纪,应为中元古代晚期。据国家 305 项目 75-56-02-51 专题组对本区 10 个碳酸盐岩样品计算的 Pb-Pb 等时线年龄为 1 031Ma。

2. 斑岩型

有北达巴特小型斑岩铜矿和科克赛斑岩铜矿点。

北达巴特斑岩铜矿出露地层为上泥盆统托斯库尔塔乌组。矿体赋存于侵位于该组的北达巴特酸性次火山-浅成斑岩侵入体中,出露面积 0.6km²。斑岩体可划分为 3 个相(尹意求等,2005)。其边缘相为流纹质熔结火山角砾岩和流纹质熔结凝灰岩,见于斑岩体顶部或内接触带边部;过渡带为碎斑熔岩;中心相为二长花岗斑岩,一般产于岩体的中下部或岩体的中心部位。上述 3 个相常呈渐变过渡接触关系,在野外宏观地质调查时,三者很难分别。但在室内作微观显微岩石学研究时,三者的差别则很明显。其边缘相具火山角砾状构造、角砾成分和胶结物成分相同,可看作岩浆隐爆作用的结果。新疆有色金属局 703 队在北达巴特斑岩铜矿普查时,将该斑岩体的成岩时代厘定为二叠纪花岗岩。而与其相邻的含铜钼矿化的科克赛花岗闪长斑岩,AHRIP 锆石 U-Pb 年龄为 317±6Ma(张玉萍等,2008),表明有可能为晚石炭世。

北达巴特铜矿已圈出 5 个矿体。其中Ⅱ、Ⅳ号矿体分别产于北达巴特斑岩体外围西北侧凝灰质砂岩和南东侧英安玢岩次火山岩体,受断裂构造控制,属于热液脉型铜矿化,延续性差,厚度较薄,但品位较高。

斑岩型矿化主要包括Ⅰ和Ⅲ号矿体,以Ⅲ号脉矿体最大。该矿体倾向向北,受酸性次火山-浅成斑岩体控制,地表长 400m,宽 15.1m,平均 0.37%。深部由钻孔控制,在钻孔 ZK001 孔中穿矿厚度为

109.46m,Cu 的平均品位为 0.45%,最高品位 0.8%。

深部矿化由钻孔控制。其中 ZK001 孔控制的穿矿厚度为 109.46m,平均 Cu 品位 0.45%,最高可达 0.8%。从地表向下延伸,矿体的厚度和品位明显变厚增高;ZK002 孔控制的矿化地段长达 190.80m,按 Cu 的边界品位 0.2%,可圈出 7 个铜矿体,其累计视厚度 14.0m,Cu 的品位 0.2%～0.25%。按 Mo 的边界品位 0.02%,则可在孔深 95.1～155.1m 和孔深 161.1～204.5m 井段,圈出 2 个钼矿体。前者视厚度 60.0m,平均品位 0.023%,最高品位 0.084%;后者钼矿体视厚度 43.4m,Mo 平均品位 0.047%,最高品位 0.092%。

Ⅲ号矿体的围岩蚀变有两期。早期蚀变作用发生在铜钼主成矿作用之前,晚期蚀变作用与主成矿作用在时间上比较接近,两期蚀变作用呈明显的叠加关系。在斑岩铜矿体与矿化同期发生的蚀变作用主要有黄铁绢云母石英化,石英绢云母化、水白云母伊利石化及青磐岩化。

矿体主要为浸染状和石英微细网脉-细脉状矿化。矿石构造以稀疏浸染状构造为主,其次有团块状、细脉状、脉状及充填胶结状构造。矿石的主要金属矿物有辉铜矿、黄铜矿、黄铁矿、辉钼矿、毒砂、闪锌矿、蓝铜矿、孔雀石、赤铁矿等。

3. 矽卡岩型

仅见且特尔布拉克和卡拉萨依铜或铜锌矿点与二叠纪的侵入岩有关。此外,目前该地的喇嘛苏中型铜矿(Cu 11.5×10^4 t)一般认为属斑岩-矽卡岩复合成因。

该矿床矿体产于中元古界库木松切克群下亚群的碳酸盐岩和海西期花岗斑岩(Rb - Sr 同位素年龄 328 ± 16 Ma)接触带的矽卡岩中,少数矿体产于斑岩体或碳酸盐岩中。矿区围岩蚀变除角岩化、矽卡岩化外,还有钾长石化、黑云母-钾长石化、石英化等。

矿床由 90 余个矿体组成。单个矿体长度一般小于 200m,宽度多数小于 10m。矿体呈脉状、透镜状或巢状产出。矿石以中贫矿石为主,含 Cu 品位多数在 0.35%～0.7% 之间,仅局部地段含 Cu 品位大于 1%,最高 3.68%;矿体 Mo 含含量偏低,多数在 0.009% 以下;局部地段含锌较高,可达 12.2%,一般平均 1.02%,达边界工业品位。

矿石以浸染状、细脉状、团块状构造为主,主要金属矿物有磁黄铁矿、黄铜矿、黄铁矿、闪锌矿、辉钼矿、方铅矿等。在含铜石英脉中的石英包裹体 Rb - Sr 年龄为 328 ± 16 Ma(董连慧等,2006)。

对矿床的成因尚有多种认识。申萍等(2010)认为喇嘛苏斑岩铜矿为斑岩-矽卡岩型。成矿作用代表早期的斑岩型矿化和晚期的矽卡岩矿化。

(二)铜矿时空分布规律

1. 空间分布规律

火山喷发-沉积型和斑岩型铜矿均分布于赛里木地块中,喇嘛萨依小型铜矿位于库松木切克山北坡,北达巴特小型斑岩铜矿和科克赛斑岩铜矿位于别珍套山以东,赛里木湖的东北岸。

矽卡岩型铜矿除分布于赛里木地块中外,还分布于准噶尔-阿拉套矿带中。

2. 成矿的时空性

成矿时代初步划分为中元古代和晚古生代。

中元古代矿床主要为喇嘛萨依火山喷发-沉积型铜矿;晚古生代矿床主要有斑岩-矽卡岩型的喇嘛苏铜矿、北达巴特铜矿和科克赛铜矿。

第三节　成矿远景区圈定

根据成矿地质背景、典型矿床特征以及对研究区成矿规律的认识,阿尔泰成矿省圈定50个远景区(图4-8),赛里木微地块圈定8个远景区。

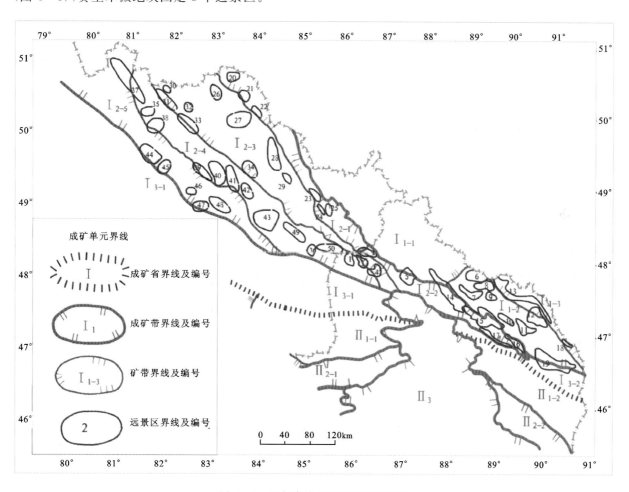

图4-8　阿尔泰成矿省远景区分布图

1.多拉纳萨依金矿A类远景区;2.黑汗库都克-大萨孜铁锰稀有金属C类远景区;3.萨尔苏克-阿舍勒金铜铅锌A类远景区;4.托库孜巴依金矿B类远景区;5.琼库尔-开因布拉克铜锌稀有金属C类远景区;6.红山嘴金矿C类远景区;7.巴寨-佳木开稀有金属C类远景区;8.库卡拉盖-库尔木图稀有金属B类远景区;9.库木阿拉散稀有金属C类远景区;10.库卫-大桥铜镍稀有金属C类远景区;11.大桥-可可托海稀有金属A类远景区;12.别也萨马尔-阿尔夏特稀有金属C类远景区;13.诺尔特金铜铅锌矿C类远景区;14.阿勒泰铜铅锌铁金矿A类远景区;15.麦兹铁铅锌矿A类成矿远景区;16.希伯尔-萨吾斯铁铅锌B类远景区;17.科沙喀拉尔-达拉吾孜铁矿C类远景区;18.天日特克稀有金属C类远景区;19.喀英德布拉克-库尔奇米克稀有金属C类远景区;20.奥先涅铅锌C级远景区及靶区;21.切合马里铅锌C级远景区;22.斯塔尔科夫铅锌C级远景区;23.普涅夫铅锌C级远景区;24.尼基京铅锌多金属C级远景区;25.南阿尔泰铅锌C级远景区;26.斯涅基里哈铅锌C级远景区;27.列宁诺戈尔斯克铅锌多金属B级远景区;28.阿列克桑德罗夫铜多金属C级远景区;29.济良诺夫斯克铅锌多金属B级远景区;30.舍曼纳依哈铜多金属C级远景区;31.尼科拉耶夫铜多金属B级远景区;32.上乌巴-波克罗夫铅锌多金属C级远景区;33.额尔齐斯铜铅锌多金属C级远景区;34.布赫塔尔马次火山铜多金属C级远景区;35.瓦维隆铜C级远景区;36.库尔丘姆铜C级远景区;37.舒利宾W、稀有金属C级远景区;38.乌巴Sn、W、稀有金属C级远景区;39.梅德韦德卡稀有金属及Sn、W矿C级远景区;40.巴肯稀有金属及Sn、W矿B级远景区;41.卡尔巴东Sn、W及稀有金属矿C级远景区;42.帕拉特瑟稀有金属及Sn、W矿C级远景区;43.布兰季Sn、W及稀有金属矿B级远景区;44.巴克尔奇克Au矿B级远景区;45.塔马拉希Au矿C级远景区;46.申塔斯Au矿C级远景区;47.朱姆巴Au矿C级远景区;48.库穆宗Au矿C级远景区;49.马拉利哈Au矿C级远景区;50.曼卡Au矿C级远景区

一、新疆阿尔泰成矿省成矿远景区

1. 多拉纳萨依金矿 A 类远景区(B-1)

大地构造位置为阿尔泰陆缘活动带南侧,马尔卡库里断裂从本区偏北部位通过,两侧南北向、北东向次级构造发育,对成矿起着控制作用。金矿含矿层位为中泥盆统托克萨雷组碎屑岩-碳酸盐岩建造;岩浆活动强烈,黑云母角闪花岗岩、闪长岩、辉绿岩呈小岩基和岩株产出,为成矿提供了矿源和热源。区内已发现多拉纳萨依、沃多克、阿克萨依等大、中、小型矿床。区内蚀变强烈,具有较为明显的找矿标志。金、汞、钨等元素化探具较高背景值,并有异常显示。

该区寻找与韧剪带有关的构造破碎蚀变岩型金矿具有较好的前景。位于玛尔卡库理大断裂南侧,萨热乌增黑云英闪岩及中下泥盆统托克萨雷地层大面积分布,阿克萨依-多拉纳萨依及布托别韧性剪切带纵贯远景区,远景区内岩石硅化碳酸盐化、黄铁矿化普遍。

2. 黑汗库都克-大萨孜铁锰稀有金属 C 类远景区(B-2)

远景区南部出露下泥盆统康布铁堡组地层,目前区内已发现黑汗库都克铁锰矿点和阿克吐玛铁矿点。在大萨孜一带已发现铍砂矿点多处。

3. 萨尔苏克-阿舍勒金铜铅锌 A 类远景区(B-3)

大地构造位置属阿尔泰陆缘活动带的夭折裂谷所形成的火山构造断裂盆地。玛尔卡库里断裂通过本区南侧,南北向、北东向断裂发育,构成菱形格局,部分断裂具有韧剪性质。侵入岩、火山活动强烈,火山机构保存相对完整。含矿层位下、中泥盆统发育,其火山岩属细碧岩-石英角斑岩系列,有利于成矿。已知矿床有阿舍勒大型铜矿,外围尚有卡英德、桦树沟等多处矿点、矿化点,找矿标志明显。化探成果表明区内钼、金、铜、铅、锌、镍等元素地球化学背景值高,异常显示好,范围大、强度高,浓集中心明显。磁法、电法、重力均有局部异常。

4. 托库孜巴依金矿 B 类远景区(B-4)

远景区位于玛尔卡库理大断裂带上,海西中期二长花岗岩和中下泥盆统托克萨雷组地层大面积分布,沿玛尔卡库理大断裂形成宽大的韧性剪切带,带内岩石破碎,蚀变强烈,黄铁矿褐铁矿化普遍,1:10万水系沉积物测量金异常(Au-21)覆盖预测区大部。远景区内分布有托库孜巴依、哲兰德、恰奔布拉克等中小型金矿床 3 处。

5. 琼库尔-开因布拉克铜锌稀有金属 C 类远景区(B-5)

大地构造部位属阿尔泰陆缘活动带中的次级火山构造断陷盆地。冲乎尔-乌恰沟为主的北西西向断裂贯通全区,次级复合构造发育,沿断裂带岩石变形蚀变强烈。发育部分中基性—中酸性火山岩建造,地层为下泥盆统康布铁堡组。岩浆岩、火山活动强烈,花岗岩、基性岩均有出露。西段曾发现锌、银矿化点和古代炼铜遗址,东段有开因布拉克小型锌铜矿床。铜、铅、锌化探异常连续,强度大,浓集中心明显;分布有 2～8mGal 剩余重力异常,处于火山沉积盆地内。沿断裂带具备寻找块状硫化物铜锌矿床和热液改造型多金属矿的基本条件。

6. 红山嘴金矿 C 类远景区

远景区处于诺尔特火山沉积盆地西端。出露地层主要为下石炭统红山嘴组、下泥盆统诺尔特组,由一套中酸性火山岩及由火山物质组成的海陆交互相碎屑岩组成。绢云母化、硅化、褐铁矿化强烈，石英细脉、石英斑岩脉发育，库热克特断裂在预测区南西缘通过，与震旦系库威群呈断层接触。1：20 万化探成果显示有金、银、铜、锌综合化探异常，是金及其有色金属成矿远景区。近年来在吾土布拉克、东干萨依一带已发现和圈定了大量的金矿体、矿化体。

7. 巴寨-佳木开稀有金属 C 类远景区(B-7)

大地构造位置处于阿尔泰陆缘活动带哈龙-青河古生代岩浆弧北翼，巴拉额尔齐斯复背斜的北西倾没端。新疆资源潜力评价项目在该区内优选了两个找矿靶区，其中，巴寨一带海西期侵入体发育，伟晶岩脉集中分布，发育志留系库鲁木提岩群，黑云石英片岩为主要赋矿岩性，已发现小型铍矿床和矿点各1 处，白云母矿床 2 处。

8. 库卡拉盖-库尔木图稀有金属 B 类远景区(B-8)

属哈龙-青河稀有金属、宝石、白云母成矿带。大地构造位置处于阿尔泰陆缘活动带哈龙-青河古生代岩浆弧北翼，巴拉额尔齐斯复背斜的北西倾没端。区内地层为中上奥陶统及志留系，前者以各类片麻岩为主，后者片岩占主导，原地改造型花岗岩发育，出露面积占基岩面积的 60%，西北部是加里东晚期黑云母花岗闪长岩，西部与南部为海西早、晚期黑云母、二云母花岗岩，主岩体为阿拉散岩体。已知矿床主要有柯鲁木图、库卡拉盖稀有金属矿床。稀有金属成矿条件优越，锂、宝石远景大，尤其是含锂花岗伟晶岩相对发育。

9. 库木阿拉散稀有金属 C 类远景区(B-9)

大地构造位置处于阿尔泰陆缘活动带哈龙-青河古生代岩浆弧中部，区内出露地层为库鲁木提岩群，海西期侵入体发育，伟晶岩脉集中分布，黑云石英片岩为主要赋矿岩性，区内铍、白云母矿点多处。

10. 库卫-大桥铜镍稀有金属 C 类远景区(B-10)

属哈龙-青河稀有金属、宝石、白云母成矿带。大地构造位置处于阿尔泰陆缘活动带哈龙-青河古生代岩浆弧南翼。主要出露二长花岗岩基，中部分布有带状展布的志留系中深变质岩系，勘查区内有众多铌钽、铍、铍锂矿点及小型矿床分布，稀有金属找矿潜力大。

11. 大桥-可可托海稀有金属 A 类远景区(B-11)

大地构造位置处于阿尔泰陆缘活动带哈龙-青河古生代岩浆弧中部，巴拉额尔齐斯复背斜轴部。新疆资源潜力评价项目在该区内优选了 4 个锂矿找矿靶区，各靶区特征如下。①ZB-1 靶区。出露地层为早-中奥陶统青河岩群中—深变质地层，发育伟晶岩脉、石英脉，已发现大桥东北俄勒克特铍锂矿点，并伴有碧玺矿化。②ZB-2 靶区。出露地层为早-中奥陶统青河岩群中—深变质地层，地层周边为多期花岗岩侵位，断裂构造较发育，区内见伟晶岩脉，已发现克协库斯特小型铍锂矿床，查明绿柱石 95.3t，伴有锂辉石、锂云母、铌钽、海蓝宝石矿产产出。③ZB-3 靶区。出露地层为早-中奥陶统青河岩群中—深变质地层，地层周边为多期花岗岩侵位，弧形断裂构造较发育，区内见伟晶岩脉，主要矿化伟晶岩脉产于由基性侵入岩变质而成的斜长角闪岩和角闪斜长岩内，已探明超大型可可托海稀有金属矿床，矿床共伴生有铍、锂、铌、钽、铷、锶等稀有金属矿产及海蓝、碧玺等宝玉石矿产。④B 类 ZB-4 靶区。出露地层为早-中奥陶统青河岩群中—深变质地层，发育伟晶岩脉，已发现塔拉提小型铍锂矿床，并伴有铌钽矿化。

12. 别也萨马斯-阿尔夏特稀有金属 C 类远景区(B-12)

处于哈龙-青河稀有金属白云母成矿带中，该区完全处于二长花岗岩基中。该岩基内发育伟晶岩脉及稀有金属矿床。区内北西向断裂构造发育,已查明阿尔夏特、别也萨马斯小型稀有金属矿床两处,区内伟晶岩脉发育,稀有金属矿化普遍。

13. 诺尔特金铜铅锌矿 C 类远景区(B-13)

大地构造属阿尔泰陆缘活动带北侧的火山构造断陷盆地,南为红山嘴大断裂。1∶20 万化探和金矿预测靶区优选等工作,相继发现带内金、银、锌、铜等显示较异常,分布面积大,元素套合好,异常浓集程度高。经检查已发现托格尔托别、阿克提什坎、塔斯比伊克等金矿点。该带构造部位有利,属火山构造断陷盆地,火山岩与正常海相沉积岩之间构成几个旋回界面和多层化学异常,褶皱断裂发育,金、铅、锌、铜、镍、锡等元素地球化学背景值高,异常显示良好,并发现原生金矿点。具有寻找大型、超大型块状硫化物铅、锌矿和蚀变岩型金矿的有利条件。

14. 阿勒泰铜铅锌铁金矿 A 类远景区(B-14)

大地构造位置属阿尔泰陆缘活动带中的次级裂陷槽,构成火山构造断陷盆地。含矿层位为下泥盆统康布铁堡组的火山岩-碳酸盐岩建造,层控特点明显。以阿巴宫-吐尔洪断裂为主的一组北西西向断裂贯穿全区,次级北东向断裂较为发育。花岗岩、二云花岗岩和石英斑岩等侵入岩分布广泛,火山活动强烈。已发现铁木尔特铅锌矿、恰夏沟铜矿、阿巴宫铁矿和铅锌矿,以及喇嘛召含稀土元素花岗岩等中小型矿床、矿点、矿化点。蚀变作用强,找矿标志明显。铜、铅、锌、银等元素化探异常多,范围较大,并有较好的浓集中心。磁、电等物探资料表明,沿断裂带有异常断续展布,部分相互套合较好。

远景区内具备寻找火山沉积型块状硫化物多金属矿床以及矽卡岩型、热液型多金属矿床的条件。

15. 麦兹铁铅锌矿 A 类远景区(B-15)

大地构造位置处于阿尔泰陆缘活动带的上叠次级火山构造断陷盆地,成矿层控特点明显,含矿地层分布较广,为早泥盆世布铁堡的火山岩-碎屑岩-碳酸盐岩建造。北西西向一组断裂发育,具控矿作用的阿巴宫-吐尔洪断裂横贯全区。已知矿产有蒙库大型铁矿、科克达拉大型铅锌矿以及阿克希克金矿等,还有矿点、矿化点多处。铅、锌、银、镉、铜等化探异常密集,范围大,强度高,浓集中心明显。沿泽别特河流域尚有铅(白铅矿)的重砂异常。沿阿巴宫-吐尔洪断裂磁异常断续展布,规模大、强度高。该区成矿特征可与哈萨克斯坦的山区阿尔泰对比。

16. 希伯尔-萨吾斯铁铅锌 B 类远景区(B-16)

处于麦兹泥盆纪火山沉积盆地东段,区域铁多金属、金矿成矿条件有利。新疆资源潜力评价项目在该区内优选了 3 个找矿靶区,各靶区特征如下。①MZB-27 铁矿靶区。靶区内出露地层主要为长城系苏普特岩群中亚群变粒岩-斜长片麻岩-大理岩变质建造;岩体以早泥盆世二长花岗岩为主;有北西向、近东西向断裂在靶区内交会通过;沿断裂局部见明显的 1∶20 万航磁异常(>200nT);局部见矽卡岩化;有岩浆热液型铁矿点 1 处。②MZB-28 铁矿靶区。区内出露地层主要为长城系苏普特岩群中亚群变粒岩-斜长片麻岩-大理岩变质建造;岩体为早泥盆世、晚石炭世二长花岗岩,区内以北西向断裂为主,北东向次级断裂次之;岩体与断裂交会部位有较为明显的 1∶20 万航磁异常(>200nT);有岩浆热液型铁矿点 2 处。③ZB-19 铅锌靶区。位于阿勒泰铅锌成矿远景区中,出露地层主要为康布铁堡组,含矿建造为康布铁堡组上亚组变流纹质凝灰熔岩-变玄武安山质凝灰岩-大理岩建造;北东侧有区域性大断裂通过,中间发育一向斜褶皱构造。总体位于剩余重力梯度带中,南西侧呈低缓航磁异常(大于 50nT),具有较好的锌、铜、锑化探异常(Zn 大于 117×10^{-6}),有较好的找矿前景。

17. 科沙喀拉尔-达拉吾孜铁矿 C 类远景区(B-17)

处于麦兹泥盆纪火山沉积盆地东段南缘,出露中泥盆统阿勒泰组、富蕴岩群及长城系等地层,北西向断裂构造发育,侵入岩体呈北西向带状分布,区域铁、金矿成矿条件有利。

18. 灭日特克稀有金属 C 类远景区(B-18)

处于哈龙-青河稀有金属白云母成矿带北东缘,发育二长花岗岩基,该岩基内伟晶岩脉及稀有金属矿化较发育,已发现灭日特克河、克尔亚勒萨依小型稀有金属矿床。

19. 喀英德布拉克-库尔奇米克稀有金属 C 类远景区(B-19)

处于哈龙-青河稀有金属白云母成矿带中部,发育二长花岗岩基,已发现喀英德布拉克、拜兴、库尔奇米克等小型稀有金属矿床及矿点矿化点多处,具有较好的稀有金属找矿前景。

二、哈萨克斯坦阿尔泰成矿省成矿远景区

1. 概述

哈萨克斯坦矿山阿尔泰的矿产资源相当丰富,据统计,在撒雷姆萨克特及狭义的矿区阿尔泰矿带内,有 Cu、Pb、Zn 多金属及 Fe 矿,其中大型矿床 18 个,中型 45 个,小型 60 个,矿化点 789 个;在卡尔巴-纳雷姆矿带(面积 $2.6 \times 10^4 \text{ km}^2$),以 Ta、Nb 等稀有金属及 Sn、W 矿为主,已知有大型矿床 3 个,中型 3 个,小型 19 个,矿化点 380 个;西卡尔巴矿带,以金矿为主,已知大型矿床 1 个,中型 5 个,小型 37 个,矿化点 340 个。

矿区阿尔泰的金属矿产类型较多,占优势的有 3 个大的类型,即火山沉积的块状硫化物型 Cu、Pb、Zn 多金属矿床,花岗岩类岩浆热液及伟晶岩型 Sn、W 及 Ta、Nb 等稀有金属矿床,岩浆热液型和韧性剪切带控矿的蚀变岩型金矿床。现就这三大类的矿化,根据其成矿时代、成因、控矿条件及有关的成矿模式,结合地质、构造、岩浆岩等,圈出一些远景区。远景区的级别大致可分 3 级:A 级为已知矿田和矿床的边缘和深部,其位置与矿床的位置一致,可做靶区,不再单独圈出;B 级为已有矿床等直接矿化标志,有含矿层和含矿构造,并有地球化学和地球物理异常的区域;C 级为已有小型矿床(点)等直接找矿标志,有含地质构造和潜在的找矿远景。

2. 铜铅锌多金属远景区

该类型的矿产主要分布于霍尔宗-撒雷姆萨克特-别洛乌巴矿带,特别是包括阿列伊-列宁诺戈尔斯克-济良诺夫斯克矿集区在内的狭义的"矿区阿尔泰矿带",具有进一步的找矿前景。

该地区铜铅锌多金属矿主要为泥盆纪火山沉积块状硫化物型,有悠久的普查勘探和开发历史,地面普查-勘探程度较高,在矿床的周围和深部仍有较大的找矿前景。控制和预测矿化的间接因素是地层。矿化产于泥盆系的 K-Na 系列玄武岩-流纹岩-钙质-硅质-陆源岩建造。矿床一般产于火山喷发向碎屑沉积的过渡阶段,属火山喷发见歇期成矿,火山规模决定矿化规模,大的矿田一般有 60% 以上的火山岩分布。

火山岩的成分对矿床类型有影响,当火山岩以流纹岩为主时,多形成黄铁矿多金属及铅锌矿床,如济良诺夫 Pb、Zn 矿床;当英安岩流纹岩数量接近或超过流纹岩数量,且有少量安山英安岩或安山岩存在时,则主要形成以铜、锌为主的矿床,如尼科拉耶夫铜锌矿床。

另外火山机构,泥盆纪的层状斑岩、玢岩体,对找矿亦有间接作用。有可能这些斑岩、玢岩体与热液

交代矿石邻近,是同一岩浆源演化的产物。

根据已知矿床的分布及泥盆系的分布等,共圈出 17 个成矿远景区,另外还圈出了石炭系和寒武系容矿的火山沉积型铜矿远景区和靶区各 1 个(表 4-3)。

表 4-3　　　Cu、Pb、Zn 多金属矿成矿远景区及靶区

编号	名称	已知矿床	找矿标志
B-20	奥先涅铅锌 C 级远景区及靶区	奥先涅	有泥盆系容矿层,已知铅锌矿床 1 处,已勘探
B-21	切克马里铅锌 C 级远景区	切克马利、古斯利亚科夫	有下-中泥盆统。已知两个铅锌多金属矿床,均已勘探
B-22	斯塔尔科夫铅锌 C 级远景区	斯塔尔科夫、斯特列让	有泥盆系容矿层,已知铜锌和铅锌矿床各 1 处
B-23	普涅夫铅锌 C 级远景区	普涅夫	有泥盆系容矿层,已知铅锌矿床 1 处,有新发现矿体的可能
B-24	尼基京铅锌多金属 C 级远景区	尼基京	有泥盆系容矿层,已知铅锌矿床 1 处,有新发现矿体的可能
B-25	南阿尔泰铅锌 C 级远景区	南阿尔泰	有泥盆系容矿层,已知铅锌矿床 1 处,已做过普查评价
B-26	斯涅基里哈铅锌 C 级远景区	斯涅基里哈、阿尼西莫夫泉	有泥盆系容矿层,有中型铅锌矿 1 处,小型的铜多金属 1 处
B-27	列宁诺戈尔斯克铅锌多金属 B 级远景区	里杰尔-索科里、季申、乌斯品、舒巴	有泥盆系容矿层,已知 2 个大型的铅锌矿床,还有多个小型矿床
B-28	阿列克桑德罗夫铜多金属 C 级远景区	阿列克桑德罗夫、科兹卢申	有泥盆系地层,已知 3 个火山沉积铅矿床
B-29	济良诺夫斯克铅锌多金属 B 级远景区	马列耶夫、济良诺夫斯克、格列霍夫、奥索奇哈、普京采夫	泥盆系容矿地层发育,已知 3 个铜或铅锌的大型矿床。找矿有潜力
B-30	舍莫纳依哈铜多金属 C 级远景区	舍莫纳依哈	有泥盆系地层,已知铜铅矿床 1 处
B-31	尼科拉耶夫铜锌多金属 B 级远景区	尼科拉耶夫、阿尔捷米耶夫、卡梅申、塔洛夫、鲁利哈	中-上泥盆统发育,已知有 3 处大型铜锌多金属矿床,成矿潜力大
B-32	上乌巴-波克罗夫铅锌多金属 C 级远景区	上乌巴、波克罗夫	有泥盆系,已知小型的铅锌矿床 2 处
B-33	额尔齐斯铜铅锌多金属 C 级远景区	额尔齐斯、别洛乌索夫、别列佐夫	有泥盆系,已知 1 个大型铜多金属矿床,3 个中型铅锌矿床
B-34	布赫塔尔马次火山铜多金属 C 级远景区	布赫塔尔马、扎沃德、萨扎耶夫	有容矿地层,已有次火山岩型铜或铜多金属小型矿床
B-35	瓦维隆铜 C 级远景区	瓦维隆、杰夏特科夫、皮亚诺亚尔斯克	容矿层为 D_3—C_1,一直有瓦维隆等小型铜矿床
B-36	库尔丘姆铜 C 级远景区	卡尔奇加、卡尔切金	容矿层为前寒武系火山沉积岩,已知有 2 个小型铜矿床

3. Sn - W 及 Ta、Nb、Be 等稀有金属矿远景区

该类型矿化地域上主要见于卡尔巴-纳雷姆矿带。矿化主要与卡尔巴杂岩之多相花岗岩有关,该花岗岩为中深成侵入体,一般有 2～3 个侵入相。卡尔巴杂岩花岗岩年龄用 Rb - Sr 和 U - Pb 法测定为 290～283Ma,应为早二叠世。而用 Ar - Ar 法测得 I 相花岗岩年龄为 281Ma,II 相花岗岩年龄为 267Ma,两个相的间隔期约为 14Ma。第一相花岗闪长岩-花岗岩为弱基性、低氧化铝、含钛铁矿等的副矿物组合。富含 Li,Sn(6～7 倍克拉克值),Ta、Nb(2～3 倍克拉克值)次之,花岗岩的含矿指数:Sn 为 22×10^{-6},Li 为 502×10^{-6},Rb 为 257×10^{-6},Cs 为 98×10^{-6}。第二相占杂岩体积的 30%～40%,多产生 Sn、W 和稀有金属矿化,有变花岗岩型的 Ta、Nb 矿化,伟晶岩型的 Ta、Nb、Li、Sn 矿化,云英岩-石英脉型的 Sn - W 矿化等。矿化一般分布于岩体顶部岩颈和内、外接触带。

晚二叠世——三叠纪的莫纳斯特勒杂岩之浅色花岗岩建造(同位素年龄242Ma,为早-中三叠世),其岩浆富含挥发物,有利于形成囊状的含水晶石英岩和含钨的石英脉。浅色花岗岩中含 W(6～40 倍克拉克值)、Sn、Li、Cs(2～9 倍克拉克值)、Mo(2～3 倍克拉克值)。虽然该类花岗岩有成矿的地球化学条件,但已查明的只有小型矿床和与花岗岩有关的成矿现象。

根据已知的矿床(直接找矿标志)和上述二叠纪花岗岩的分布(间接找矿标志),共圈出 7 个远景区和靶区(表 4 - 4)。

表 4 - 4　Sn、W 及稀有金属矿远景区

编号	名称	已知矿床	找矿标志
B - 37	舒利宾 W、稀有金属 C 级远景区	科然库尔 W(Sn、Be)	花岗岩发育,已知科然库尔 W 矿床 1 处,伴有 Sn 和 Be
B - 38	乌巴 Sn、W、稀有金属 C 级远景区	乌巴、卡因金、小卡因金 W、Sn,克瓦尔来夫 Ta、Sn	有二叠纪花岗岩,已知 Sn、W 矿床 3 处,Ta、Sn 矿床 1 处
B - 39	梅德韦德卡稀有金属及 Sn、W 矿 C 级远景区	梅德韦德卡 Nb、Ta,卡拉戈因 Sn、W	有二叠纪花岗岩分布,已知中型 Nb、Ta 矿 1 处,小型 W、Sn 矿床 1 处
B - 40	巴肯稀有金属及 Sn、W 矿 B 级远景区	巴肯 Sn、Ta,别洛戈尔 Ta,奥格涅夫 W、Sn	二叠纪花岗岩大面积分布,已知大型 Ta 矿 1 处,中和小型 Sn、Ta 矿和 Sn、W 矿各 1 处
B - 41	卡尔巴东 Sn、W 及稀有金属矿 C 级远景区	卡尔巴东 W,小切尔诺夫 Sn、W,格列米阿钦 Sn、W	二叠纪花岗岩,已知小型 Sn、W 矿床多处
B - 42	帕拉特瑟稀有金属及 Sn、W 矿 C 级远景区	帕拉特瑟 W,切布泰、库克赛 Ta、Nb	二叠纪花岗岩,已知大型 Nb、Ta 矿床 2 处,W 矿床 1 处
B - 43	布兰季 Sn、W 及稀有金属矿 B 级远景区	布兰季、卡茨金、切尔达亚克、切布金、捷列克季 Sn、W,奥西洛夫、莱年 W	二叠纪花岗岩发育,已知大型和中型 Sn、W 矿床,并有小型 Sn、W 矿床多处

此外,哈萨克斯坦的山区阿尔泰矿带,在近俄罗斯的边境地带有山区阿尔泰杂岩的花岗岩建造,如钦达加图伊花岗岩,它们受壳内断裂控制。与该类花岗岩有关的矽卡岩型和云英岩型的 W、Mo 矿化,如钦达加图伊 W 矿床,成因类型同俄罗斯境内的卡尔古特 W、Mo 矿床。

4. Au 矿远景区

该区金矿资源丰富,其中火山沉积块状硫化物 Cu、Pb、Zn 多金属矿床中有伴生金,对该类资源不单独讨论。

独立的金矿床主要集中在西卡尔巴带。在卡尔巴-纳雷姆矿带南东部库尔邱姆地区亦较多。大致有2个主要类型。

(1)岩浆热液型。与西卡尔巴金矿化有关的岩浆岩是斜长花岗岩和花岗闪长岩的浅成小侵入体,及库鲁什杂岩之岩墙。用地球物理方法,几乎在每个已知的矿结和矿田中,均发现有库努什隐伏杂岩,它们全部位于与上地幔有关的断裂岩浆体系。其时代为晚石炭世,早于前述 Sn、W 和稀有金属矿化有关的花岗岩。卡尔巴-纳雷姆矿带与金矿化相关的花岗岩类亦如此,主要为斜长花岗岩和花岗闪长岩建造,特别是斜长花岗岩分异的岩脉和岩墙。

(2)构造挤压和韧性剪切带。西卡尔巴矿带的金矿多产于近恰尔斯克-萨吾尔深断裂相邻的挤压带,韧性剪切带作用发育,并有一些由沉积岩容矿的蚀变岩型金矿床,如巴克尔齐克超大型金矿床,其成矿时代为 300～290Ma,还有一些岩浆热液型金矿,实际也受韧性剪切带控制。其他还有沉积岩中富含碳质的片岩-陆源岩建造;有超变质岩带和花岗岩化的前寒武系基底,如卡尔巴-纳雷姆矿带的库尔邱姆隆起,在其边缘已发现较多的金矿床(点)。

根据上述金矿化形成的条件和已知的金矿床(直接找矿标志),共圈出 7 个金矿远景区(表 4-5)。

表 4-5　金矿远景区

编号	名称	已知矿床	找矿标志
B-44	巴克尔奇克 Au 矿 B 级远景区	巴克尔奇克、埃斯佩、达利涅	韧性剪切带发育,有 C_2 含碳的磨拉石沉积,已知有金矿床和众多含金石英脉
B-45	塔马拉希 Au 矿 C 级远景区	塔马拉希、卡赞钦库尔、奇伊利	位于构造挤压带,已知 3 处岩浆热液型金矿床
B-46	申塔斯 Au 矿 C 级远景区	申塔斯	位于构造挤压带,已有岩浆热液型金矿床
B-47	朱姆巴 Au 矿 C 级远景区	朱姆巴、弗多诺-伊万诺夫	位于构造挤压带,已知 2 处岩浆热液型金矿床
B-48	库穆宗 Au 矿 C 级远景区	库穆宗、捷列克季、乌鲁斯拜	位于构造挤压带,已知沉积岩容矿,韧性剪切带 Au 矿床 1 处,岩浆热液型金矿床 2 处
B-49	马拉利哈 Au 矿 C 级远景区	马拉利哈、捷克延、波克罗夫	位于变质的前寒武系基底边缘,有花岗岩出露,已知多个岩浆热液型金矿床
B-50	曼卡 Au 矿 C 级远景区	曼卡、阿勒卡别克、巴德帕克布拉克	位于前寒武系变质基底东南侧,有二叠纪花岗岩出露,已知多个岩浆热液型金矿床

三、赛里木微地块成矿远景区

1.阿拉套铜、铅、锌、金矿 B 类远景区

地跨哈萨克斯坦共和国和中国新疆的阿拉套山地区,近东西向延伸。在捷克利-赛里木地块成矿区(带)内,构造位置属哈萨克斯坦-准噶尔板块(Ⅰ级)巴尔喀什-准噶尔微板块(Ⅱ级)之赛里木微地块(Ⅲ级)。

区内主要沉积建造为石炭系碳酸盐岩-陆源碎屑岩建造和凝灰岩-砂岩-粉砂岩建造;下二叠统乌郎群粗面质-中酸性火山岩建造。侵入岩主要是晚二叠世花岗岩、花岗斑岩建造。矿化由侵入岩侵入上述沉积建造所形成的矽卡岩而形成。

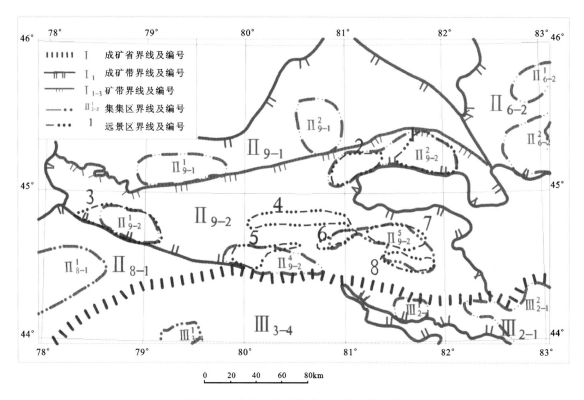

图 4 - 9 塞里木微地块成矿远景区分布图

1.阿拉套铜、铅、锌、金矿 B 类远景区;2.巴斯坎他乌-坚捷克钨、钼、锡矿 A 类远景区;3.科克苏-捷克利铅锌矿 A 类远景区;4.哈尔达坂铅锌矿 B 类远景区;5.乌谢克-喀斯喀布拉克铅、锌矿 A 类远景区;6.喇嘛苏铜铅锌矿 A 类远景区;7.汗吉尔铜、铅、锌矿 A 类远景区;8.库松木切克铜、铅、锌矿 B 类远景区

远景区内有铜矿 2 个,铅锌矿 2 个,金矿 1 个。化探异常 7 个,其中 Pb 化探异常 2 个,Cu 化探异常 1 个,Cu、Pb、Zn 化探异常 1 个,Au 化探异常 1 个,Sn、Mo 化探异常 1 个,W、Sn、Mo 化探异常 1 个。大部分异常与矿点位置重合。引起异常的原因也是矽卡岩化作用。一些 Cu、Pb、Zn 的高值点零星分布在远景内。

该区是寻找与矽卡岩有关的铜、铅、锌矿的有利地区。

2.巴斯坎他乌-坚捷克钨、钼、锡矿 A 类远景区

位于温泉县北巴斯坎他乌-坚捷克一带,地跨哈萨克斯坦共和国和中国新疆,近东西向延伸。在捷克利-赛里木地块成矿区(带)内,构造位置属哈萨克斯坦-准噶尔板块(Ⅰ级)巴尔喀什-准噶尔微板块(Ⅱ级)之赛里木微地块(Ⅲ级)。

远景区内出露的沉积建造有文德系(震旦)黑色页岩-杂色泥岩-冰碛陆源碎屑岩建造,下泥盆统碳酸盐岩-陆源碎屑岩建造,上泥盆统火山碎屑岩-硅泥质陆源碎屑岩建造和下石炭统凝灰岩-砂岩-粉砂岩建造。晚石炭世的造山期酸性侵入体发育,云英岩分布广。

区内有 6 个矿(点),包含有锡矿、钼锡矿、钨锡矿、钨矿和铜矿,多为云英岩型。有 W、Sn、Mo 化探异常 4 个,Cu、Pb、Zn 等综合化探异常 8 个,Au 化探异常 3 个,重砂 W、Sn、Mo 异常 2 个,重矿物流 5 条。

该区是寻找云英岩型钨、锡、钼矿的有利地区。

3. 科克苏-捷克利铅锌矿 A 类远景区

位于哈萨克斯坦境内,塔尔迪—库尔干地区捷克利一带。呈近东西向延伸的椭圆形,在捷克利-赛里木地块成矿区(带)内,构造位置属哈萨克斯坦-准噶尔板块(Ⅰ级)巴尔喀什-准噶尔微板块(Ⅱ级)之赛里木微地块(Ⅲ级)。

区内沉积建造主要有中里菲下部苏乌克丘宾组碳酸盐岩建造,上部索尔达特赛组含碳泥质岩-碳酸盐岩建造;捷克利组黑色页岩、杂色泥质陆源碎屑岩建造和上奥陶统日兰德组礁岛灰岩建造。侵入建造为晚泥盆世日兰德-库萨克杂岩的花岗岩-花岗闪长岩岩基。

远景区内有铅锌矿床 7 个,包括捷克利特大型铅锌矿床。区内还有 Cu、Pb、Zn 化探异常 6 个,重矿异常 1 个,W、Sn、Mo 重砂异常 1 个,重矿物流多处。

由于捷克利矿床发现较早,该区已开展了详细的地质勘探工作,地表再发现新矿床的可能些性不大,应加强对已知矿床深部和一些相对工作程度不高的矿床的再研究和再勘探,从而扩大远景区的资源量。

4. 哈尔达坂铅锌矿 B 类远景区

位于中国境内温泉县南哈尔达坂一带,呈东西向延伸的不规则长条状。在捷克利-赛里木地块成矿区(带)内,大地构造位置属哈萨克斯坦-准噶尔板块(Ⅰ级)巴尔喀什-准噶尔微板块(Ⅱ级)之赛里木微地块(Ⅲ级)。

沉积建造有下元古界温泉岩群组成的结晶基底,上元古界哈尔达坂群泥质页岩-角斑岩建造。侵入建造不发育。

区内有托克赛铅锌矿床和哈尔达坂 Pb、Zn 矿床 2 个,有 2 个化探异常,其中 Pb、Zn、Ag 组合异常中 Pb 峰值达 $1\,900\times10^{-6}$,Zn 峰值达 $3\,580\times10^{-6}$;Pb、Zn、Ag、Cu、Mo、As 综合异常中 Pb、Zn 含量极大值分别达 $14\,900\times10^{-6}$、626.5×10^{-6}。

该区应是寻找层控型 Pb、Zn 矿的有利地区。

5. 乌谢克-喀斯喀布拉克铅、锌矿 A 类远景区

位于哈萨克斯坦乌谢克河流上中游和中国新疆赛里木湖以西的喀斯喀布拉克地区,呈近东西向延伸。在捷克利-赛里木地块成矿区(带)内,大地构造位置属哈萨克斯坦-准噶尔板块(Ⅰ级)巴尔喀什-准噶尔微板块(Ⅱ级)之赛里木微地块(Ⅲ级)。

容矿建造主要是上里菲统的一套岩系,其下部为布尔汉组石英砂岩碎屑岩建造,中部为蒂斯康组细碧角斑岩-页岩建造,上部为索尔达特组灰岩-白云岩建造。在中国境内为中元古界蓟县系库松木切克群,建造类型可与哈方整个上里菲统对比,含矿性也有相似之处。上里菲统中呈层状和交切状的流纹岩、辉绿岩与铅锌矿成矿关系密切,是找矿的标志层,这也是乌谢克矿区的特点。

远景区有铅矿 2 处,铅锌矿 1 处。以铅锌为主的多金属化探和重砂异常 8 个,重矿物流 5 条。

该区应是寻找层控型铅锌矿的有利地区。

6. 喇嘛苏铜铅锌矿 A 类远景区

位于中国境内,赛里木湖以西喇嘛苏一带,呈东西向延伸的长条状。在捷克利-赛里木地块成矿区(带)内,大地构造位置属哈萨克斯坦-准噶尔板块(Ⅰ级)巴尔喀什-准噶尔微板块(Ⅱ级)之赛里木微地块(Ⅲ级)。

容矿地层为中元古界蓟县系库松木切克群上亚群,为含碳碳酸盐岩建造。黑色有机质灰岩中的黄铁矿呈自形粒状细相间出现,构成了明显的沉积韵律,其中铜的平均含量达 0.3%,证明含碳高的地层为矿源层(容矿建造)。该层中 Pb、Mo、Cu、Sn、Cd、Cr 元素丰度值也偏高。小侵入体为闪长岩类和花岗

岩类。其和围岩接触形成矽卡岩化、大理岩化、高岭土化和黄铁矿化。

区内已发现喇嘛苏铜矿床、克希阿克巴依塔勒铅锌矿、库尔尕生铅锌矿。有 3 个 Cu、Pb、Zn 化探异常，成矿元素 Cu 一般 45×10^{-6}，最高达 511×10^{-6}；Pb 一般 $(40 \sim 90) \times 10^{-6}$，最高达 198×10^{-6}；Zn $(178 \sim 488) \times 10^{-6}$，普遍含金。

该远景区成矿条件较好，是寻找斑岩、矽卡岩、层控多金属床的有利地区。

7. 汗吉尕铜、铅、锌矿 A 类远景区

位于中国境内，赛里木湖北东汗吉尔地区。捷克利-赛里木地块成矿区（带）内，大地构造位置属哈萨克斯坦-准噶尔板块（Ⅰ级）巴尔喀什-准噶尔微板块（Ⅱ级）之赛里木微地块（Ⅲ级）。

容矿岩系为下石炭统阿恰勒河组碳酸盐岩-陆源碎屑岩建造和上泥盆统托斯库尔他乌组硅泥质岩-凝灰岩-陆源碎屑岩建造。阿恰勒河组含矿部分 Pb 比地壳丰度值高 9 倍，Zn 高 4.6 倍，Cu $10 \sim 300 \times 10^{-6}$。托斯库尔他乌组含矿地段 Pb、Zn 比地壳丰度值高 10 倍。侵入岩主要是花岗斑岩小岩体及其岩脉。

已发现小型铅锌矿床 1 个，矿点 1 个，铜矿点 2 个，主要为热液型。区内有 4 个 Cu、Pb、Zn 化探异常，其值：Cu $(42.9 \sim 65.7) \times 10^{-6}$，Pb $(37.5 \sim 111.5) \times 10^{-6}$，Zn $(131 \sim 274) \times 10^{-6}$。85 号异常 Au 9.8×10^{-9}。

本远景区下石炭统阿恰勒河组和上泥盆统托斯库尔他乌组 Cu、Pb、Zn 的丰度较高，已发现的铜矿化在地层中和破碎的花岗斑岩中均有发现。本区是寻找斑岩型铜矿的有利地区。

8. 库松木切克铜、铅、锌矿 B 类远景区

位于中国境内，赛里木湖以东，近东西向延伸，似蚕状。在捷克利-赛里木地块成矿区（带）内，大地构造位置属哈萨克斯坦-准噶尔板块（Ⅰ级）巴尔喀什-准噶尔微板块（Ⅱ级）之赛里木微地块（Ⅲ级）。

容矿建造为中元古界蓟县系库松木切克群碳质、泥质、白云质灰岩建造，硅质古白云质灰岩建造和上元古界泥质页岩-角斑岩建造。未见侵入岩出现。

区内除有四海泉铅锌矿外，还有喇嘛萨依小型铜矿和 2 个多金属矿点。有 3 个 Cu、Pb、Zn 化探异常。从新疆西天山赛里木地区铅、锌元素地球化学异常图（图 4-10、图 4-11）来看，远景区内均有较高的 Pb、Zn 元素异常高值区。

该区应是寻找层控型铅锌矿的有利地区。

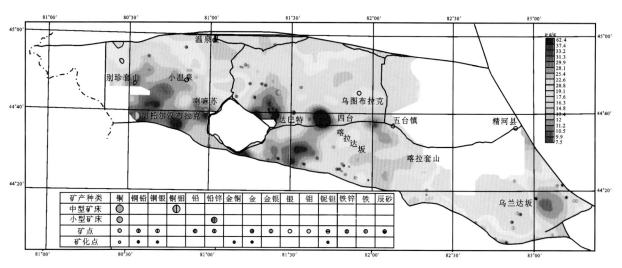

图 4-10　新疆西天山赛里木地区铅元素地球化学异常图

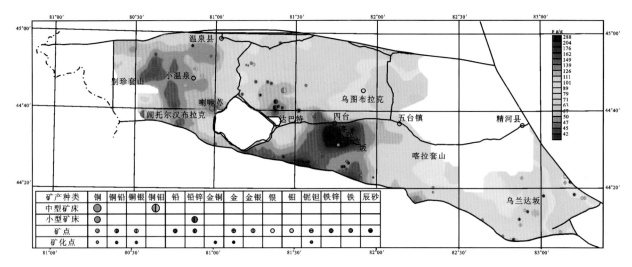

图 4 - 11　新疆西天山赛里木地区锌元素地球化学异常图

第五章 结论与建议

第一节 取得的主要成果

该项目为中国地质调查局下达所属计划项目《中国大陆周边地区主要成矿带成矿规律对比及潜力评价》的组成项目之一,原项目工作周期为 2012—2015 年,由于项目管理体制变化,该项目 2014 年结题。项目实施 3 年来,通过境内外野外地质调查、系统收集资料和室内综合分析研究,取得的主要认识及成果如下。

一、编图成果

(1)以全球构造活动论板块构造及区域成矿学理论为指导,采用 2006 年国际地层委员会发布的"国际地层表"地层系统,修编了 1∶100 万中国-哈萨克斯坦接壤地区地质图、大地构造相图、金属矿产成矿图。

(2)编制完成 1∶50 万中国—哈萨克斯坦捷克利-赛里木湖一带金属矿产成矿图,圈定找矿远景区 8 处。

二、中哈接壤地区重要成矿带对比

1. 阿尔泰成矿省

1)通过对中国新疆与哈萨克斯坦阿尔泰地区地层资料综合对比研究,清理了研究区的地层单元组成。依据岩石组成、地层层序、沉积建造等方面的特征,结合古生物化石、同位素测年等资料,对两国接壤地区的地层进行了对比研究,初步统一了跨境地层单元划分和地层时代。

2)通过系统地收集中哈阿尔泰地区岩浆岩资料,依据侵入体空间展布,岩石组合特征、同位素测年资料,对中哈阿尔泰地区侵入岩期次进行了初步划分,在区内划分出元古代长城纪,青白口纪,加里东中、晚期,海西期,印支期,燕山期等不同时代的侵入岩。初步探讨了岩浆活动与构造作用的相互关系。

3)在变质岩方面,将中国阿尔泰山划分出额尔齐斯陆块变质岩带、哈纳斯隆起变质岩带、哈龙早古生代岩浆弧变质岩带、诺尔特火山沉积盆地变质岩带及克兰晚古生代火山弧变质岩带。

4)收集了瓦维朗铜矿床、尼古拉耶夫铜锌矿床、列宁诺戈尔斯克铅锌矿床、季申铜铅锌矿床、孜里亚诺夫铅锌矿田、巴克尔奇克金矿田、蒙库铁矿床、多拉纳萨依金矿床、阿舍勒 VHMS 型铜锌矿床、可可塔勒 VHMS 型铅锌矿床、可可托海稀有金属矿床、别洛戈尔-拜穆鲁(Belogorskoye - Baimurskoye)钽-铌-锡矿田 12 个典型矿床研究的各类资料,对成矿地质背景、矿床地质特征、矿床形成时代等方面进行了研究和总结,探讨了矿床成因,部分典型矿床建立了矿床找矿模型,为区域成矿规律研究和编图奠定了基础。

5)山区阿尔泰和矿区阿尔泰成矿带在哈萨克斯坦以洛克捷夫-喀拉额尔齐斯断裂为界,该界线延入新疆后,争议比较大,通过本次工作认为该界线延入新疆阿尔泰地区的阿巴宫断裂和可依诺浦断裂附近。

6)对中哈阿尔泰主要优势矿产特征、成矿时代进行了对比研究,取得了如下新认识。

(1)火山沉积型块状硫化物铜多金属矿,产于泥盆系火山沉积岩中。但新疆层位略偏低(可可塔勒 D_1、阿舍勒 D_{1-2}),哈萨克斯坦的成矿时代 D_{1-2}:霍尔宗(394~390Ma),季申-济良诺大铅锌矿(394~387Ma);中-晚泥盆世:奥尔诺夫铜锌矿、马列耶夫铜矿(387~380Ma);晚泥盆世:尼科拉耶夫、阿尔捷米耶夫(382~374Ma)。

(2)金矿床,主要见于卡尔巴-纳雷姆矿带。有韧性剪切带控矿的世界著名的黑色片岩型矿床,即巴克尔奇克超大型金矿床,成矿时代 300~290Ma;亦有岩浆热液型金矿床,如马拉利哈中型金矿床,亦受韧性剪切带控制,剪切带内糜棱岩中矿物 Ar-Ar 年龄为 288~276Ma 和 273~265Ma 两个时段。该带金矿床延入新疆有多拉纳萨依金矿和托库孜巴依金矿(赛都)金矿,二者可对比。

(3)哈萨克斯坦的钨锡及稀有金属矿主要见于卡尔巴-纳雷姆矿带和西卡尔巴矿带。与早二叠世卡尔巴杂岩之多相花岗岩有关,有花岗岩岩浆热液云英岩-石英脉型钨锡矿(如布兰季大型锡矿床)和花岗伟晶岩型 Ta、Sn 矿(如巴肯 Sn、Ta 矿等)。该类型矿床基本上未延入新疆。

(4)新疆阿尔泰周边的山区阿尔泰多 W、Mo 矿,时代为二叠纪至三叠纪。哈萨克斯坦阿尔泰地区有 3 个,而俄罗斯阿尔泰地区大型的卡尔古塔 W、Mo 矿,距离新疆边境仅 30km,但新疆境内仅在诺尔特地区有一些找矿线索,目前还无成型矿床。

2. 捷克利-赛里木成矿带优势矿产对比

(1)钨、锡矿:哈萨克斯坦的钨、锡矿与海西中—晚期的花岗岩有关,主要有北准噶尔塔斯特地区的扎曼塔斯钨矿床,中准噶尔的卡罗伊钨矿床(伴生钼和锡),北准噶尔的克孜秋坚捷克锡钨矿床。新疆境内的钨、锡矿,与海西期花岗岩有关,钨矿床以祖鲁洪钨矿为代表,此外还有在温泉县北的查基尔梯钨矿床,锡矿化以喀孜别克中型锡矿床为代表。它们与哈萨克斯坦该带钨、锡矿的成矿时代接近。

(2)金矿:哈萨克斯坦塔斯套地区有砂金及原生金的矿点和矿化点,但规模都不大,在中准噶尔复背斜有岩浆热液成因的含金石英脉克孜勒小型金矿床。新疆境内该带已知金矿化不多,有阿克赛金矿点,为矽卡岩型。

(3)铜矿:新疆境内的铜矿较捷克利地区发育。有火山沉积型喇嘛萨依小型铜矿;斑岩型以北达巴特小型斑岩铜镍矿为代表,邻近还见科克赛斑岩铜矿点;矽卡岩型有且特尔布拉克和卡拉萨依铜或铜锌矿点,喇嘛苏中型铜矿前一般认为属斑岩-矽卡岩复合成因;岩浆热液型仅见伊宁县卡森克伦赛铜矿点。

(4)铅锌矿:捷克利地区的铅锌矿绝大多数为喷流沉积(Sedex)型,即捷克利型。仅有个别矿床为矽卡岩型。捷克利型铅锌矿主要分布于南准噶尔复背斜,构成东西长 50km,宽 20~50km 的矿化带。从深部构造看,处于捷克利地幔凸起的边缘,地壳厚度约 55km。

最重要的捷克利矿田,位于捷克利背斜之上,其北部有捷克利-乌谢克断裂,南有索尔达特断裂等两条韧性剪切带,在这两条韧性剪切带之间,构成捷克利铅锌矿化带,已发现约 115 个铅锌矿床(点),其中有 9 个具工业价值。捷克利矿田产于背斜北翼,而南翼主要有科克苏-苏克丘别矿田。捷克利型铅锌矿化向东延伸,在接近新疆的地域有大乌谢克和乌谢克矿床。

在中国新疆境内,近年来先后新发现 4 个铅锌矿床(点),主要有克希阿克巴依塔勒铅锌矿、哈尔达坂铅锌矿床、托克赛铅锌矿、四台海泉铅锌矿床。上述矿床(点)均产于早-中元古代地层中,其中克希阿克巴依塔勒铅锌矿和四台海泉铅锌矿产于蓟县系库松木切克群一套碳酸盐岩建造中,而哈尔达坂铅锌矿床产于长城系特克斯群的一套碳酸盐岩建造中,托克赛铅锌矿则产于古元古界温泉岩群的一套碳酸盐岩夹碎屑岩建造中。

从上述资料来看,捷克利铅锌矿这种成矿类型已延入新疆境内,在新疆的成矿地层主要有 3 种:古元古界温泉岩群、中元古界长城系特克斯群和蓟县系库松木切克群。随着新疆地质工作程度的提高和找矿目标的增强,相信新疆的铅锌矿也能在捷克利-赛里木成矿带中取得较大突破。

三、建立了中哈跨境重要成矿带地质矿产资源空间数据库

参照中国与周边国家毗邻地区重要成矿带成矿规律对比研究矿产地数据库建库模型,制定建库标准,建立中哈接壤地区编图属性库和优势矿产资源数据库。

第二节　存在的主要问题及建议

一、存在的主要问题

(1)在项目实施过程中,因出国考察手续难办,使实地考察重要地质体、典型矿的多次计划难以实施,一定程度上影响了项目的质量。

(2)捷克利铅锌矿围岩时代无确切依据,长期以来存在着不同的认识,主要有中里菲世、文德纪—寒武纪和早-中奥陶世等几种,目前的观点以中里菲世较为普遍。延入中国境内有 3 个含矿层位,需加强两国间含矿地层的对比研究,在相互实地考察基础上,选择合适的测定对象,获得准确的年龄加以限定。

(3)缺乏最新的哈萨克斯坦的地质矿产资料,特别是地球物理、地球化学探矿方面的资料。

二、建议

通过本次对中哈接壤地区地质矿产研究,发现中哈接壤地区的构造-岩浆-成矿带基本是连续的,尽管目前发现的矿产不尽相同,但展示了研究区具有良好的成矿地质背景和巨大的找矿潜力。

(1)建议有关部门持续支持,项目组多方联系,加强与哈方的联系和沟通,建立稳定的合作与交流平台,促进中哈接壤地区地质矿产深入研究。

(2)针对中哈接壤地区与成矿有关的关键地质矿产问题,如寒武纪地层对比等,开展专题研究,不仅有利于"走出去"战略取得实效,对于促进境内找矿突破也有重要意义。

(3)中哈接壤地区是探讨古亚洲洋成矿域形成与演化的重要组成部分,也是地学创新的重要平台,开展深入研究,具有重要的现实意义和理论价值。

主要参考文献

车自成,刘洪福,刘良,等.中天山造山带的形成与演化[M].北京:地质出版社,1994.

陈斌,Bor - Ming Jahn,王式洸.新疆阿尔泰古生代变质沉积岩的 Nd 同位素特征及其对地壳演化的制约[J].中国科学(D 辑:地球科学),2001,31(3):226 - 232.

陈宣华,屈文俊,韩树琴,等.巴尔喀什成矿带 Cu - Mo - W 矿床的辉钼矿 Re - Os 同位素年龄测定及其地质意义[J].地质学报,2010,84(9):1333 - 1436.

陈毓川,毛景文,薛春纪.第八届全国矿床会议论文集[C].北京:地质出版社,2006.

陈毓川,王京彬.中国新疆阿尔泰地质与矿产论文集[M].北京:地质出版社,2003.

陈哲夫,成守德,梁云海,等.新疆开合构造与成矿[M].乌鲁木齐:新疆科技卫生出版社,1997.

陈哲夫,周守云,乌统旦,等.中亚大型金属矿床特征与成矿环境[M].乌鲁木齐:新疆科技卫生出版社,1999.

成守德,王元龙.新疆造山带大地构造相的划分及主要含矿特征[A]//第六届天山地质矿产资源学术讨论会论文集[C].乌鲁木齐:新疆青少年出版社,2008:46 - 752.

成勇,闫存兴,俞彦龙,等.新疆温泉县哈尔达坂层控型铅锌矿床的发现及其找矿意义[J].西北地质,2012,45(3):116 - 122.

成勇,闫存兴,俞彦龙,等.新疆温泉县托克赛铅锌矿地质特征及找矿前景分析[J].矿产与地质,2011,25(6):481 - 485.

戴自希.中国西部和毗邻国家铜金找矿潜力的对比研究[M].北京:地震出版社,2001.

董连慧,冯京,刘德权,等.新疆成矿单元划分方案研究[J].新疆地质,2010,28(1):1 - 15

冯京,兰险,张维洲,等.新疆莱历斯高尔铜钼矿找矿方法及综合信息找矿模型[J].新疆地质,2008,26(3):240 - 246.

辜平阳,李永军,张兵,等.西准噶尔达尔布特蛇绿岩中辉长岩 LA - ICP - MS 锆石 U - Pb 测年[J].岩石学报,2009,25(6):1364 - 1372.

国际地层委员会.国际地层表[M].北京:科学出版社,2004.

何国琦,朱永峰.中国新疆及其邻区地质矿产对比研究[J].中国地质,2006,33(3):451 - 460.

胡霭琴,张国新,李启新,等.新疆北部同位素地球化学与地壳演化[A]//涂光炽.新疆北部固体地球科学新进展[C].北京:科学出版社,1993.

黄建华,吕喜朝,朱星南,等.北准噶尔洪古勒楞蛇绿岩研究的新进展[J].新疆地质,1995,(01):20 - 30.

黄剑云,李强,卢兰英,等.哈萨克斯坦主要铜矿成矿带地质特征及重要矿床[J].新疆地质,2007,25(2):177 - 178.

李春昱,王荃,张之孟,等.中国板块构造的轮廓[J].中国地质科学院院报,1980(00):11 - 19+130.

李光明,秦克章,李金祥.哈萨克斯坦环巴尔喀什斑岩铜矿地质与成矿背景研究[J].岩石学报,2008,24(12):26 - 79.

李华芹,陈富文.中国新疆区域成矿作用年代学[M].北京:地质出版社,2004.

李华芹,王登红,万阈,等.新疆莱历斯高尔铜钼矿床的同位素年代学研究[J].岩石学报,2006,22(10):24-37.

李华芹,谢才富,常海亮,等.新疆北部有色贵重金属矿床成矿作用年代学[M],北京:地质出版社,1998.

李耀西,蓝善先.新疆西准噶尔布龙果尔组建造类型、时代及有关问题研究的新进展[J].新疆地质,1992,10(1):1-5+93.

刘家远.岩浆隐蔽爆破构造与贵重、有色金属成矿[J].新疆地质,1996,14(3):238-246.

刘伟.新疆阿尔泰地区岩浆岩类的等时线年龄、地壳构造运动及构造环境的发展演经[J].新疆地质科学(第四集),1993:35-50.

梅厚钧,杨学昌,王俊达,等.额尔齐斯河南侧晚古生代火山岩的微量元素地球化学与构造环境的变迁史[A]//涂光炽.新疆北部固体地球化学与构造环境的变迁史[A].北京:科学出版社,1993.

彭明兴,桑少杰,朱才,等.新疆彩霞山铅锌矿床成因分析与MVT性矿床成因对比[J].新疆地质,2007,25(4):373-378.

祁世军,王德林,刘通,等.新疆主要优势矿产成矿区、带的划分及成矿特征[J].新疆地质,2008,26(4):348-355.

施俊法,李友枝,金庆花,等.世界矿情(亚洲卷)[M].北京:地质出版社,2006.

田培仁.新疆北部主要矿产成矿区带划分[J].新疆地质,1994,12(1):67-74.

王鸿祯,杨森楠,刘本培,等.中国及邻区构造古地理和古生物地理[M].武汉:中国地质大学出版社,1990.

王中刚,陈岳龙,董振生,等.新疆北部富碱侵入岩带地质,地球化学特征及成因[A]//涂光炽.新疆北部固体地球科学新进展[C].北京:科学出版社,1993.

王中刚,朱笑青,毕毕,等.中国新疆花岗岩[M].北京:地质出版社,2006.

吴淦国,董连慧,薛春纪,等.新疆北部主要斑岩铜矿带[M].北京:地质出版社,2008.

吴浩若,潘正莆,张弛,等.西准噶尔与蛇绿岩相关的古生代地层序列及其大地构造环境判别[A]//涂光炽.新疆北部固体地球科学新进展[C].北京:科学出版社,1993.

肖序常,何国琦,成守德,等.中国新疆及邻区大地构造图(1∶250万)说明书[M].北京:地质出版社,2004.

肖序常,汤耀庆,冯益民,等,新疆北部及邻区大地构造[M].北京:地质出版社,1992.

新疆维吾尔自治区地方志编委会,《新疆通志,地质矿产志(1986-2000年)》编辑室.地质矿产志[M].乌鲁木齐:新疆人民出版社,2002.

徐新.新疆北部"中亚型"造山带后碰撞构造—年青陆壳"克拉通化"过程[A]//第5届天山地质矿产资源学术讨论会论文集[C].乌鲁木齐:新疆科学技术出版社,2005:6-9.

杨文孝,况军,徐长胜,等.准噶尔盆地,大油气形成条件和分布规律[A]//新疆第三届天山地质矿产学术讨论会论文集[M].乌鲁木齐:新疆人民出版社,1995:91-108.

尹意求,陈维民,王见维,等.新疆温泉县北达巴特斑岩铜钼矿的蚀变带划分[J].新疆地质,2005,23(4):359-363.

于光元,梅厚钧,杨学昌,等.额尔齐斯火山岩及构造演化[A]//涂光炽.新疆北部固体地球科学新进展[C].北京:科学出版社,1993.

翟裕生,姚书振,崔彬,等.成矿系列研究[M].武汉:中国地质大学出版社,1996.

张池,黄萱.新疆西准噶尔蛇绿岩形成时代和环境的探讨[J].地质评论,1992,(06):509-524.

朱杰辰,孙文鹏.新疆天山地区震旦系同位素地质研究[J].新疆地质,1987,(01):55-61.

Bespaev Kh. A. ,Miroshnichenko L. A.. Atlas of Mineral Deposit Model,Almaty Kazakstan: K. L. Satpaev Institute of Geological Sciences,2004:1 – 141.

H. H. 斌德曼. 捷克利型矿床的地质构造和成矿因的新资料[J]. 矿床地质,1990(3):110 – 112.

N L Dobretsov. Evolution of Structures of The Urals,Kazakhstan,Tian shan and Altai – Sayan Region Within The Ural – Mongolian Fold Belt[J]. Геология иеофиизика. 2003,44(2):28 – 39.

Seltmamn R,Porter T M. The Porphyry Cu – Au/Mo Deposits of Central Eurasia: 1. Tectonic Geologic And Metallogfnic Setting And Significant Deporter T. M. Ed Super Porphyry Copper and Gold Deposits:A Global Perspective V2 Porter Geoconsultancy Pty Ltd[J]. Publishing Adlaide,2005:467 – 512.

А. С. Борисенко. , В. И. Сотников. , А. З. Изох и др.. Пермотрасовое оруденение и его связь с проявлением плюмового магматизма [J] Геология и Геофизика 2006. TOM 47,№1:166 – 178.

Б. А. Дъячков, Д. В. тимов, Е. М. Сапаргалиев. Рудные пояса Большого Алтая и оценка их перспектив [J],геология рудных месторождений (Российская Академия наук),ТОМ 51,№ 3,2009.

М. С. Рафаилович. Золотомедно – порфировое месторождение Нурказган в Центральном Казахстане [J]. Отечественная Геология,2009,№3.

Министерство энергетики и минеральный ресурсов РК, Комитет геологии и недропользования. РЕСПУБЛИКА КАЗАХСТАН,КАРТА РАЗМЕЩЕНИЯ ЗАЛИЦЕНЗИРОВАННЫХ МЕСТОРОЖДЕНИЙ И ПЛОЩАДЕЙ ПО ТВЕРДЫМ ПОЛЕЗНЫМ ИСКОПАЕМЫМ (масштаб 1 : 3000000),Алматы 2002.

H. В. Милетенко, О. А. Федоренко и др. АТЛАС ЛИТОЛОПАЛЕОГЕОГРА – ФИЧЕСКИХ СТРУКТУРНЫХ ПАЛИНСПАСТИЧЕСКИХ И ГЕОЭКОЛОГИ – ЧЕСКИХ КАРТ ЦЕНТРАЛЬНОЙ ЕВРАЗИИ [M]. АЛМАТЫ,2002.

Ю. А. Кривченко,И. И. Никитченко. Геолого – структурный и стратиграфический разрез нижнепалеозойских отложений текелийского района[J]. Изв. АН КазССР. Серии геологическая,1984,№5.